U0098593

科學技術叢書

Electric Machinery Practice

電機機械實習

高文進 著

國家圖書館出版品預行編目資料

電機機械實習／高文進編著.——修訂二版五刷.——臺北市：三民，2008
面；　公分

ISBN 978-957-14-2295-4　(平裝)

1. 電機工程-實驗

448.2034

編著者　高文進
發行人　劉振強
著作財產權人　三民書局股份有限公司
臺北市復興北路386號
發行所　三民書局股份有限公司
地址／臺北市復興北路386號
電話／(02)25006600
郵撥／0009998-5
印刷所　三民書局股份有限公司
門市部　復北店／臺北市復興北路386號
重南店／臺北市重慶南路一段61號
初版一刷　1995年2月
修訂二版五刷　2008年7月
編　號　S 444180
行政院新聞局登記證局版臺業字第〇二〇〇號

ISBN 978-957-14-2295-4　(平裝)
http://www.sanmin.com.tw 三民網路書店

序

本書係作者利用從事多年電機工程設計、製造及教學之經驗並參考國內外相關資料編著，冀望藉由本書所述，使讀者得以印證類電機理論與特性，並熟悉各類器材與儀表之運用，從而增進對電機機械運轉、維護與檢修之能力。本書共分為六單元，第一單元為實驗的基本認識，初學者於實驗前應多加琢磨，避免因人為疏忽，造成設備損壞，甚至人員受傷。第二單元為變壓器，包含絕緣電阻各項參數測定與三相接線及運轉特性等，第三單元為感應電動機，除參數測定外，尚包括圓線圖及效率測試，第四單元為同步機，主要在瞭解同步發電機並聯及同步電動機之相位調整特性，第五單元直流機，討論不同型式激磁時，直流發電機與直流電動機的負載特性，第六單元特殊電機則包括感應調整器與步進電動機等。

本書之編輯皆利用課餘之暇，內容力求完善及統一，編輯順序是瞭解實習之目的及原理，詳述各項實驗儀器、設備之規格及整體實驗之步驟，最後則為實驗結果之記錄表格及問題研討等。為使讀者易於閱讀，文字力求簡明，圖表則以詳實清晰為主。

本書雖經多次校對與修正，惟編者才疏學淺，疏誤之處在所難免，尚請各界先進不吝指正，俾使本書更趨完善，無任感謝。

高文進　謹識

中華民國八十五年六月

電機機械實習

目　錄

序

第一單元　實驗的基本認識

第二單元　變壓器實驗

第三單元　感應電動機實驗

第四單元　同步機實驗

第五單元　直流機實驗

第六單元　特殊電機實驗

附錄A　EMT–6A萬能機組之認識

附錄B　實驗儀器設備中英文對照表

附錄C　重要電機機械名詞中英文對照表

第一單元

實驗的基本認識

1-1 實驗前應準備事項

1.充份瞭解實驗之項目及目的，並選用適當之儀器、工具及材料等。

2.檢查設備及器材的完整性，若有損壞應事先更換並校對儀表之歸零是否正確。

3.準備適當之記錄表格，於實驗中得以記錄相關數據。

4.將設備與器材置於適當之位置後，參考接線圖接線，接線應儘量配置整齊與確實，避免發生不必要的短路或開路。

5.接線完成送電之前，應詳細檢查電路，若有疑問之處，應請教老師，切勿自行送電造成設備之損壞。

6.各類儀表若不能確定輸入值，應置於最大刻度處，以保護設備。

7.啓動各式電動機時，應考慮啓動電流，選擇適當刻度的電表；必要時可將電流表及瓦特表的電流線圈短路，待電動機啓動完成後，再行拆除。

8.直流電路中，應特別注意電表及設備之極性，避免誤接造成儀表反轉或設備毀損。

9.爲安全計，於變壓器各種特性實驗，電源可由自耦變壓器供給，輸入電壓由零逐漸增加並觀察各項器材有無異狀，若檢視無誤，再行調整電壓至適當之輸入值止。

10.交流電源與直流電源應分別清楚，絕不可混用，交流電源或直流電亦應區分。

1-2 實驗中應注意事項

1.實驗中應保持安靜，隨時維護實驗場所的整潔。

2.實驗中應注意安全，非經老師許可，切勿自行使用實驗科目以外之設備與器材。

3.實驗中，應隨時注意各項設備的運轉狀態及儀表指示位置，若有異常，應立刻切斷電源並報告老師查明其原因。

4.測量數據時，應確實填入已備妥之表格內，並隨時檢討數據之合理性，務必使實驗結果可合理解釋。

5.數據不合理時，如功率因數大於1 、效率大於1 等，應及時檢查儀器刻度與接線是否無誤。

1-3 實驗後應完成事項

1.切斷電源，並整理實驗數據請老師核閱。

2.撰寫實驗報告，並以下列之格式完成之。

(1)實驗名稱或項目。

(2)實驗者姓名（含同組實驗者）。

(3)實驗日期，場所狀況如溫度、溼度、氣壓等。

(4)實驗目的。

(5)原理與接線圖。

(6)使用之儀器與設備。

(7)實驗方法或步驟。

(8)實驗之結果與相關數據的計算、圖形繪製等。

(9)結論與心得。

1–4 基本儀表之接線

爲使實驗過程進行順利，各項儀表之接線絕不能錯誤，茲說明常用電表之接線方式如下:

1.電流表：如圖 1–1(a)所示，交流電流表應與負載串聯後，再接至電源端，電表規格之選擇，應使指針偏轉至滿刻度的 $\frac{1}{3}$ 至 $\frac{2}{3}$ 爲宜，惟電動機等負載因啓動電流較大，爲避免於啓動期間電表偏轉過大，電表之刻度可適度放大，或將電流表兩端先行短路，待啓動完成後，再拆除短路線，讀取電表數據。

若負載電流無法確定時，則應先使用安培數最大者，以避免指針損壞。

圖 1–1(b)則爲直流電流表之接線圖，實驗時，除上述各點外，尚應注意電表之極性，避免極性錯接，使指針反轉。

圖 1–1　電流表接線圖

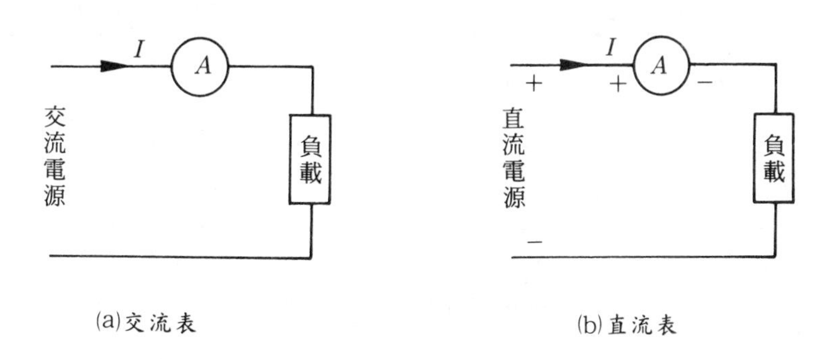

(a)交流表　(b)直流表

再者，當負載電流較大，與現有的電流表規格無法匹配時，吾人亦可配合比流器 (Current transformer) 測量，如圖 1–2 所示，負載電流 I_1 與電流表讀值 I_2 之關係爲

$$I_1 = \text{比流器比值} \times I_2 \tag{1–1}$$

圖1-3 則為三相三線與三相四線系統電流表與比流器之接線圖，各相實際線電流與電流表讀值之關係亦可由式(1-1) 換算。

圖 1-2 電流表與比流器接線圖

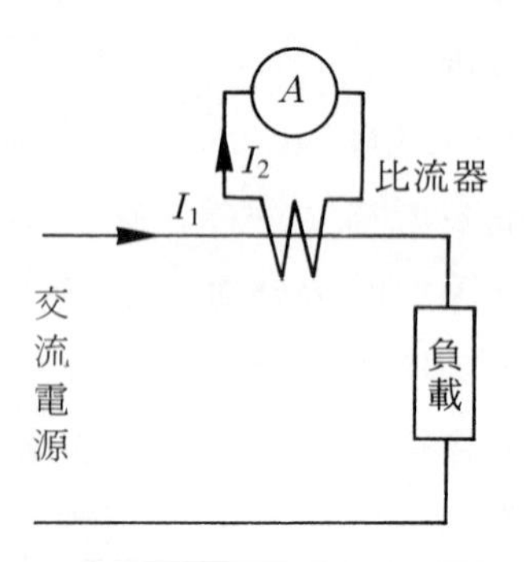

圖 1-3 三相系統電流表與比流器之接線圖

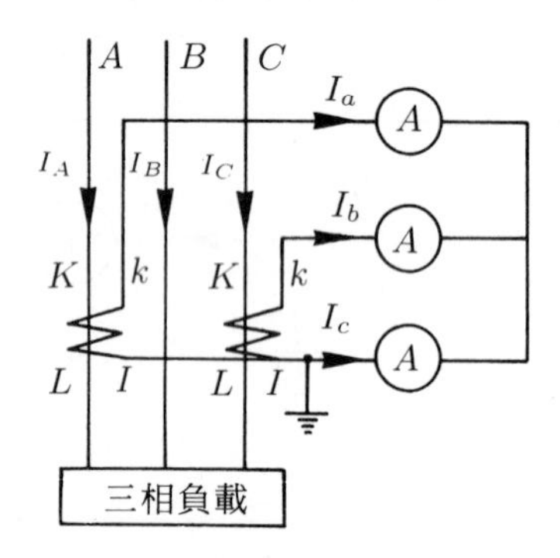

(a)三相三線系統

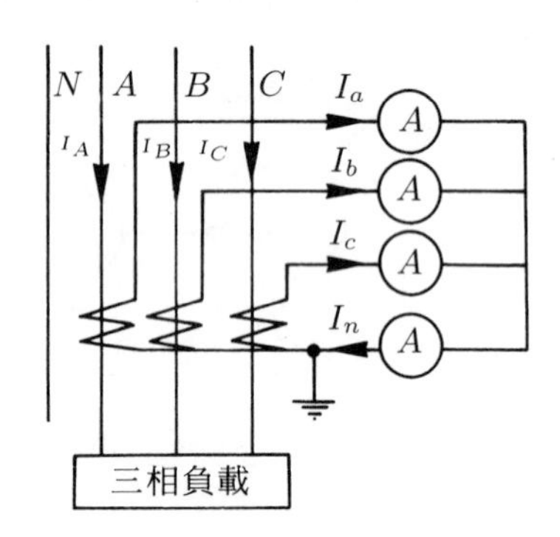

(b)三相四線系統

2.電壓表：如圖 1-4(a)所示，交流電壓表應與負載並聯後，再接至電源端，電表規格之選擇與交流電流表相同，應使指針偏轉至滿刻度的 $\frac{1}{3}$ 至 $\frac{2}{3}$ 。例如測量 110V 電壓，應使用 150V 電壓表，測量 220V 電壓，則使用 300V 電壓表為宜。同理，當電壓大小無法確定時，應先使用伏特數最大者，待瞭解電壓之約值後，再使用適當之規格測量。圖 1-4(b)則爲直流電壓表接線圖，除上述各點外，極性應特別注意，避免誤接。

圖 1-4　電壓表接線圖

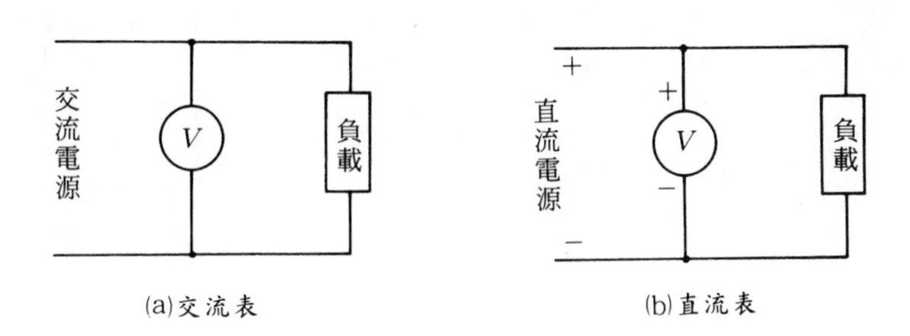

(a)交流表　(b)直流表

再者，欲測量之電壓較大，現有電表規格無法匹配時，吾人可使用比壓器 (Potential transformer) 配合電壓表測量；圖 1-5 所示，負載側電壓 V_1 與電壓表讀值 V_2 之關係爲

$$V_1 = 比壓器比值 \times V_2 \tag{1-2}$$

圖1-6 則爲三相三線系統，電壓表與比壓器之接線之例，此例中比壓器分別爲 Y−Y 及 V−V 接線，必要時，亦可使用其他型式之接線。

圖 1-5　電壓表與比壓器接線圖

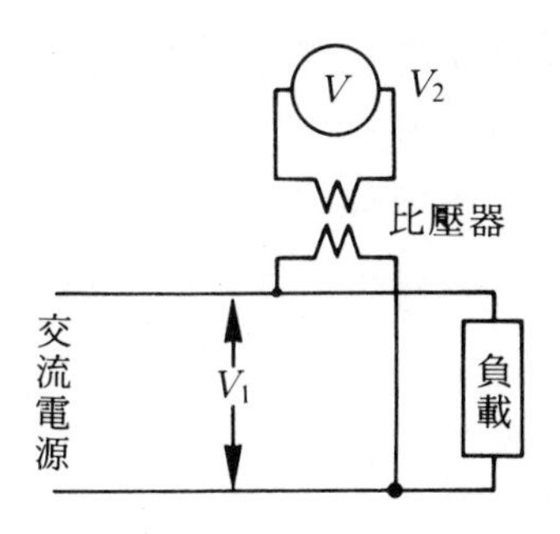

圖 1–6　三相系統電壓表與比壓器之接線圖

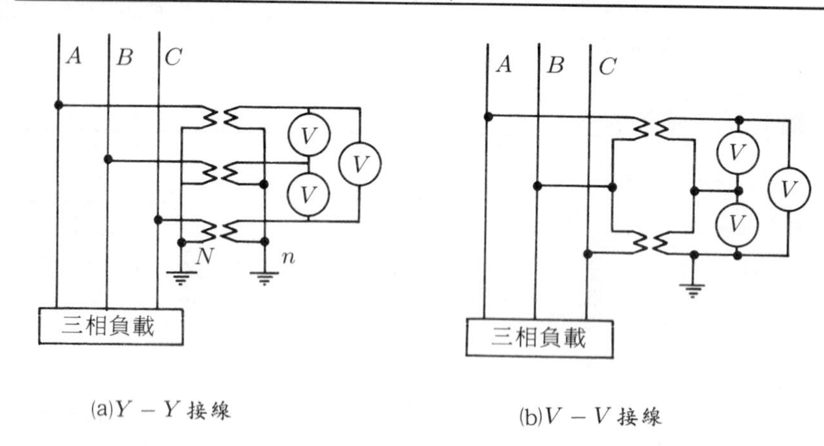

(a)$Y-Y$ 接線　　(b)$V-V$ 接線

3.瓦特表：如圖 1–7(a)所示，瓦特表的電流線圈應串接於負載，電壓線圈則與電源並聯，電流線圈一般具有1A 與 5A 兩組線圈，而電壓線圈有120V 及240V 兩線圈，於測量過程中，無論電流或電壓線圈任何一組過載，將使線圈燒毀。尤其在低功率因數電路中，電功率 $P=VI\cos\theta$ 雖在電表範圍內，但電壓與電流仍可能超出額定，爲安全計，將電壓表及電流表連接於線路有其必要性。

一般而言，瓦特表上之讀值並不能直接表示出實際之電功率，兩者之間應以標度乘數修正之，換言之

$$\text{實際電功率} = \text{瓦特表讀值} \times \text{標度乘數} \qquad (1\text{–}3)$$

一般型及低功率之標度乘數如表 1–1 所示。

圖1–7(b)所示，則爲三相系統中，使用二只單相瓦特表測量三相電功率，電流線圈串接於A、C 相，電壓線圈則分別接於 $A-B$ 及 $B-C$ 線間，三相總功率爲兩台瓦特表之和，若負載功率因數小於 0.5 時，兩瓦特表之指針將有一台反轉，此時可將電流線圈反接，三相總功率則爲兩電表讀值之差再乘以標度乘數。

表 1–1　瓦特表之標度乘數值

型　式	電壓 / 電流	標度乘數 120V	標度乘數 240V
一般型 $\cos\theta = 1$	1A	1	2
	5A	5	10
低功因型 $\cos\theta = 0.2$	1A	0.2	0.4
	5A	1	2

圖 1–7　瓦特表之接線圖

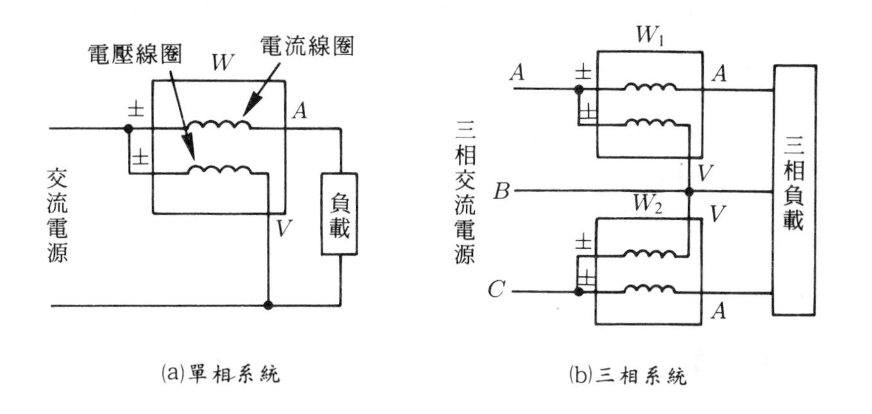

(a)單相系統　　(b)三相系統

圖1–8(a)爲單相系統中瓦特表配合比流器與比壓器測量電功率，圖 1–8(b)則爲三相系統中三相瓦特表配合比流器與比壓器使用，兩者實際之電功率 P 爲

$$P = \text{瓦特計讀值} \times \text{標度乘數} \times \text{比流器比值} \times \text{比壓器比值} \quad (1\text{–}4)$$

4.功率因數表：如圖1–9(a)所示，爲YEW–2039 功率因數表測量單相系統功因之接線圖，圖 1–9(b)則爲測量三相系統功因之接線圖。該表之電壓測定端點 P_1 與電流測定端點具有內部接線，三相系統接線圖上係取用 A 相電流並將P_2、P_3 分別接至 B、C 相，必要時，亦

可取用 B 相電流並將 P_2、P_3 接至 C、A 相或取 C 相電流而將 P_2、P_3 兩端子接至 A、B 兩相。圖 1–10 則爲功率因數表配合比流器與比壓器測量三相功率因數的接線圖。

圖 1–8　瓦特表配合比流器與比壓器之接線圖

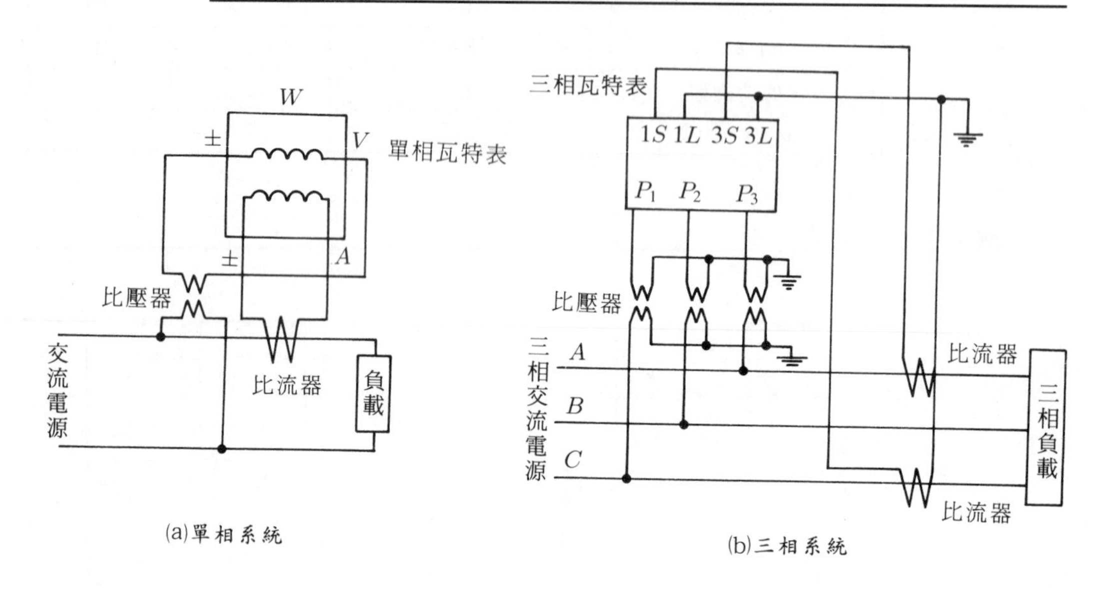

(a)單相系統　(b)三相系統

圖 1–9　功率因數表接線圖

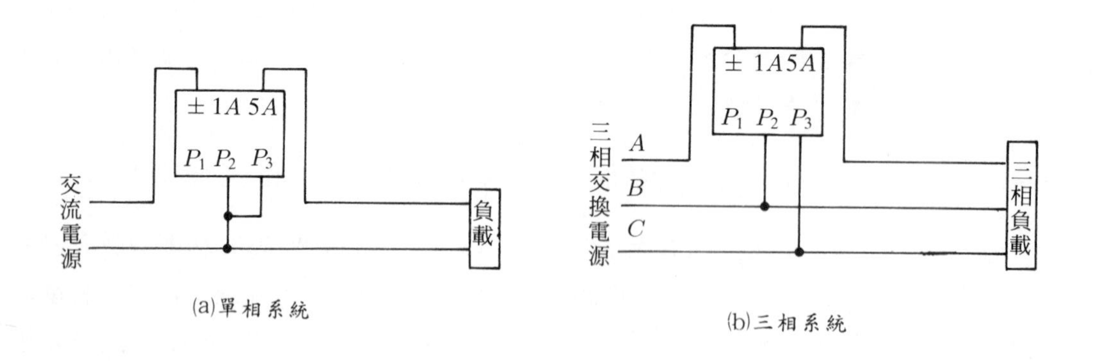

(a)單相系統　(b)三相系統

圖 1–10 功率因數表配合比流器與比壓器之接線圖

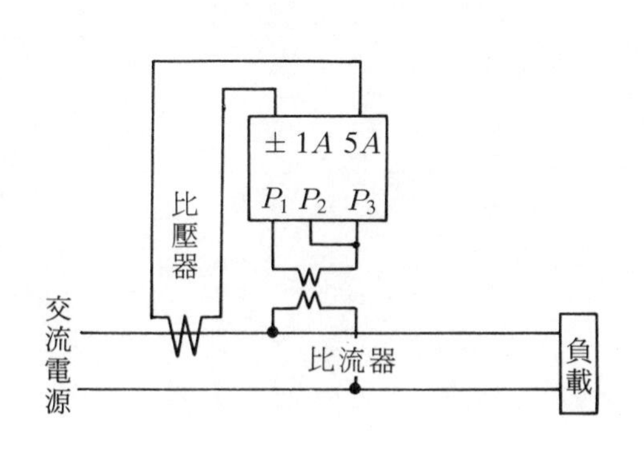

(a)單相系統

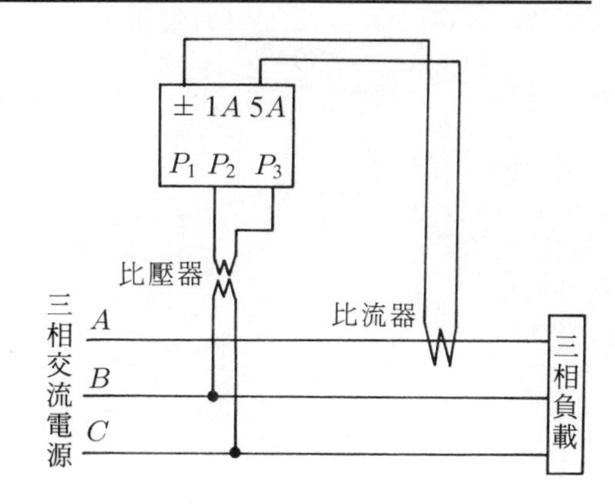

(b)三相系統

第二單元

變壓器實驗

實驗一　變壓器繞組電阻及絕緣電阻測試
Winding resistance and insulation resistance test of transformers

I. 實驗目的

1.測定變壓器高、低壓側之繞組電阻，作爲計算變壓器銅損及溫升之基礎。

2.測定變壓器高、低壓側繞組間及高低側繞組與外殼間的絕緣電阻。

II. 原理說明

1.繞組電阻之測定

變壓器之繞組係以銅線繞於鐵心上，該電阻謂之繞組電阻，其大小對變壓器運轉時之銅損，電壓調整率及效率影響極大，故測定繞組電阻值有其必要性，其方法可分爲直流電壓降法與惠斯登法(Wheatstone Bridge)，茲分述如下：

⑴直流電壓降法

如圖 2–1 所示之接線，測得電壓表與電流表讀值後，依歐姆定律$R_x = \dfrac{V}{I}$ 可得繞組電阻值。由於該值隨溫度之變化而改變，故須配合變壓器不同等級之絕緣作適當修正，若使用 A, B 及 E 類絕緣之變壓器，其值應按 75℃修正。使用 F 及 H 類絕緣，則應修正於 115℃，修正之方式爲：

$$R_{t'} = R_t \left(\frac{234.5 + t'}{234.5 + t} \right) \tag{2–1}$$

此式中R_t：在 t℃時測得之繞組電阻值。

$R_{t'}$：配合變壓器絕緣修正之電阻值。

圖 2–1　繞組電阻測定

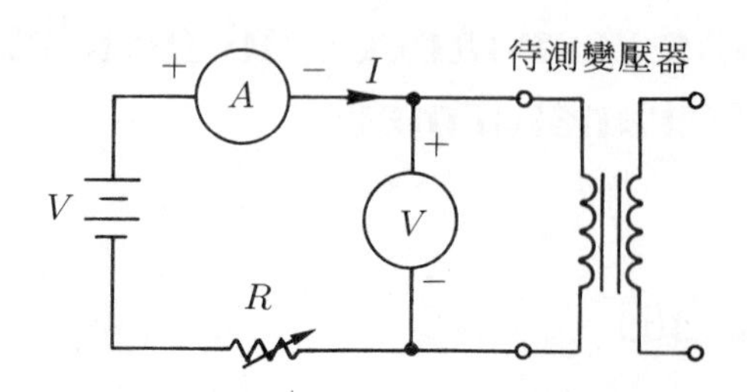

再者，變壓器因使用於交流電路，集膚效應使交流電阻較直流電阻爲高，故以直流電壓降法測得的電阻需換算如下:

$$R_{\mathrm{AC}} = K \cdot R_{\mathrm{DC}}$$

其中R_{AC} 表交流電阻值。

R_{DC} 表直流電阻值。

K表比例係數（1.1～2 之間，一般使用 1.5）。

當測量三相變壓器之繞組電阻時，因三相變壓器有 Y 接線與 Δ 接線兩種，爲取得單一繞組之電阻，如圖 2–2、2–3 所示，各相之繞組電阻可表示爲

$$\text{Y接線:}\quad R_P = \frac{1}{2}R_{AB} \qquad (2\text{–}2)$$

$$\Delta\text{接線:}\quad R_P = \frac{3}{2}R_{AB} \qquad (2\text{–}3)$$

其中R_P: 單一繞組之電阻值。

R_{AB}: 直流壓降法測得之電阻值。

(2)惠斯登法

如圖 2–4 所示，將變壓器接於惠斯登電橋之未知電阻兩端，待檢流計指示爲零時，則繞組電阻值 $R_x = \dfrac{A}{B}R$，至於配合變壓器之絕緣之差異及集膚效應，繞組電阻應修正之方法，則與直流壓降法相同。

圖 2–2　變壓器 Y 接線

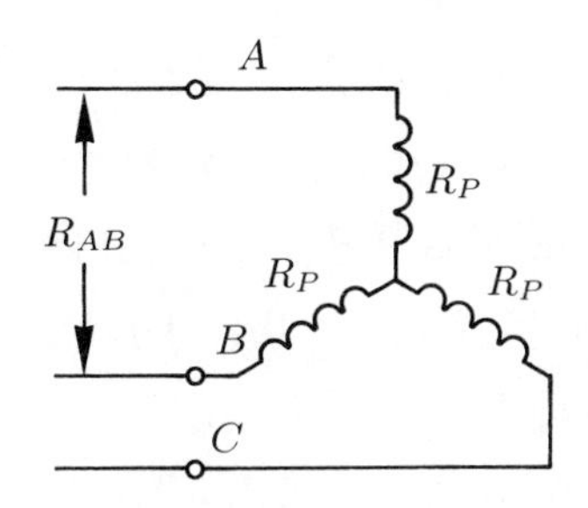

圖 2–3　變壓器 Δ 接線

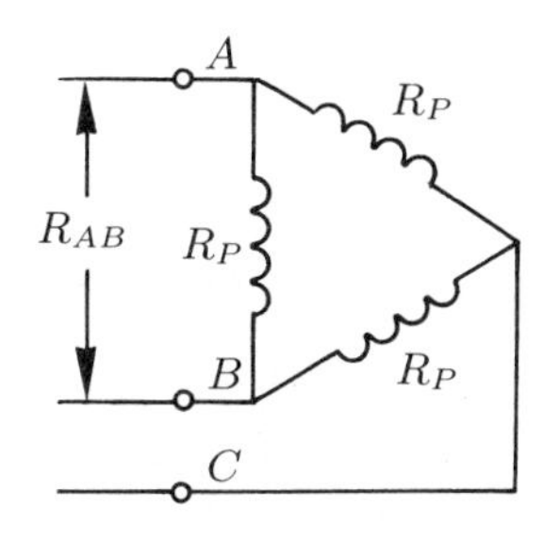

圖 2–4　惠斯登電橋接線法

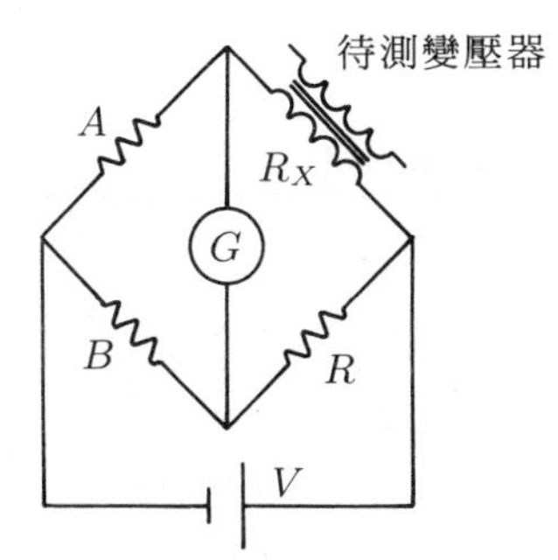

2.絕緣電阻之測定

爲判定變壓器絕緣程度之優劣，變壓器絕緣電阻測定之項目包括：

(1)高壓繞組對低壓繞組之間 $(H - L)$。

(2)高壓繞組對地之間 $(H - E)$。

(3)低壓繞組對地之間 $(L-E)$。

(4)高低壓繞組對地之間 $(HL-E)$。

欲測定絕緣電阻，一般皆使用手搖式或電晶體式高阻計測量，高阻計有三個端鈕，其中 G 表示保護(Guard)，爲了防止表面漏電，而將洩漏電流直接引到高阻計內部，降低測量之誤差。L 表線路(Line)、E 表接地(Earth)，則分別接待測設備。圖 2-5，2-6 則分別爲測量高壓繞組對低壓繞組 $(H-L)$ 間，高壓繞組對地 $(H-E)$ 間之絕緣電阻接線圖，其餘各項絕緣的測量，可參考此兩接線圖。

圖 2-5　高壓繞組對低壓繞組絕緣電阻之測量

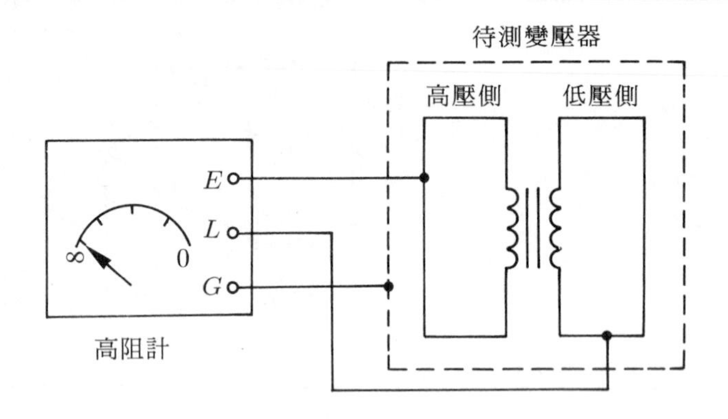

圖 2-6　高壓繞組對地絕緣電阻之測量

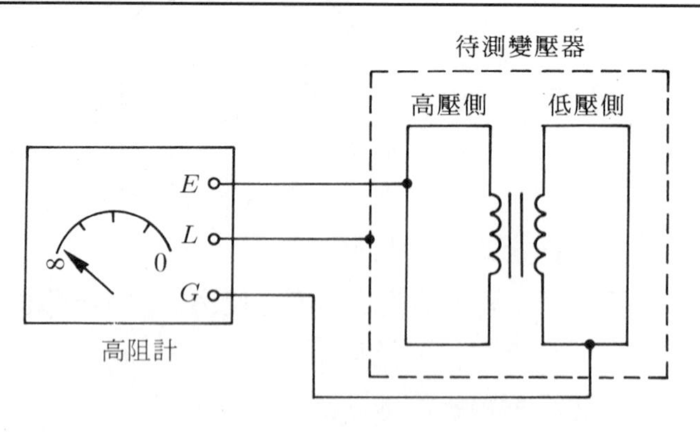

Ⅲ. 儀器設備

名　　稱	規　　格	數量	備　　註
單相變壓器	1KVA 220V/110V	1	
三相變壓器	1KVA 220V/110V	1	
直流電壓表	0–30V	1	
直流電流表	0–5A	1	
直流電源	0–30V, 5A	1	
可變電阻器	0–10Ω, 5A	1	
惠斯登電橋		1	
高阻計	500V, 1000MΩ	1	手搖式或電晶體式

Ⅳ. 實驗步驟

1.繞組電阻之測定（以直流電壓降法爲例）

⑴如圖 2–1 接線，調整可變電阻 R，待電流表電壓表指針穩定後，分別記錄電流 (A) 及電壓 (V) 之讀值，並利用歐姆定律計算其繞組電阻值。

⑵重複⑴之步驟，並設定不同之電流值，求得繞組之平均值後，再依變壓器繞組絕緣之種類，修正爲溫度 75℃或 115℃之電阻值。並記錄之。

⑶將三相變壓器連接成 Y 接及Δ 接，並重複⑴、⑵之步驟。

2.絕緣電阻測定（以手搖式高阻計爲例）

⑴如圖 2–5 之接線，搖動手搖曲柄以每分鐘 120 轉至 180 轉之速度搖動，俟指針穩定下來，記下其數值，則爲高壓繞組與低壓繞組間之絕緣電阻。

⑵同理，如圖 2–6 之接線，則可測定高壓繞組對地之絕緣電阻。

⑶依據測量位置之不同，修改成適當接線，重複⑴步驟，分別

測定 $L-E$，$HL-E$ 之絕緣電阻並記錄之。

V. 實驗結果

1.繞組電阻（直流電壓降法）

(1)單相變壓器

次數	電壓 (V)	電流 (A)	繞組電阻 $R_x(\Omega)$	平均電阻 (Ω)	修正後之電阻 (Ω)
1					
2					
3					
4					

(2)三相變壓器

繞組接線方式:

次數	電壓 (V)	電流 (A)	電阻 $R=\frac{V}{A}(\Omega)$	每相電阻 (Ω)	平均電阻 (Ω)	修正後之電阻 (Ω)
1						
2						
3						
4						

2.絕緣電阻

項　　目		絕緣電阻
高壓繞組對低壓繞組之間 $(H-L)$	MΩ	
高壓繞組對地之間 $(H-E)$	MΩ	
低壓繞組對地之間 $(L-E)$	MΩ	
高低壓繞組對地之間 $(HL-E)$	MΩ	

VI. 問題與討論

1.使用電壓降法測量繞組電阻時可否使用交流電源？爲什麼？

2.繞組電阻隨絕緣類別不同而修正其目的爲何？

3.測量繞組電阻的目的爲何？

4.變壓器高低壓繞組之電阻有何差別？試說明之。

5.絕緣電阻測定時，高阻計上 G 端點接和不接時，對測量結果有何影響？

6.試說明絕緣電阻測定的目的。

7.試說明溫度與溼度對絕緣電阻與繞組電阻之影響爲何？

8.繞組電阻對變壓器特性有何影響？試說明之。

實驗二　變壓器變壓比及極性測試 Voltage ratio and polarity test of transformers

I. 實驗目的

1.瞭解變壓器變壓比與極性的意義。

2.測定變壓器高低壓側之變壓比。

3.測定變壓器之極性，使變壓器於三相結線或並聯運用時不致發生錯誤。

II. 原理說明

1.變壓器之變壓比

變壓器之變壓比係指變壓器在無載時，高壓側繞組與低壓側繞組的電壓比值，亦即

$$a=\frac{V_1}{V_2}\doteq\frac{N_1}{N_2} \tag{2-4}$$

式中 V_1 表高壓側電壓值(V)。

V_2 表低壓側電壓值 (V)。

N_1 表高壓側繞組匝數。

N_2 表低壓側繞組匝數。

如圖 2–7 所示電路圖，當變壓器之高壓側與低壓側均屬低壓範圍時，則測量變壓比方式極簡單，藉一範圍適當的電壓表即可測量，切換雙投開關可分別量出電壓 V_1 及 V_2，則 V_1/V_2 即爲電壓比。

若變壓器屬於電力用變壓器，高低壓相差很大時，則如圖 2–8 所示，利用比壓器 (PT)，將高壓降爲低壓，再行換算即可。

2.變壓器之極性

圖 2–7　變壓比測量

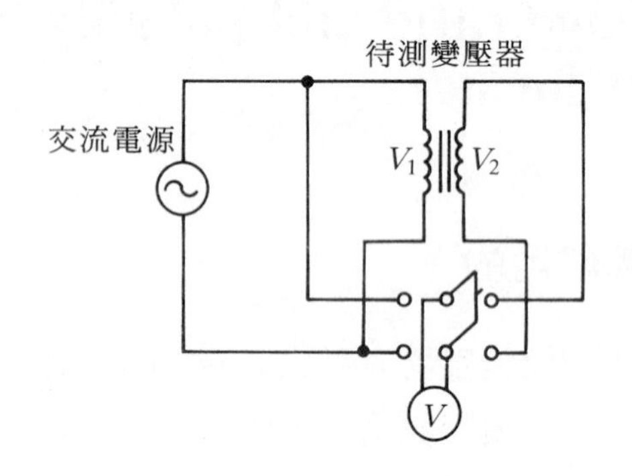

圖 2–8　利用 PT 測量變壓比

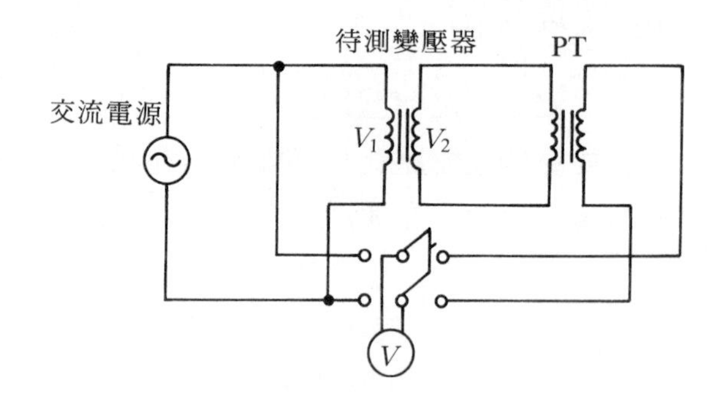

變壓器極性是指高、低壓側繞組，在某一瞬間，相鄰兩端的相對感應電壓之極性。此極性和繞組之方向有關，如圖 2–9 所示，變壓器之極性可區分爲減極性和加極性。一般變壓器於外殼引出端均有標示，如我國採高壓側標示爲 H_1、H_2 ……，低壓側則標示爲 X_1、X_2 ……等，而日本則高壓側標示爲 U、V、W ……，低壓側標示爲 u、v、w ……等。

變壓器單獨使用時，無需考慮其極性，但欲並聯變壓器或多台單相變壓器連接爲三相使用時，極性之確認爲最重要的問題；若有錯接，輕則無法取得正確的三相電壓，重則燒損變壓器或用電設備。

圖 2–9　變壓器之極性

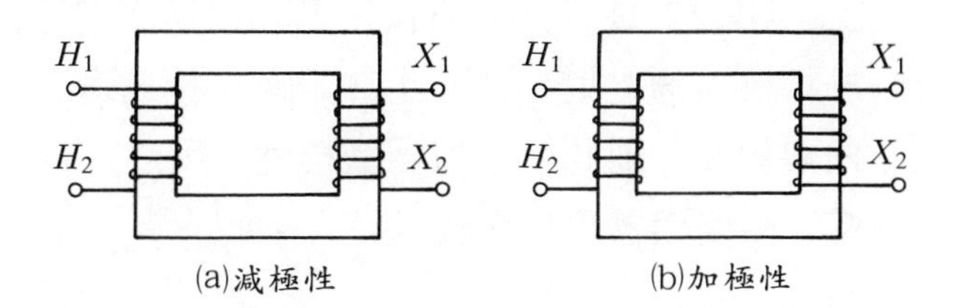

(a)減極性　　(b)加極性

極性之測量較常用者有交流法、直流法、比較法等，茲分述如下:

(1)交流法

如圖 2–10 所示，以交流法測變壓器極性，若三電壓表之指示值滿足下列關係:

$$|V_3| = |V_1 - V_2| \tag{2–5}$$

則該變壓器爲減極性，反之若滿足

$$V_3 = V_1 + V_2 \tag{2–6}$$

則該變壓器爲加極性。

圖 2–10　交流法測定極性

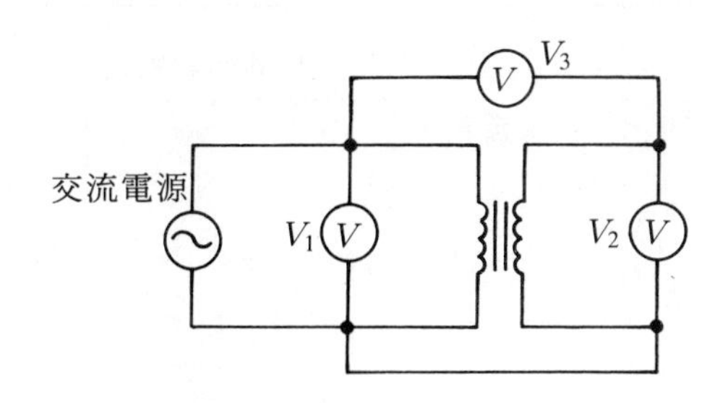

(2)直流法

如圖 2-11 所示，直流法乃利用楞次定律，變壓器電流之變化在於抵抗磁通之變化，因此當開關 S 接通瞬間，二次側電壓表往正方向偏轉時，則此變壓器爲減極性；反之，若當電壓表往負方向偏轉時，則變壓器爲加極性。

圖 2-11 直流法測定極性

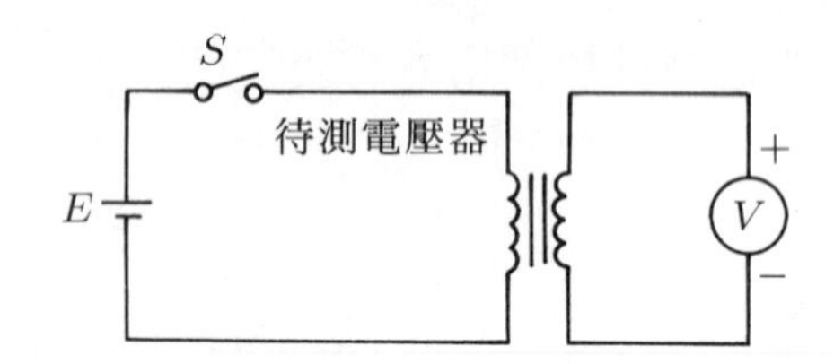

(3)比較法

如圖 2-12 所示，比較法乃利用一台已知極性的變壓器測試另一變壓器的極性。假設已知極性之變壓器爲加極性，當 S 接通時，保險絲未熔斷即表示變壓器爲加極性，反之若保險絲熔斷則表示待測變壓器爲減極性。此外該保險絲亦可使用交流電壓表代替，若電壓表之讀值高於待測變壓器之二次側電壓則爲減極性，反之爲加極性。

圖 2-12 比較法測定極性

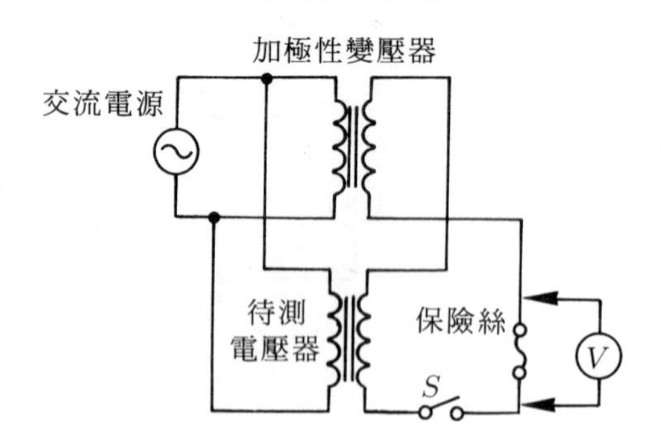

Ⅲ. 儀器設備

名　　稱	規　　格	數　量	備　註
單相變壓器	1KVA, 220V/110V	2	
交流電壓表	0－300V	2	
交流電壓表	0－150V	1	
直流電壓表	0－150V	1	
無熔絲開關 (NFB)	2P 20A	1	
保險絲	5A	1	
直流電源	0－30V, 5A	1	
交流電源	0－300V, 5A	1	
雙投閘刀開關	2P 20A	1	

Ⅳ. 實驗步驟

1.變壓比測定

⑴如圖 2–7 或圖 2–8 所示，將開關撥向一次側記錄電壓表指示 V_1，撥向二次側時，記錄其指示值 V_2，則 V_1/V_2 爲其變壓比。

⑵更換另一台變壓器並重複⑴之步驟。

2.極性測定

⑴以交流法測定時，接線如圖2–10 所示，記錄 V_1，V_2，V_3，並依式(2–5)、(2–6) 來判斷其極性。

⑵以直流法測定時，如圖 2–11 所示，將開關撥向一次側記錄電壓表之轉向，並判斷其極性。

⑶以比較法測定時，如圖 2–12 所示，將開關 S 投入後，觀察保險絲是否熔斷並由此判斷其極性；此外，保險絲亦可使用交流電流表代替，並由其讀值判斷變壓器極性。

⑷更換另一台變壓器並重複⑴～⑶之步驟。

V. 實驗結果

1.變壓比測定

變壓器	V_1	V_2	$a = V_1/V_2$
1			
2			
3			
4			

2.極性測定

交流法

變壓器	V_1	V_2	V_3	極性
1				
2				

直流法

變壓器	電壓表轉向	極性
1		
2		

比較法

變壓器	標準變壓器極性	保險絲之狀態	待測變壓器極性
1			
2			
3			
4			

VI. 問題與討論

1.變壓器一次側與二次側之繞組電阻，與變壓比之關係爲何?

2.兩台單相變壓器於並聯運用時，若極性判斷錯誤而誤接，其結果會如何?試說明之。

3.判斷下圖兩變壓器之極性爲何?

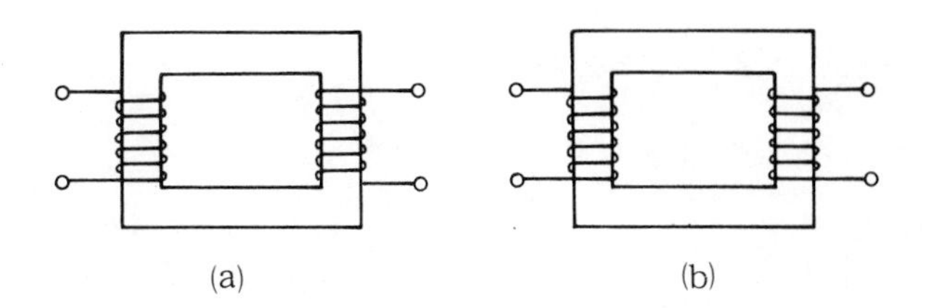

(a)　　　　(b)

4.以絕緣之觀點而言，變壓器加極性較佳或減極性較佳？試說明之。

5.變壓器之匝數比與變壓比有何差異？試說明之。

6.變壓器的絕緣繞組、繞組電阻之大小與容量之關係為何？

7.說明判定變壓器極性的重要性。

8.如下圖所示，變壓器 A、B 均為 220V/110V。若已知變壓器 A 為加極性，當輸入電壓為 220V，電壓表之指示為 220V，則變壓器 B 之極性為何？試說明其理由？

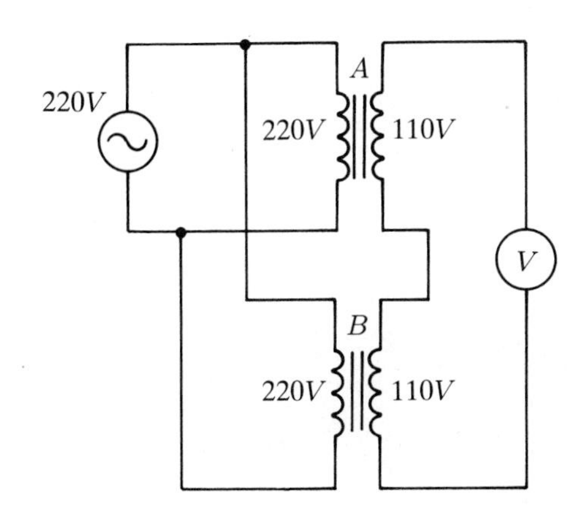

實驗三 單相變壓器開路與短路特性實驗 Open-circuit and short-circuit test of single-phase transformers

I. 實驗目的

1.測量單相變壓器之激磁電流及鐵損，並計算其激磁導納、無載功率因數。

2.測量單相變壓器之阻抗電壓及銅損，並計算其漏磁電抗、等效阻抗。

3.繪製變壓器之完整等效電路，進而計算變壓器之效率與電壓調整率。

II. 原理說明

1.無載試驗

開路試驗又稱無載試驗，如圖2–13 所示，係自低壓側加入額定電壓，而將變壓器之高壓側開路，開路試驗時，低壓側所加入的激磁電流約爲額定值之 2%～ 10%，繞組之損失不大，故銅損可忽略不計。圖 2–14 表示變壓器開路時等效電路，當高壓側開路時，由於鐵心之電阻與電感值較繞組電阻與漏電抗爲高，故無載損失可視爲鐵損，換言之，

$$\text{瓦特表之讀數} \approx \text{鐵心損失} \tag{2–7}$$

變壓器的鐵損，因其產生方式之差異，可分爲磁滯損和渦流損兩類，根據實驗結果，每單位體積的磁滯損 P_h

$$P_h = K_h f B_m^n \tag{2–8}$$

圖 2–13 變壓器開路試驗接線圖

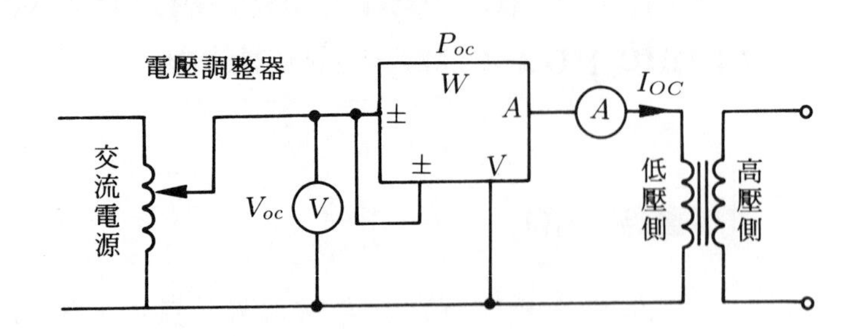

圖 2–14 變壓器開路之等效電路

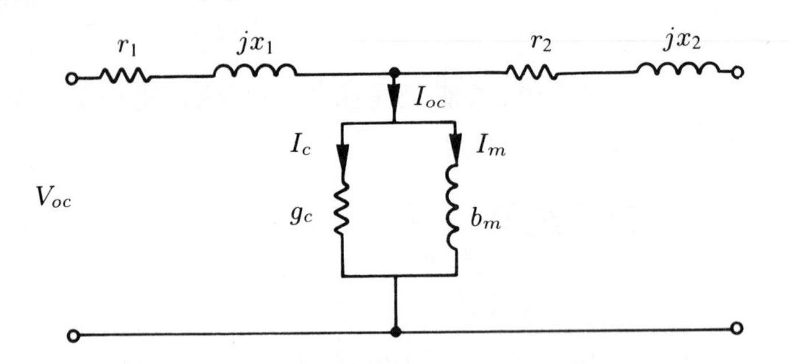

其中 K_h 爲隨鐵心材料而定的常數，f 則爲電源頻率 (Hz)，B_m 則表示鐵心之最大磁通密度 (Wb/m^2)，n 爲史坦麥茲常數 (Steinmetz Constant)，其數值約在 1.5～ 2.0 之間。

渦流損的產生係由於鐵心切割磁通而感應電動勢，於是鐵心內部產生局部循環電流而造成的損失，一般而言渦流損 P_e 可以表示爲

$$P_e = K_e t^2 B_m^2 f^2 \tag{2–9}$$

其中 K_e 爲一常數，其數值隨鐵心特性而變，t 則爲鐵心之厚度 (m)，f 爲電源頻率 (Hz)，B_m 爲鐵心之最大磁通密度 (Wb/m^2)。

由圖 2–13 中，設三電表測得之值分別爲 V_{OC}、I_{OC}、P_{OC}，則激磁回路之電流與功率因數、導納等可由下式求得:

$$I_c = \frac{P_{\mathrm{OC}}}{V_{\mathrm{OC}}} \tag{2-10}$$

$$I_m = \sqrt{I_{\mathrm{OC}}^2 - I_{\mathrm{C}}^2} \tag{2-11}$$

$$\cos\theta = \frac{P_{\mathrm{OC}}}{V_{\mathrm{OC}} I_{\mathrm{OC}}} \tag{2-12}$$

$$Y = \frac{I_{\mathrm{OC}}}{V_{\mathrm{OC}}} = \sqrt{g_c^2 + b_m^2} \tag{2-13}$$

$$g_c = \frac{P_{\mathrm{OC}}}{V_{\mathrm{OC}}^2} = \frac{I_c}{V_{\mathrm{OC}}} \tag{2-14}$$

$$b_m = \sqrt{Y^2 - g_c^2} = \frac{I_{\mathrm{m}}}{V_{\mathrm{OC}}} \tag{2-15}$$

此式中 I_{c} 表鐵損電流，I_m 表磁化電流，I_{OC} 表激磁電流，$\cos\theta$ 表開路功率因數，Y 則爲激磁導納，g_c表示激磁電導，b_m爲激磁電納。

2.短路試驗

短路試驗可求出變壓器之銅損及其等值阻抗，如圖 2–15 所示，由高壓側加入電源，而將變壓器之低壓側短路；短路試驗時，高壓側所加入之電壓，使短路的低壓側電流達到額定值。一般而言，因變壓器之繞組電阻與漏磁電抗較低，加於高壓側之電壓應遠低於額定值，該電壓亦稱爲阻抗電壓。

圖 2–15　變壓器短路試驗接線圖

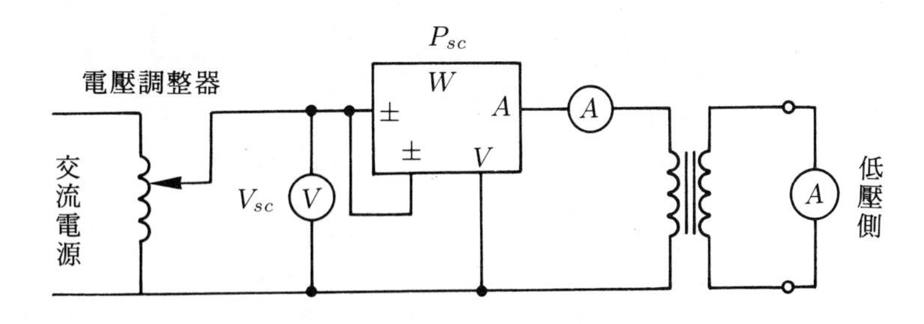

變壓器短路試驗時之等效電路如圖 2–16 所示，當低壓側短路時，因並聯之激磁回路爲高阻抗，且外加之阻抗電壓約爲額定值的 2%～12%，故該部份之損失通常可忽略，故整個電路之損失可視爲高、低壓側繞組電阻之損失，換言之

$$\text{瓦特表之讀數} \approx I_{SC}^2(r_1 + r_2) \tag{2–16}$$

此項損失是由繞組電阻所造成，故謂之銅損。

圖 2–16 變壓器短路之等效電路

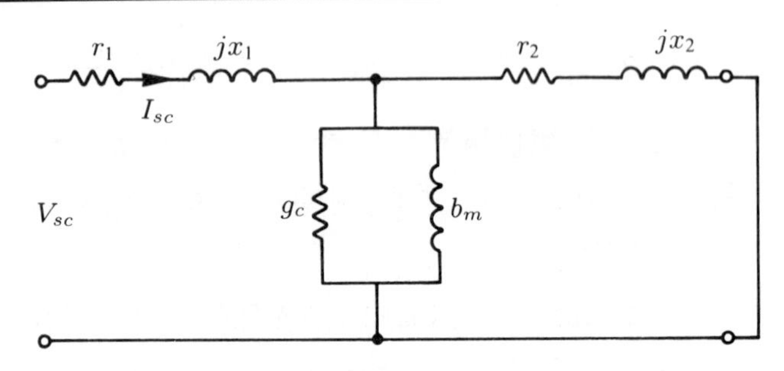

如圖 2–15 所示，假設電壓表、電流表及瓦特表測得之值分別爲 V_{SC}、I_{SC}、P_{SC}，則換算到高壓側之等效電阻，電抗，功率因數等可由下式求得:

$$z_{eq} = \frac{V_{SC}}{I_{SC}} \tag{2–17}$$

$$r_{eq} = \frac{P_{SC}}{I_{SC}^2} = r_1 + r_2 \tag{2–18}$$

$$x_{eq} = \sqrt{z_{eq}^2 - r_{eq}^2} = x_1 + x_2 \tag{2–19}$$

$$\cos\theta = \frac{P_{SC}}{V_{SC}\,I_{SC}} \tag{2–20}$$

此式中，z_{eq} 表換算之高壓側之總阻抗，$\cos\theta$ 表短路時之功率因數，r_1、r_2 爲一、二次繞組電阻，x_1、x_2 爲一、二次漏電抗。

Ⅲ. 儀器設備

名　稱	規　格	數 量	備　註
單相變壓器	1KVA　220V/110V	1	
電壓調整器	5KVA　0−260V	1	
交流電壓表	0−150V	1	開路試驗用
交流電壓表	0−50V	1	短路試驗用
交流電流表	0−1A	1	開路試驗用
交流電流表	0−20A	2	短路試驗用
瓦特表	120V/240V　0/5/10A	1	

Ⅳ. 實驗步驟

1.做變壓器開路特性實驗時，接線如圖 2–13 所示。

2.將電壓調整器之把手調至電壓最低位置，並將電源送入。

3.逐漸調整電壓調整器使輸入電壓漸高，由低壓側額定電壓之 30% 開始，讀取瓦特表，電壓表，電流表之指示值，隨後每增加 10%，再記錄一次，逐漸升高至額定電壓之 120% 為止。

4.計算變壓器之鐵損電流 I_c，磁化電流 I_m，激磁電導 g_c，激磁導納 Y，激磁電納 b_m 及開路功率因數 $\cos\theta$ 等。

5.做變壓器短路特性實驗時，接線如圖 2–15 所示。

6.將電壓調整器之把手調至電壓最低位置，並將電源送入。

7.逐漸調整電壓調整器使輸入電壓漸高，由低壓側額定電流之 30% 開始，讀取瓦特表，電壓表，電流表之指示值，隨後每增加 10%，再記錄一次，逐漸升高至額定電流之 120% 為止。

8.計算變壓器之繞組電阻 $r_{\rm eq}$、漏磁電抗 $x_{\rm eq}$ 及短路功率因數 $\cos\theta$ 等。

V. 注意事項

1.做變壓器開路實驗或短路實驗時，瓦特表，電壓表，電流表之應選用適當之刻度，以免燒毀電表。

2.由於開路實驗係於低壓側加電源，因此高壓側將感應高壓，故實驗時不可碰觸高壓側，額定電壓不可超過120%，否則有燒毀之可能。

3.由於短路實驗係於高壓側加電源，電壓調整器應慢慢調整，以免短路電流超過 120%，而燒毀變壓器。

VI. 實驗結果

1.開路特性

次 數	V_{OC}	I_{OC}	P_{OC}	$\cos\theta$	I_c	I_m	g_c	Y	b_m
1									
2									
3									
4									
5									
6									

2.短路特性

次 數	V_{SC}	I_{SC}	P_{SC}	$\cos\theta$	z_{eq}	r_{eq}	x_{eq}
1							
2							
3							
4							
5							
6							

Ⅶ. 問題與討論

1.開路特性實驗時，由低壓側加電壓，其作用爲何？若由高壓側加入電壓，其結果又如何？

2.開路特性實驗計算出之功率因數爲何較低？其原因爲何？

3.開路特性實驗中之瓦特表讀值，除鐵損外，尙包括那些損失？應如何修正？

4.短路特性實驗時，由高壓側加電壓，其作用爲何？若由低壓側加入電壓，其結果又如何？

5.短路特性實驗中之瓦特表讀值，除銅損失，尙包括那些損失？應如何修正？

6.利用變壓器之開路與短路特性實驗之結果，繪出變壓器換算於高壓側與低壓側之等效電路，並標註各項參數值。

7.由短路特性實驗中，是否可證明變壓器之變壓比與電流比有反比之關係？若有誤差，試討論造成誤差之原因。

8.變壓器的激磁電流包含那些部份？在等效電路中應如何表示？

9.變壓器於接上電源的瞬間有何現象？應如何改善？

實驗四 單相變壓器負載特性實驗
Load characteristics test of single-phase transformers

I. 實驗目的

1.測量單相變壓器於不同負載下之電流與功率消耗。

2.計算單相變壓器於不同負載下之電壓調整率、效率、功率因數。

II. 原理說明

當變壓器二次接上負載時，由於二次側電流的存在，將使一次側的輸入電流增加，負載電流之變化，將使變壓器的二次側電壓隨之改變，而造成電壓變動率。實用上，負載之種類可區分爲電感性、電阻性與電容性，變壓器在負載時的電壓調整率，可由下式求出:

$$\epsilon \triangleq \frac{\text{無載時二次端電壓} - \text{滿載時二次端電壓}}{\text{滿載時二次端電壓}}$$

$$= \frac{\left|\frac{V_1}{a}\right| - |V_2|}{|V_2|} \times 100\%$$

$$= \left(\frac{I_2 r_{eq2}}{V_2}\cos\theta + \frac{I_2 x_{eq2}}{V_2}\right) \times 100\% \qquad (2-21)$$

此式中，ϵ 表電壓調整率。

V_2 表變壓器之二次額定電壓。

V_1 表變壓器二次額定負載時，一次側輸入之電壓。

a 表變壓器之變壓比。

I_2 表變壓器之二次滿載電流。

r_{eq2}，x_{eq2}表示變壓器換算至二次側之繞組電阻與漏電抗。

$\cos\theta$ 表示變壓器二次負載之功率因數。

實驗時，可變換各種負載，包括電感性、電阻性與電容性，不同功率因數下，電壓調整率亦不相同，上式中之 $\sin\theta$ 於電感性負載時，應使用正值；電阻性負載時則爲零；電容性負載時應採用負值，圖 2–17 表示三種不同性質負載的相量圖，當二次側端電壓 V_2 與電流 I_2 不變時，(a)圖之 V_1/a 之值最大，(b)圖次之，而(c)圖之 V_1/a 之值最小；再者(a)(b)圖之 V_1/a 大於 V_2，而(c)圖之V_1/a 則小於 V_2。換言之，電感性負載之電壓調整率最大且爲正值，電阻性負載之電壓調整率亦爲正但較小，電容性負載則爲負值，亦可能爲正，但其數值最小。

圖 2–17　變壓器不同負載下之相量圖

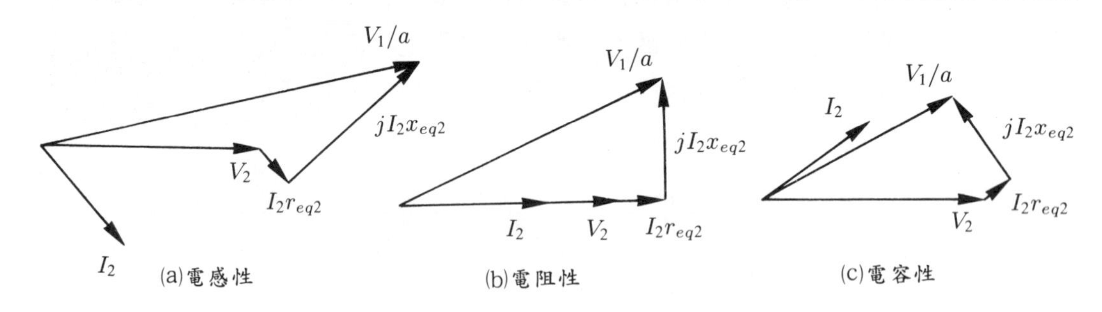

此外，最大電壓調整率 $\epsilon_{\max}$ 可表示爲

$$\epsilon_{\max} = \sqrt{p^2 + q^2} \tag{2–22}$$

其中 $p = \dfrac{I_2 r_{\text{eq2}}}{V_2}$，$q = \dfrac{I_2 x_{\text{eq2}}}{V_2}$

除電壓調整率外，變壓器效率亦是判斷設計優劣之指標，變壓器效率 η 可表示爲

$$\eta = \frac{\text{輸出功率}}{\text{輸入功率}} = \frac{P_{\text{out}}}{P_{\text{in}}} = \frac{P_{\text{out}}}{P_{\text{out}} + P_{\text{loss}}} \tag{2-23}$$

其中 P_{loss} 表示變壓器於任意負載下的損失功率，該損失包括鐵損，銅損與雜散損，若雜散損忽略不計，則變壓器效率亦可表示爲

$$\eta = \frac{V_2 I_2 \cos\theta}{V_2 I_2 \cos\theta + P_i + \left(\frac{1}{m}\right)^2 P_c} \tag{2-24}$$

其中 P_i 爲鐵損，P_c 爲滿載銅損，$1/m$ 爲實際二次負載電流與滿載電流之比（滿載時 $1/m = 1$）。

此外，視在效率亦是常用的觀念，其定義爲二次輸出之實際功率與一次側輸入之視在功率之比值，即

$$\text{視在效率} = \frac{V_2 I_2 \cos\theta}{V_1 I_1} \tag{2-25}$$

當負載之功率因數不爲 1 時，顯然地，實際效率將大於視在效率，而圖 2–18 則表示變壓器於不同負載電流時，電壓調整率與效率變化之曲線圖。

圖 2–18　變壓器特性曲線圖

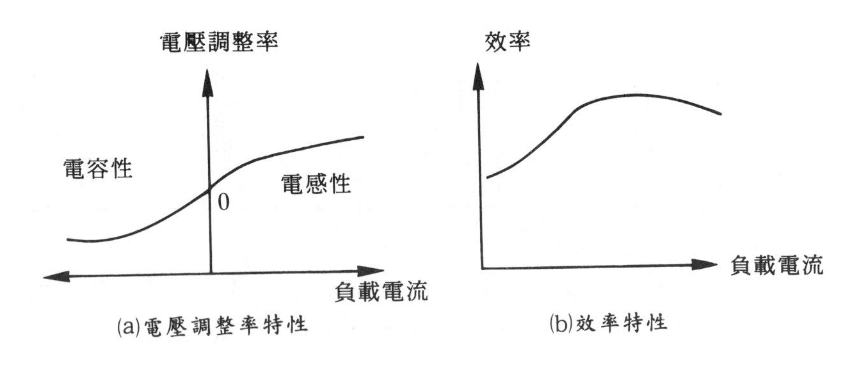

(a)電壓調整率特性　　(b)效率特性

III. 儀器設備

名　　稱	規　　格	數　量	備　　註
單相變壓器	1KVA 220V/110V	1	
電壓調整器	5KVA 0 – 260V	1	
交流電壓表	0 – 300V	2	
交流電流表	0 – 10A	1	
交流電流表	0 – 20A	1	
瓦特表	120V/240V 0/5/10A	2	
電阻箱	220V 2KW	1	可調式
電感箱	220V 2KVAR	1	可調式
電容箱	220V 2KVAR	1	可調式

IV. 實驗步驟

1.依圖 2–19 接線。

圖 2–19　變壓器負載特性實驗接線圖

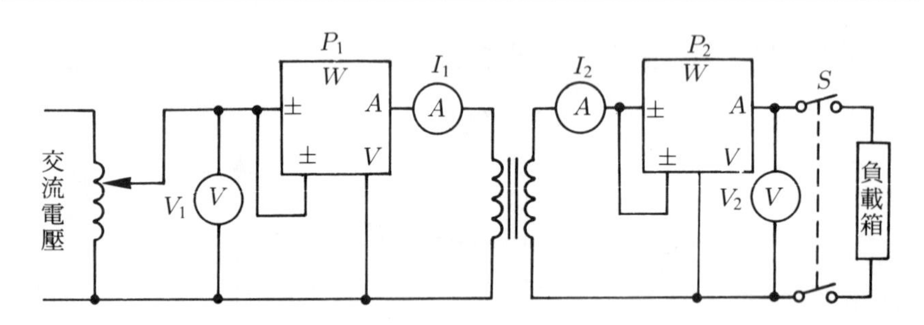

2.電壓調整器之把手調至電壓最低位置，將開關 S 開路並將外加電源加入，接上負載箱，逐漸調整使其電壓逐漸升高，觀察負載電流是否高於額定值，若電流過高則應降低負載，使得輸入電壓爲額定值，負載電流亦達額定。

3.記錄 P_1、P_2、I_1、I_2、V_1、V_2 等數值於負載特性之表格內。

4.調整負載電流值，並重複第3步驟，直到負載電流為零止。

5.將開關 S 打開，增加電感箱後將 S 閉路，調整輸出電壓與電流為額定值，並記錄 P_1、P_2、I_1、I_2、V_1、V_2 等數值於電壓調整率之表格內。

6.改變負載箱之組合，使得負載特性由純電阻性逐漸變成純電感性，並將相關數填入表內。

7.重複第5、第6之步驟，並使得負載特性由純電阻性逐漸變成電容性。

8.計算變壓器之效率，電壓調整率，功率因數等數值。

V. 注意事項

1.做實驗，瓦特表，電壓表，電流表應選用適當之刻度，以免毀損電表。

2.除變壓器之KW不可超出額定值外，於功率因數較低時，應特別注意負載之KVA是否超出變壓器額定。

VI. 實驗結果

1.負載特性

次　數	V_1	V_2	I_1	I_2	P_1	P_2	$\cos\theta$	η
1								
2								
3								
4								
5								
6								
7								
8								

2.電壓調整率特性

次　數	V_1	V_2	I_1	I_2	P_1	P_2	$\cos\theta$	ϵ
1								
2								
3								
4								
5								
6								
7								
8								

Ⅶ. 問題與討論

1.利用負載特性實驗之結果，繪出 $I_2-\eta$ 之關係圖。

2.利用電壓調整率特性實驗之結果，繪出 $I_2-\epsilon$ 之關係圖。

3.證明當功率因數一定時，當負載流使得鐵損和銅損相等時，變壓器的效率爲最大。

4.計算你使用之變壓器在功率因數爲 0.8 落後與0.8 領先時，視在效率爲若干?

5.負載的功率因數對變壓器的電壓調整率有何影響? 試以實驗之結果說明之。

6.說明變壓器的各類損失。

7.60Hz 的變壓器要使用於 50Hz 的電源時，應注意那些事項?

實驗五　單相變壓器並聯運用
Parallel operation of single-phase transformers

I. 實驗目的

1.瞭解單相變壓器可並聯運用之條件。

2.測量於不同負載下，並聯變壓器之負載分配狀況。

II. 原理說明

由於變壓器最大效率常發生於半載至滿載之間，爲提高變壓器使用的經濟性或增加使用容量，變壓器並聯運用是最常用的方法，二台以上單相變壓器並聯運用應合乎下述條件:

1.各變壓器的一次，二次電壓必須相等。

2.各變壓器極性應爲一致。

3.爲達到最佳的並聯運用條件，各變壓器之等效電阻與等效電抗之比應相等。

圖 2–20 爲兩單相變壓器並聯運用的等效電路，若兩變壓器不合條件 1 時，當一次側加入電壓時，兩變壓器二次側電壓將不相同，故造成內部的循環電流，其電流 I_c 約爲

$$I_c = \frac{V_{2a} - V_{2b}}{(r_a + r_b) + j(x_a + x_b)} \tag{2–26}$$

式中 V_{2a}，V_{2b} 分別表示變壓器 a 與變壓器 b 之二次側電壓，r_a、r_b、x_a、x_b 則分別表示兩變壓器之等效電阻與等效電抗。

並聯時，極性是極重要的因素，此原理與直流機或電池的並聯運轉相同，若誤接，將產生極大之循環電流而燒毀，至於條件 3 則涉及負載分配的問題，其原因說明如下:

於圖 2–20 所並聯運用等效電路中，當加上負載後，激磁導納 Y_a、Y_b 對負載電流之影響極小，一般均可忽略其存在，故等效電路可簡化如圖 2–21 所示。

圖 2–20 變壓器並聯接線與等效電路圖

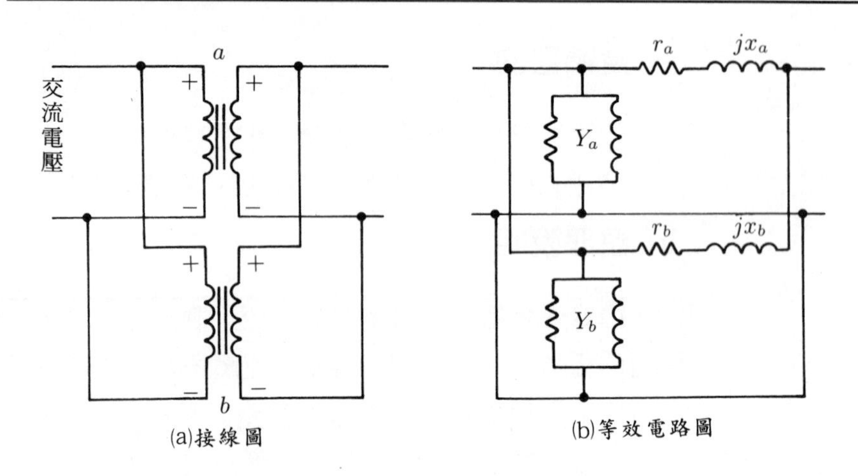

圖 2–21 變壓器並聯運用之簡化等效電路圖

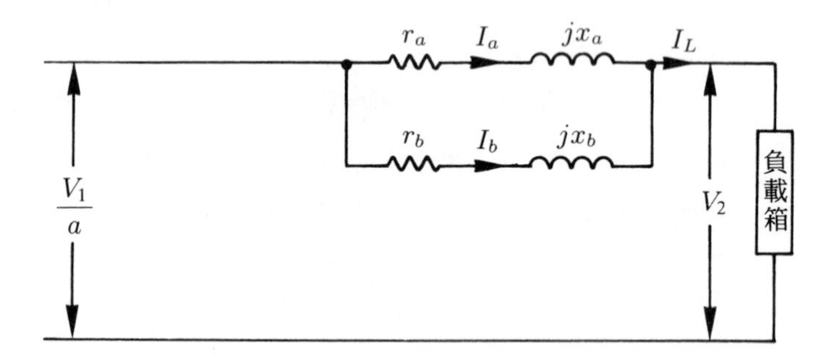

假設一次側輸入電壓爲 V_1，換算至二次側爲 V_1/a，當負載總電壓爲 I_L 時，變壓器 a，b 之分擔電流量分別爲 I_a、I_b，則

$$I_a = \frac{Z_b}{Z_a + Z_b} I_L \tag{2–27}$$

$$I_b=\frac{Z_a}{Z_a+Z_b}I_L \tag{2–28}$$

其中$Z_a=r_a+jx_a$，$z_b=r_b+jx_b$，由此可知變壓器於並聯運用時，有效容量與阻抗成反比，由交流電路之理論可知，當$r_a/x_a=r_b/x_b$，則Z_a，Z_b具有相同之相位角，故I_a與I_b之代數和即等於I_L，此時兩變壓器可發揮最大容量；反之，$r_a/x_a\neq r_b/x_b$時，I_a與I_b不同相，$|I_a|+|I_b|>I_L$，因此變壓器不能發揮最大容量。茲以實際計算例，進一步說明如下：

例：有a，b兩變壓器並聯運用，共同分擔100KVA之負載，變壓器之規格爲

變壓器 a	變壓器 b
100KVA, 2400/240V, 60Hz	100KVA, 2400/240V, 60Hz
換算至低壓側等效阻抗 $=0.01+j0.01\Omega$	換算至低壓側等效阻抗 $=0.01+j0.06\Omega$

試求兩變壓器之分擔電流與使用容量。

解：負載總電流I_L爲

$$I_L=\frac{100\times1000}{2400}=41.67\angle0^\circ\ \text{A}$$

變壓器a，b之分擔電流量I_a，I_b分別爲

$$I_a=\frac{0.01+j0.06}{0.01+j0.01+0.01+j0.06}\times41.67\angle0^\circ=34.8\angle6^\circ\ \text{A}$$

$$I_b=\frac{0.01+j0.01}{0.01+j0.01+0.01+j0.06}\times41.67\angle0^\circ=8.1\angle-29^\circ\ \text{A}$$

故兩變壓器之使用容量分別爲

變壓器$a=2400\times34.8=83520\text{VA}=83.5\text{KVA}$

變壓器$b=2400\times8.1=19440\text{VA}=19.44\text{KVA}$

變壓器a之使用率$=\dfrac{83.5\text{KVA}}{100\text{KVA}}=83.5\%$

$$\text{變壓器 } b \text{ 之使用率} = \frac{19.44\text{KVA}}{100\text{KVA}} = 19.44\%$$

顯然地，變壓器並聯運用時，因變壓器 a 之阻抗較低，故分擔大部份負載；而變壓器 b 則因阻抗高，分擔較少的負載，換言之，兩變壓器阻抗相差過大時，並聯運用對總容量之提升，並無太大作用。

III. 儀器設備

名　稱	規　格	數量	備註
單相變壓器	1KVA 220V/110V	2	
電壓調整器	5KVA 0 – 260V	1	
交流電壓表	0 – 300V	2	
交流電流表	0 – 10A	2	
交流電流表	0 – 20A	1	
電阻箱	220V 2KW	1	可調式
電感箱	220V 2KVAR	1	可調式
電容箱	220V 2KVAR	1	可調式
無熔絲開關 (NFB)	2P 20A	1	

IV. 實驗步驟

1.依圖 2–22 接線，負載箱使用電阻箱。

2.電壓調整器之把手調至電壓最低位置，將開關 S 開路並將電源加入。

3.逐步調整電壓調整器，使二次側電壓達額定值後，將開關 S 閉路，負載由零開始逐漸增加，並記錄 V_2、I_L、I_a、I_b 等數值於表中，至負載電流達變壓器之額定值爲止。

4.將負載箱改用電感箱配合電阻箱重複第 3 步驟。

5.將負載箱改用電容箱配合電阻箱重複第 3 步驟。

6.計算於不同負載下兩變壓器之使用容量及負載容量並比較之。

圖 2-22　變壓器並聯運用接線圖

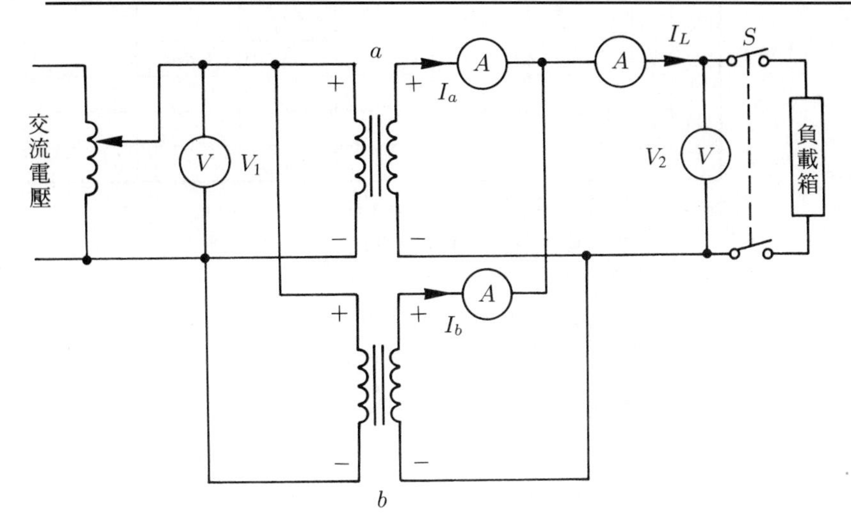

V. 注意事項

1.接線時，應特別注意變壓器的一次、二次側電壓額定是否相同，極性也應檢查正確，以免錯接損壞設備。

2.送電時必須格外小心，應觀察各儀表指示是否有異常狀況。

VI. 實驗結果

次	數	V_1	V_2	I_L	I_a	I_b	KVA_a	KVA_b	KVA_L
電阻性負載	1								
	2								
	3								
	4								
	5								
電感性負載	1								
	2								
	3								
	4								
	5								

電容性負載	1								
	2								
	3								
	4								
	5								

註: a 變壓器使用容量 $KVA_a = V_2 I_a$
b 變壓器使用容量 $KVA_b = V_2 I_b$
負載總容量 $KVA_L = V_2 I_L$

Ⅶ. 問題與討論

1.變壓器並聯之條件爲何?

2.利用實驗之結果，繪出 $I_L - I_a$， $I_L - I_b$ 之曲線圖。

3.三相變壓器之並聯條件，除應滿足單相變壓器並聯運用，尙需考慮那些條件?

4.二變壓器 A， B 作並聯運用，其規格如下:

變壓器 A: 單相， 11.4KV/220V， 10KVA， 60Hz
$z = r + jx = 1 + j3.2$ (換算至低壓側)

變壓器 B: 單相， 11.4KV/220V， 50KVA， 60Hz
$z = r + jx = 0.6 + j4.5$ (換算至低壓側)

當負載阻抗 $z_L = 5.2 + j0.8\Omega$ 時，試求負載電壓，變壓器分擔之電流及使用容量各爲若干?

5.變壓器並聯使用之目的爲何?

6.兩台變壓器於並聯使用時，若匝數比不相等時，其結果會如何?

實驗六 單相變壓器之三相接線法
Three-phase connections of single-phase transformers

I. 實驗目的

1.學習利用二具或三具單相變壓器作各種三相接線方式。

2.瞭解並測量各種三相接線間線電壓與相電壓的關係。

II. 原理說明

三相交流系統，是目前發電和配電系統的主流，其重要性自不待言，三相電路的變壓器除利用公用鐵心分別繞上三組繞組外，亦可使用二台或三台變壓器，以適當的接線方法構成。常用的三相接線法有Y－Y、Y－Δ、Δ－Y、Δ－Δ、V－V、T－T及U－V等方式，茲說明各種接線之特性如下:

1. Y－Y 接線 (Wye-Wye Connection)

圖2–23 所示為三台單相變壓器的三相Y－Y接線方式，在Y－Y接線中，具有下列之關係:

$$V_{l1} = \sqrt{3}V_{p1}\angle 30^\circ \tag{2–29}$$

$$V_{l2} = \sqrt{3}V_{p2}\angle 30^\circ \tag{2–30}$$

$$\frac{V_{l1}}{V_{l2}} = \frac{V_{p1}}{V_{p2}} = a \tag{2–31}$$

其中 V_{l1}、V_{l2} 分別表示三相系統一、二次側的線電壓，V_{P1}、V_{P2} 則表示一、二次側的相電壓，a 為單相變壓器的變壓比。由於線電壓為相電壓的 $\sqrt{3}$ 倍，故降低線路損失之作用較大，此外變壓器一、二次側之中性點皆可接地，故可減少繞組之絕緣階級。但Y－Y 連

接有二個嚴重的問題:

(1)如變壓器電路的負載不平衡，若中性點未接地，將造成相電壓的不平衡。

(2)加於 Y－Y 接線變壓器的三相電壓，因鐵心的磁化特性，儘管電源爲正弦波電壓，將使激磁電流含有三諧波成份。反之，激磁電流若不含第三諧波，則感應電壓必含有三諧波而造成電壓波形的失真；爲改善此缺點，可增第三繞組爲Δ 接，使得激磁電流的第三諧波在此繞組內流動，而改善線電壓之波形。

因此，使用 Y－Y 接線，上述的中性點接點及第三繞組則必須使用，故造成成本之增加，在實際應用上，吾人則常以其他方式之結線代替之。

圖 2-23　變壓器的三相Y－Y 接線

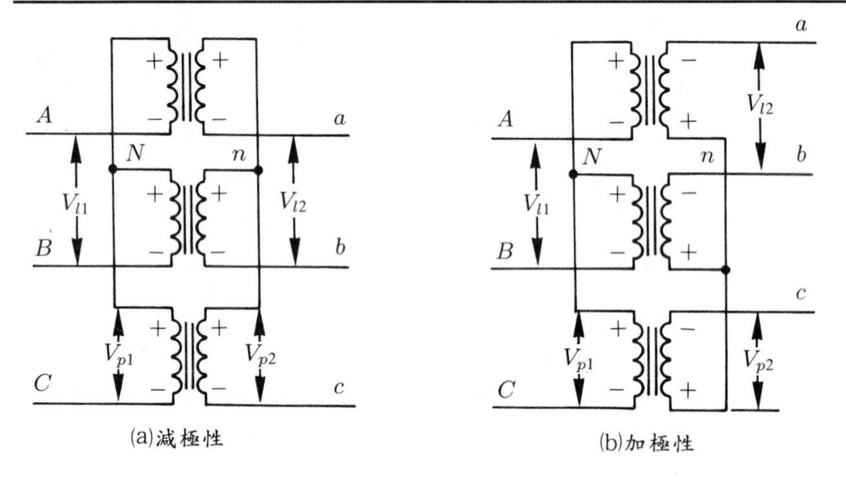

2. Y－Δ 接線 (Wye-Delta Connection)

圖2-24 所示爲三台單相變壓器的三相 Y－Δ 接線方式，在 Y－Δ 接線中，下列關係成立:

$$V_{l1} = \sqrt{3}V_{p1}\angle 30^\circ \tag{2-32}$$

$$V_{l2} = V_{p2} \qquad (2\text{–}33)$$

$$\frac{V_{l1}}{V_{l2}} = \sqrt{3}a, \quad \frac{V_{p1}}{V_{p2}} = a \qquad (2\text{–}34)$$

其中 V_{l1}、V_{l2}、V_{p1}、V_{p2}、a 等代表之意義如前所述。此種結線因包含 Δ 回路，激磁電流的第三諧波可在其內流動，使二次側電壓得以保持爲正弦波。由於一次線電壓領先二次線電壓，故在實際應用中，本接線不可和 Y – Y 或Δ – Δ 接線並聯使用。再者，因 Y 接之中性點可實施接地，使用極爲方便；其缺點爲當一具變壓器發生故障時，則系統將無法繼續供電，在一次變電所降壓之場合常使用此種接線。

圖 2–24　變壓器的三相 Y–Δ 接線

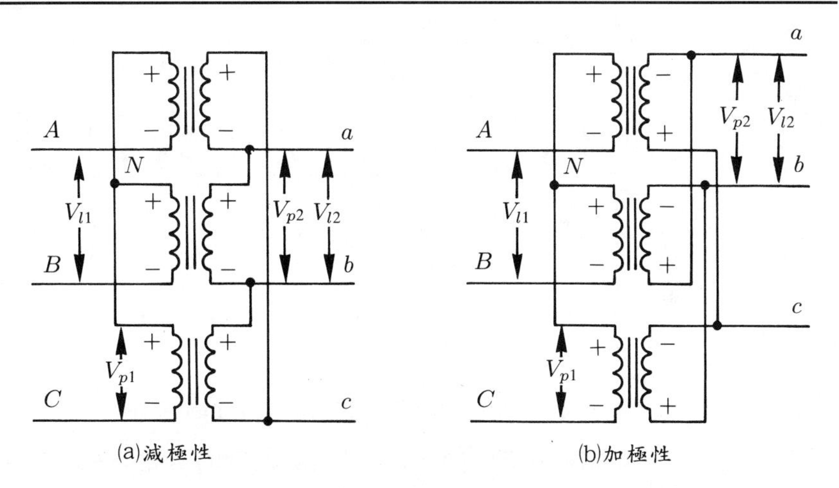

3. Δ–Y 接線(Delta-Wye Connection)

圖2–25 所示爲三台單相變壓器的三相 Δ–Y 接線方式，在 Δ–Y 接線中，下列關係成立：

$$V_{l1} = V_{p1} \qquad (2\text{–}35)$$

$$V_{l2} = \sqrt{3}V_{p2}\angle 30^\circ \qquad (2\text{–}36)$$

$$\frac{V_{l1}}{V_{l2}}=\frac{a}{\sqrt{3}},\quad \frac{V_{p1}}{V_{p2}}=a \tag{2–37}$$

其中V_{l1}、V_{l2}、V_{p1}、V_{p2}、a等代表之意義如前所述，與Y－Δ接線相同，Δ－Y接線因包含Δ回路，故可免除第三諧波之影響，二次電壓仍爲正弦波。此種接法，在實用上，中性點都予以接地，因此在配電系統中，可供應三相四線的系統，如22.8KV－380/220V之系統，此外，Δ－Y接線之一次側線電壓落後二次側線電壓30°，故不能與Y－Y或Δ－Δ接線並聯運用。

圖2–25 變壓器的三相Δ－Y接線

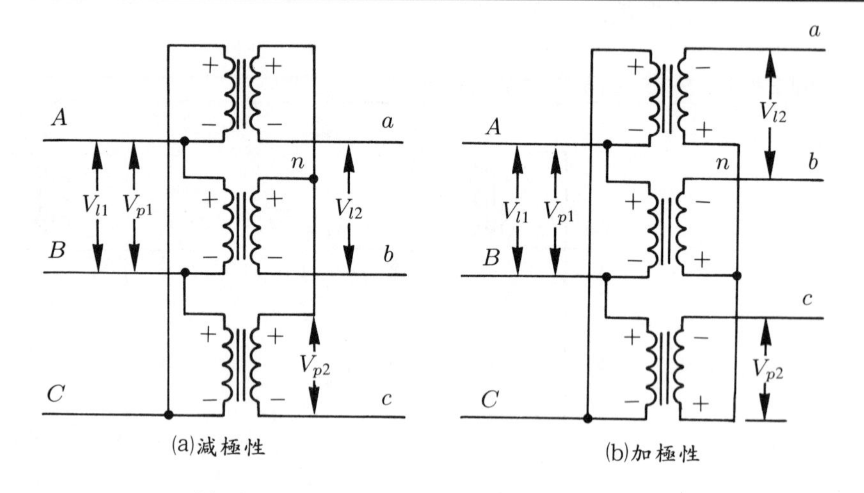

4. Δ－Δ接線(Delta-Delta Connection)

圖2–26所示爲三台單相變壓器的三相Δ－Δ接線方式，在Δ－Δ接線中，下列關係成立:

$$V_{l1}=V_{p1} \tag{2–38}$$

$$V_{l2}=V_{p2} \tag{2–39}$$

$$\frac{V_{l1}}{V_{l2}}=\frac{V_{p1}}{V_{p2}}=a \tag{2–40}$$

其中 V_{l1}、V_{l2}、V_{p1}、V_{p2}、a 等代表之意義如前所述，同 Y－Δ 接線和 Δ－Y 接線，因包括 Δ 回路，故第三諧波之影響亦不存在。此種接法之優點爲當三台變壓器中若一台發生故障，仍可改接成 V－V 接線而繼續供電，雖然容量減少爲原來之 57.7%，但可免除停電之不便。其最大缺點爲此接法其中性點無法接地，與 Y－Y 接線相較，對同一電壓系統而言，需使用較高額定電壓之變壓器。

圖 2–26　變壓器的三相 Δ－Δ 接線

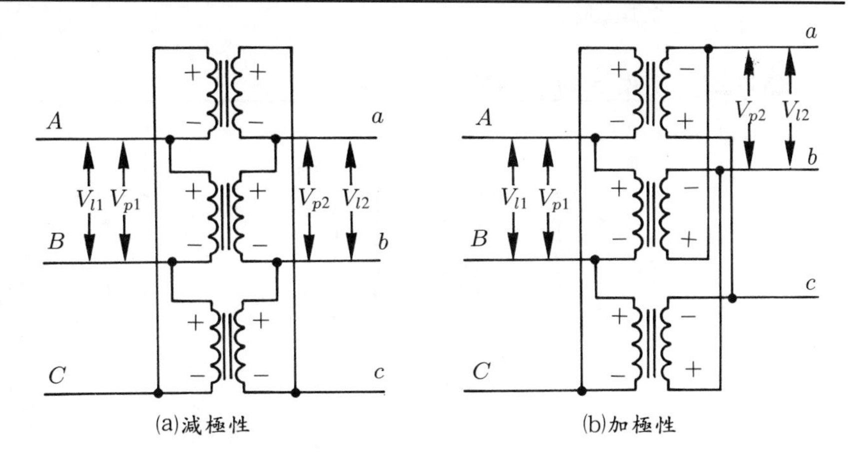

5. $V-V$ 接線 ($V-V$ Connection)

圖2–27 所示爲二台單相變壓器的三相 V－V 接線方式，V－V 接線可視爲 Δ－Δ 接線中，拆除其中一台所構成，故又稱爲開口三角形接線(Open-Delta Connection)，故其線電壓與相電壓之關係亦可表示爲:

$$V_{l1} = V_{p1} \tag{2–41}$$

$$V_{l2} = V_{p2} \tag{2–42}$$

$$\frac{V_{l1}}{V_{l2}} = \frac{V_{p1}}{V_{p2}} = a \tag{2–43}$$

其中 V_{l1}、V_{l2}、V_{p1}、V_{p2}、a 等意義和前述相同，根據交流電路之理論，可知 V – V 接線之總容量等於 $\sqrt{3}V_{l2}I_{l2}$，也等於 Δ – Δ 連接之總容量的 57.7%，或等於二台變壓器總容量的86.6%，換言之，V – V 接線兩變壓器之利用率僅86.6%。

V – V 接線最大的優點，是對未來負載的增加，較易於應付。事實上，僅須增加一台變壓器，改接為 Δ – Δ 結線，容量即可增為原 V – V 接線的 $\sqrt{3}$ 倍。因此桿上變壓器或其他小容量之負載常使用此類接線。

圖 2–27 變壓器的三相V – V 接線

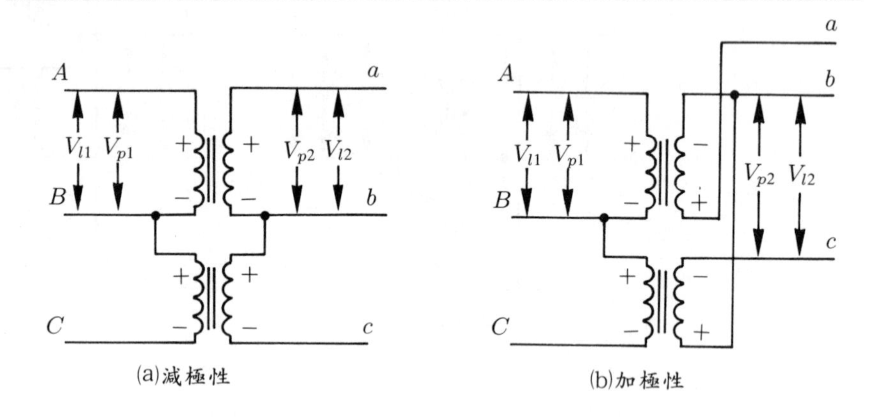

6. T – T 接線 (T – T Connection)

圖2–28 所示為二台單相變壓器的三相 T – T 接線方式，此種接線亦稱史考特接線 (Scott Connection)，其目的係利用二台變壓器供應三相電力，或是將三相電源變為二相電源，二相電源變為三相電源等。圖 2–28 中變壓器a 具有中間電壓的抽頭，謂之主變壓器，變壓器b 則於額定電壓 $\frac{\sqrt{3}}{2}$ 處有一出線頭，謂之支變壓器，其一、二次線電壓之關係可表示為

$$V_{CA} = V_{AB}\angle 240^\circ = V_{BC}\angle 120^\circ \tag{2–44}$$

$$V_{ca} = V_{ab}\angle 240^\circ = V_{bc}\angle 120^\circ \tag{2–45}$$

$$V_{CD} = \frac{\sqrt{3}}{2} V_{AB}\angle -90^\circ \tag{2–46}$$

$$V_{cd} = \frac{\sqrt{3}}{2} V_{ab}\angle -90^\circ \tag{2–47}$$

其中 V_{AB}、V_{BC}、V_{CA}、V_{ab}、V_{bc}、V_{ca} 分別表示變壓器一次、二次之線電壓，V_{CD}、V_{cd} 則表示變壓器 C 相至主變壓器中間抽頭之電壓，故此種接線法可將三相電壓轉變成電壓值不同的三相電壓。

圖 2–28　變壓器的三相T－T 接線（三相變三相）

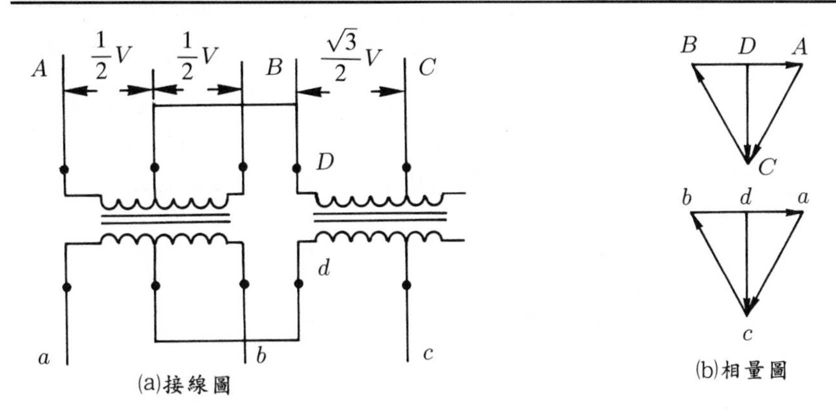

(a)接線圖　(b)相量圖

在此種接線中，兩台完全相同的變壓器，若每台之額定容量爲 VI，則變壓器之總容量爲 $2VI$，但其允許之輸出容量僅有 $\sqrt{3}VI$，換言之，變壓器之利用率爲

$$\frac{\sqrt{3}VI}{2VI} \times 100\% = 86.6\%$$

若改用容量爲一大一小，即主變壓額定電壓爲 V，支變壓器額定電壓爲 $\dfrac{\sqrt{3}}{2}V$，則額定總容量爲 $\left(1+\dfrac{\sqrt{3}}{2}\right)VI = 1.886VI$，但允許輸出之容量仍爲 $\sqrt{3}VI$，故其利用率可提高爲

$$\frac{\sqrt{3}VI}{1.866}\times 100\% = 92.6\%$$

圖2–29 則爲三相電源輸入，輸出爲二相電源之接線圖，其一、二次電壓的關係可表示成

$$V_{CA} = V_{AB}\angle 240° = V_{BC}\angle 120° \tag{2–48}$$

$$V_{cb} = V_{ab}\angle -90° \tag{2–49}$$

$$\frac{V_{AB}}{V_{ab}} = a \tag{2–50}$$

其中 V_{AB}、V_{BC}、V_{CA} 分別表示一次側之輸入三相電壓，V_{ab}、V_{cb} 則爲二次側之輸出二相電壓，a 則爲變壓器之變壓比。反之，若二相之電源由二次側輸入，則一次側之輸出電壓將變爲三相。

圖 2–29 變壓器的 T – T 接線圖（三相變二相）

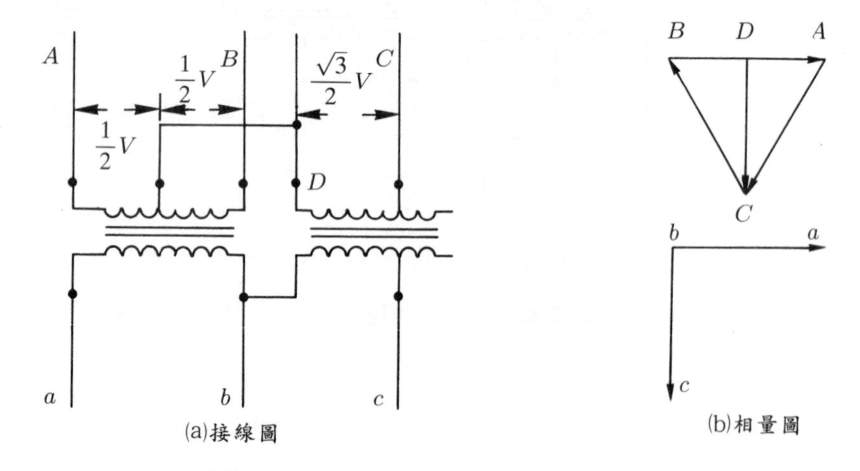

7. U – V 接線 (U – V Connection)

圖 2–30 所示爲二台單相變壓器的三相U – V 接線方式，該接線適用於一次側電源爲三相四線接地系統，一次側接 $A-B-N$ 三線，而二次輸出則爲三相三線系統，此種接線爲 Y – Δ 接線之變

化，即Y－Δ 接線若有一台變壓器發生故障，則可採用此種接線，以免造成停電之不便。此外，此接線亦常用於配電系統，二次側單相和三相電源，以供應電燈與電力負載。

圖 2–30　變壓器的三相U－V 接線

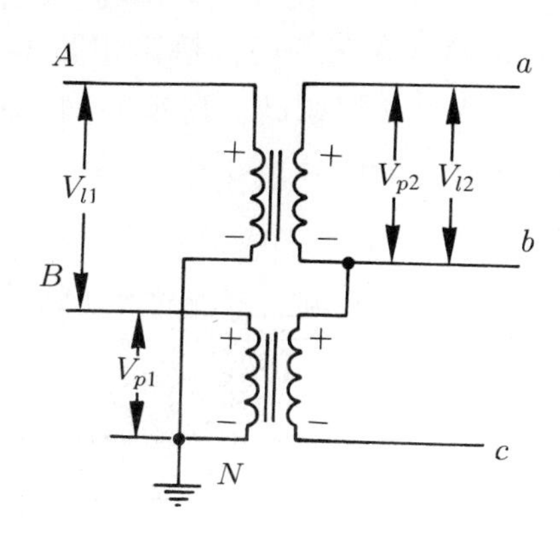

Ⅲ. 儀器設備

名　　稱	規　　格	數　量	備　　註
單相變壓器	1KVA 220V/110V	3	
單相變壓器	1KVA 220－190－0/110V	1	T 接線用
單相變壓器	1KVA 220－110－0/110V	1	T 接線用
三相電壓調整器	5KVA 0－260V	1	
交流電壓表	0－300V	1	

Ⅳ. 實驗步驟

1.做 Y－Y 接線時，接線如圖 2–23 所示，接線時應特別注意各變壓器之極性，避免誤接。

2.電壓調整器之把手調至電壓最低位置，並將電源加入，逐漸調高電壓，並隨時觀察電路是否正常，若無錯誤，將電壓調至額定值後，以電壓表分別測量一次側之線電壓、相電壓與二次側之線電壓、相電壓後記錄之。

3.做 Y－Δ 接線時，接線如圖 2–24 所示，並重複第2 步驟。

4.做 Δ－Y 接線時，接線如圖 2–25 所示，並重複第 2 步驟。

5.做 Δ－Δ 接線時，接線如圖 2–26 所示，並重複第2 步驟。

6.做 V－V 接線時，接線如圖 2–27 所示，並重複第 2 步驟。

7.做 T－T 接線三相變三相時，接線如圖 2–28 所示，並重複第 2 步驟。

8.做 T－T 接線三相變二相時，接線如圖 2–29 所示，並重複第 2 步驟。

9.做 U－V 接線時，接線如圖 2–30 所示，並重複第 2 步驟。

V. 實驗結果

		Y－Y	Y－Δ	Δ－Y	Δ－Δ	V－V	T−T(3−3)	T−T(3−2)	U－V
一次側	V_{AB}								
	V_{BC}								
	V_{CA}								
	V_{AN}			－	－	－	－	－	
	V_{BN}			－	－	－	－	－	
	V_{CN}			－	－	－	－	－	
二次側	V_{ab}								
	V_{bc}								
	V_{ca}								
	V_{an}		－		－	－	－	－	－
	V_{bn}		－		－	－	－	－	－
	V_{cn}		－		－	－	－	－	－

VI. 問題與討論

1.變壓器三相接線，爲何要特別注意極性?

2.變壓器三相接線中，何者可消除三次諧波?試說明其理由。

3.已知三台單相變壓器，其規格爲2400/240V，10KVA，60Hz，若分別接成Y－Y、Y－Δ、Δ－Δ、Δ－Y、V－V等接線，當輸入電壓爲三相平衡2400V時，試問各種接線之一次側線電壓、相電壓、二次側線電壓、相電壓各爲多少?

4.兩變壓器 A，B 之規格分別爲:

變壓器 A	變壓器 B
單相,440V/220V,50KVA,60Hz	單相,380V/190V,50KVA,60Hz

(1)試繪出其T－T接線圖。

(2)本接線最大允許之負載容量爲多少?

5.說明爲何V－V接線之容量僅爲Δ－Δ的57.7%。

6.三相電力系統較單相電力系統爲優，其理由爲何?試說明之。

7.說明三相變壓器於Y－Y接線時，可能出現的問題。

實驗七 變壓器溫升實驗
Temperature rise test of transformers

I. 實驗目的

1.瞭解造成變壓器溫升的來源。

2.測量變壓器於不同負載時，繞組與鐵心的溫升，藉以判定絕緣材料是否合乎溫升限制。

II. 原理說明

當變壓器運轉時，其損失包括鐵損、銅損與雜散損等，當此種損失轉換成熱後，就是變壓器溫升之來源。各種絕緣材料都有其最高容許溫度，爲避免溫升過高破壞絕緣，溫升的測量有其必要性。

測量溫升的方法最正確者乃是在實際額定負載下執行，但變壓器容量過大時則有困難。故最常見的方法乃是利用特殊的接線法，提供變壓器鐵損和銅損加以測定溫升，圖 2–31 爲利用負載反饋方法加以測量，茲說明其原理如下：

圖 2–31　單相變壓器負載反饋法（分接頭式）

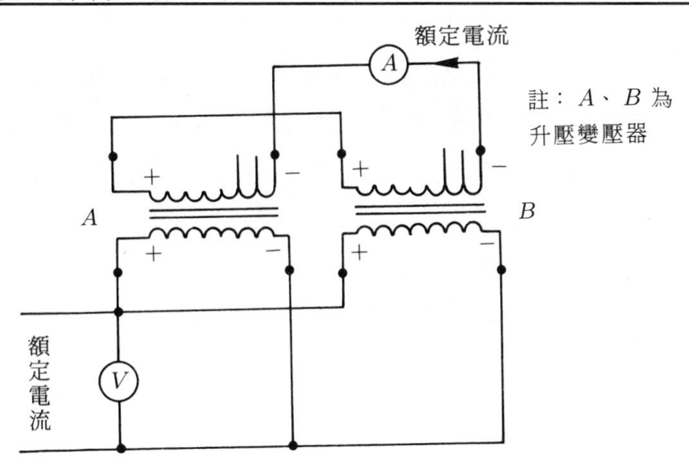

變壓器 A、B 均爲升壓變壓器，A 爲待測變壓器，B 則爲輔助用，兩者之一次側額定電壓應相同，二次側之額定電壓不需相同，但額定電流則必須相同。爲測量方便計，兩變壓器之二次側應有多組分接頭。兩變壓器之一次側並聯，供給額定電壓，則由實驗三中得知，變壓器的鐵損爲定值，二次側兩變壓器採串聯接法，再以電流表短路之，若適當地調整分接頭電壓，則可取得電流表的值爲額定。換言之，待測變壓器將產生鐵損與銅損而造成變壓器的溫升。

溫升之測量可分爲鐵心與繞組溫升兩部份，鐵心溫升以熱電偶式溫度計較爲合適，繞組則可利用熱電偶式溫度計或電阻法加以測量，電阻法乃是測量繞組內部之電阻值，並根據銅導體的溫度特性，以下式換算

$$T_2 = \frac{R_2}{R_1}(234.5 + T_1) - 234.5 - T_1 \tag{2-51}$$

式中 T_2 爲繞組之溫升，T_1 爲室溫，R_1 爲室溫時的電阻，R_2 則爲溫升後的電阻值。表 2–1 爲變壓器各類絕緣材料的溫升限制與最高容許溫度。圖 2–32 則爲三相變壓器之接線法，同理，待測變壓器之一次側與補助變壓器之一次側並聯，二次側兩串聯（Y – Y 接線爲例），二次側之接頭電壓應分別調整，使三相之電流表皆達額定值後再行測試。

當待測變壓器無分接頭可利用時，圖 2–33 所示，使用補助電源的負載反饋法來測定溫升，待測變壓器 A 與輔助變壓器 B 之一次側仍並聯使用並加入額定電壓，二次側則串聯後加入一補助電源；同理，一次側將提供鐵損，二次側則適當地調整電源電壓後取得額定電流，形成銅損。如此即可測定變壓器之溫升。若變壓器爲三相，則如圖 2–34 所示，一次側接成 Δ，二次側接成開 Δ，並與電流表補助電源串聯，其餘的試驗方式與單相變壓器類似。

表 2–1　各類絕緣材料溫升限制表（錄自 IEEE）

絕緣種類	最高溫度 (℃)	溫升限制（℃）		材料
		溫度計法	電阻法	
O 類	90	35	45	紙、絹、綿等不施以清漆處理
A 類	105	50	60	以上材料浸入清漆，合成樹脂板，有機化合物
B 類	130	70	80	雲母、石棉、玻璃纖維、若干有機物
H 類	180	100	120	以上材料施以矽樹脂處理、特弗龍
C 類	不限制	–	–	雲母、石棉、玻璃、瓷等無機物

圖 2–32　三相變壓器負載反饋法（分接頭式）

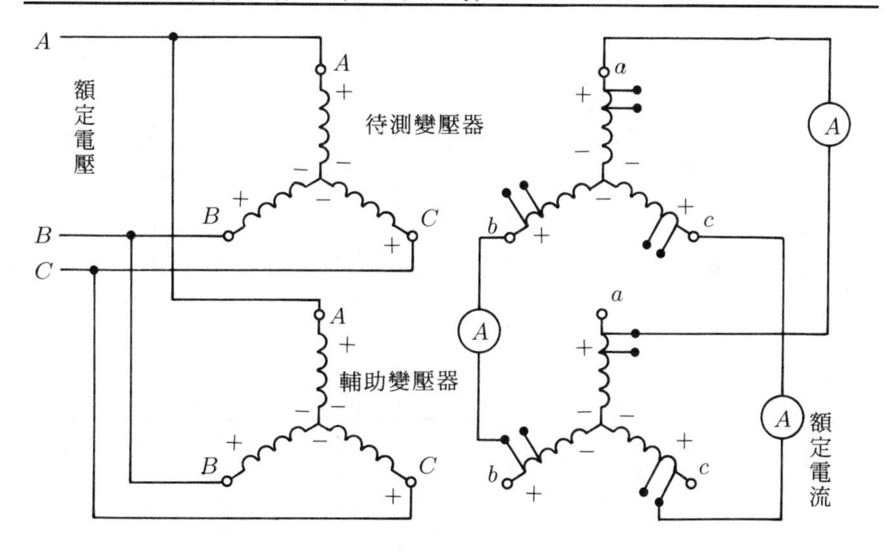

圖 2-33　單相變壓器負載反饋法（補助電源法）

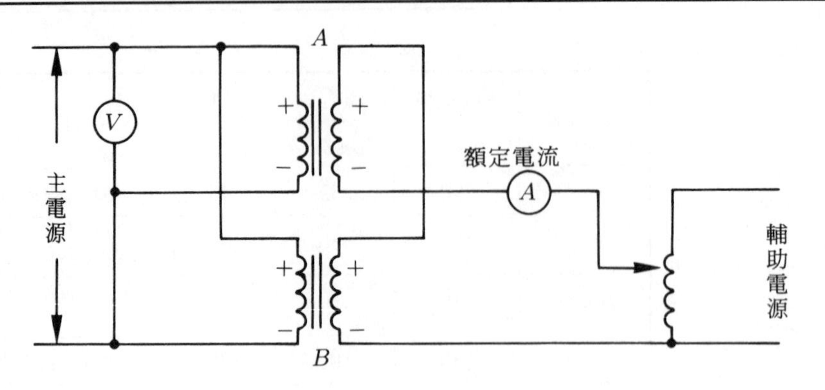

圖 2-34　三相變壓器負載反饋法（補助電源法）

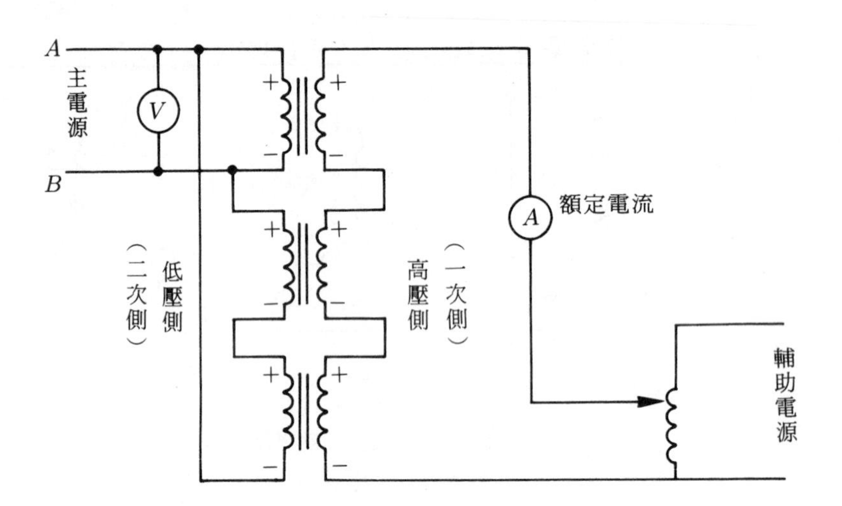

Ⅲ. 儀器設備

名　　稱	規　　格	數　量	備　　註
單相變壓器	1KVA 220V/110V	3	
電壓調整器	5KVA 0 – 260V	2	
交流電壓表	0 – 300V	1	
交流電流表	0 – 20A		
溫度計	熱電偶型		
數字型電阻計	0 – 1Ω, 0 – 10Ω	1	

Ⅳ. 實驗步驟

1.實驗前，將溫度計放置於離變壓器約 1.5 米處，測定室溫並記錄之。

2.接線前先測量變壓器之一、二次繞組電阻。

3.單相變壓器之溫升測定時，依圖 2–33 接線，注意變壓器之極性，以免誤接，兩組電源則使用電壓調整器供應之。

4.兩電壓調整器之把手調至電壓最低位置，並將電源加入，逐漸調高主電源之電壓至額定值並觀察電路有無異狀。

5.逐步調整補助電源之電壓，使電流增加至額定值。

6.將溫度計之熱電偶插入鐵心適當位置，以便於讀取鐵心溫度，每隔 5 分鐘記錄一次，至溫度達穩定值止。

7.當溫度達穩定值，迅速切掉電源，拆除變壓器之接線，並測量其一、二次側之繞組電阻值。

8.計算繞組之溫升。

9.做三相變壓器之溫升測定時，接線如圖 2–34 所示，並重複第 4 ～第 8 步驟。

V. 注意事項

1.溫升實驗時，應在不受氣流影響之場所施行。

2.測定溫升後之繞組電阻，動作應確實迅速，以免變壓器溫度降低造成誤差。

VI. 實驗結果

1.單相變壓器

時　間		5 分	10 分	15 分	20 分	25 分	30 分	35 分	40 分
繞組電阻	高壓側								
	低壓側								
繞組溫度	高壓側								
	低壓側								
鐵心溫度									
室溫: ℃　高壓側電阻: Ω　低壓側電阻: Ω									

2.三相變壓器

時　間		5 分	10 分	15 分	20 分	25 分	30 分	35 分	40 分
繞組電阻	高壓 A 相								
	低壓 a 相								
	高壓 B 相								
	低壓 b 相								
	高壓 C 相								
	低壓 c 相								
繞組溫度	高壓 A 相								
	低壓 a 相								
	高壓 B 相								
	低壓 b 相								
	高壓 C 相								
	低壓 c 相								
鐵心溫度									
室溫: ℃ 高壓側電阻: $A=$__ $B=$__ $C=$__　低壓側電阻: $a=$__ $b=$__ $c=$__									

Ⅶ. 問題與討論

1.變壓器溫升實驗的目的爲何？試簡述之。

2.本實驗結果，你使用的變壓器之溫升，是否合乎表2–1之限制？

3.試繪出變壓器溫升實驗中，繞組溫升，鐵心溫升與時間之關係圖。

4.變壓器各部份之絕緣電阻於溫升實驗中有何變化？請說明之。

5.一變壓器做溫升實驗，在室溫爲24℃時，實驗前一、二次繞組電阻分別爲 3.2Ω 及32.5Ω，實驗後之電阻則分別增加爲4.2Ω 及41Ω，試計算變壓器一、二次繞組之溫度與溫升各爲多少？

6.變壓器於加負載使用時，若溫升過高，應如何改善？

實驗八 三相變壓器開路與短路特性實驗
Open-circuit and short-circuit test of three-phase transformers

I. 實驗目的

1.測量三相變壓器之激磁電流及鐵損，並計算激磁導納、無載功率因數。

2.測量三相變壓器之阻抗電壓及銅損，並計算漏磁電抗、等效阻抗。

3.繪製變壓器每相之完整等效電路。

II. 原理說明

如圖 2–35 所示爲三相變壓器之構造簡圖，三相變壓器係使用一鐵心，使三相之磁路得以共用，以簡省成本，節省空間並增加使用之效率，降低損失。三相變壓器之開路實驗與實驗三所述類似，由低壓側加入三相之額定電壓，並將變壓器之高壓側開路，由於二次側開路之故，二次側連接方式並不影響一次側的激磁電流，但一次側因可分爲 Y 接線與 Δ 接線，故應加以區別，消耗功率則與接法無關。於 Y 接線時，線電流與相電流相等，Δ 接線時，線電流則爲相電流的 $\sqrt{3}$ 倍，由於測定激磁電流或輸入電壓時，電流表或電壓表僅可接線上或線間，而無法接於相上或相間，測定值必爲線電流或線電壓，故計算三相變壓器每相之參數時，計算之方式應修改爲

$$I_{\mathrm{OC}} = \frac{I_{\mathrm{OC}A} + I_{\mathrm{OC}B} + I_{\mathrm{OC}C}}{3} \tag{2–52}$$

$$P_{\mathrm{OC}} = P_{O1} + P_{O2} \tag{2–53}$$

$$I_c = \frac{P_{\mathrm{OC}}}{\sqrt{3}V_{\mathrm{OC}}} \tag{2–54}$$

$$I_m = \sqrt{I_{\mathrm{OC}}^2 - I_c^2} \tag{2–55}$$

$$\cos\theta = \frac{P_{\mathrm{OC}}}{\sqrt{3}V_{\mathrm{OC}}I_{\mathrm{OC}}} \tag{2–56}$$

$$Y = \sqrt{3}\frac{I_{\mathrm{OC}}}{V_{\mathrm{OC}}} \tag{2–57}$$

$$g_c = \frac{P_{\mathrm{OC}}}{V_{\mathrm{OC}}^2} \tag{2–58}$$

$$b_m = \sqrt{Y^2 - g_c^2} \tag{2–59}$$

此式中，$I_{\mathrm{OC}A}$、$I_{\mathrm{OC}B}$、$I_{\mathrm{OC}C}$ 分別表示變壓器 A、B、C 三相的激磁電流，而 I_{OC} 表示激磁電流的平均值，I_c 表鐵損電流，I_m 表磁化電流，$\cos\theta$ 表開路試驗之平均功率因數，Y、g_c、b_m 則分別表示每相平均之激磁導納，激磁電導與激磁電納，P_{O1}、P_{O2} 為兩瓦特表讀值，P_{OC} 表開路實驗的總損失功率。

圖 2–35 三相變壓器之構造圖

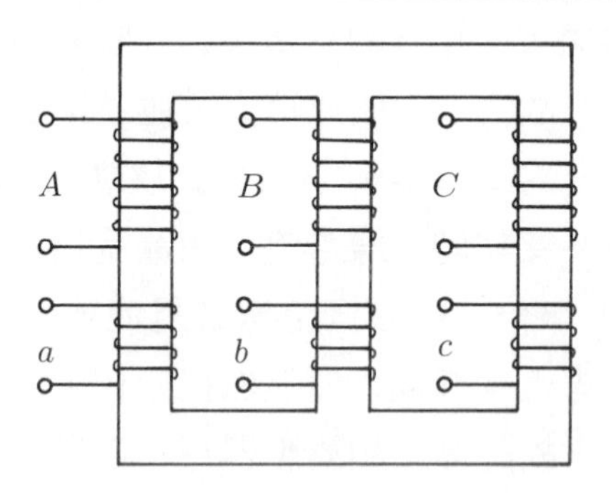

至於三相變壓器之短路實驗，與實驗三所述大致相同，電源由高壓側加入，而低壓側則三相短路，至使之達到額定電流值。同

理，因變壓器之繞組電阻與漏磁電抗相對較低，故加於高壓側之電壓應遠低於額定值。二次側可分爲Y接線與Δ接線，測量時僅可測出線電流，故計算應特別注意。再者，因兩瓦特表讀值之總和爲三相銅損，在計算等效阻抗時應除以3，利用下列公式則可求出三相變壓器每相參數值。

$$I_{SC} = \frac{I_{SCA} + I_{SCB} + I_{SCC}}{3} \tag{2–60}$$

$$P_{SC} = P_{S1} + P_{S2} \tag{2–61}$$

$$z_{eq} = \frac{V_{SC}}{\sqrt{3} I_{SC}} \tag{2–62}$$

$$r_{eq} = \frac{P_{SC}}{3 I_{SC}^2} = r_1 + r_2' \tag{2–63}$$

$$x_{eq} = \sqrt{z_{eq}^2 - r_{eq}^2} = x_1 + x_2' \tag{2–64}$$

$$\cos\theta = \frac{P_{SC}}{\sqrt{3} V_{SC} I_{SC}} \tag{2–65}$$

此式中，I_{SCA}、I_{SCB}、I_{SCC} 分別表示變壓器 A、B、C 三相的短路電流，而 I_{SC} 表示三相短路電流的平均值，z_{eq} 表示換算至高壓側之總阻抗，r_{eq} 表一、二次繞組電阻之和，x_{eq} 爲一、二次漏磁電抗之和，P_{S1}、P_{S2} 爲兩瓦特表的讀值，P_{SC} 則表示短路實驗時總消耗功率。

在繪製三相變壓器之等效電路圖時，由於開路實驗時，電源由低壓側加入，故計算值皆爲換算至低壓側；短路實驗時，電源由高壓側加入，故計算值皆爲換算至高壓側，故兩組數據應再加以適當轉換，等效電路圖之參數值始爲正確。

III. 儀器設備

名　　稱	規　　格	數　量	備　　註
單相變壓器	1KVA 220V/110V	3	單相或三相
三相變壓器	3KVA 220V/110V	1	依設備而定
三相電壓調整器	5KVA 0 – 260V	1	
交流電壓表	0 – 150V	1	開路試驗用
交流電壓表	0 – 50V	1	短路試驗用
交流電流表	0 – 1A – 5A	3	開路試驗用
交流電流表	0 – 10A – 20A	6	短路試驗用
單相瓦特表	120V/240V 0/5/10A	2	單相或三相
三相瓦特表	120V/240V 0/5/10A	1	依設備而定

IV. 實驗步驟

1.做變壓器開路特性實驗時，接線如圖 2–36 所示，瓦特表可使用單相二台或三相一台。

2.將電壓調整器之把手調至電壓最低位置，並將電源送入。

3.逐漸調整電壓調整器使輸入電壓漸高，由低壓側額定電壓之 30% 開始，讀取瓦特表，電壓表，電流表之指示值，隨後每增加 10%，再記錄一次，逐漸升高至額定電壓之 120% 爲止。

4.計算變壓器之激磁電流平均值 I_{OC}，鐵損電流 I_c，磁化電流 I_m，激磁電導 g_c，激磁導納Y，激磁電納 b_m 及開路功率因數 $\cos\theta$ 等。

5.做變壓器短路特性實驗時，接線如圖 2–37 所示。

6.將電壓調整器之把手調至電壓最低位置，並將電源送入。

7.逐漸調整電壓調整器使輸入電壓漸高，由低壓側額定電流之 30% 開始，讀取瓦特表，電壓表，電流表之指示值，隨後每增加 10%，再記錄一次，逐漸升高至額定電流之 120% 爲止。

圖 2–36　三相變壓器開路特性實驗接線圖

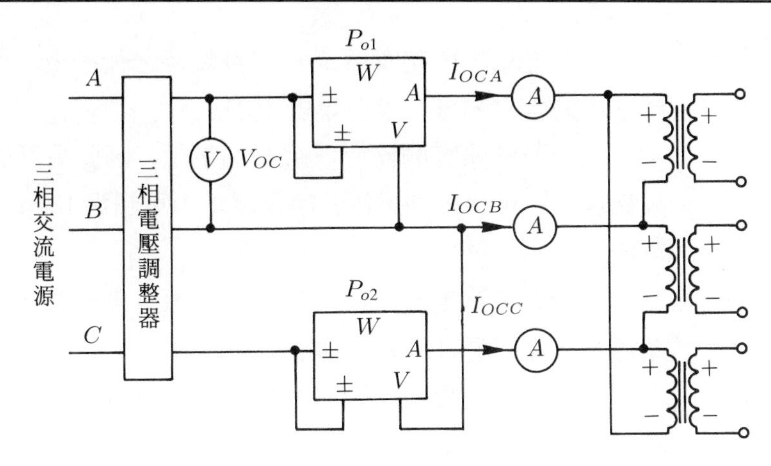

圖 2–37　三相變壓器短路特性實驗接線圖（Δ – Y 接線為例）

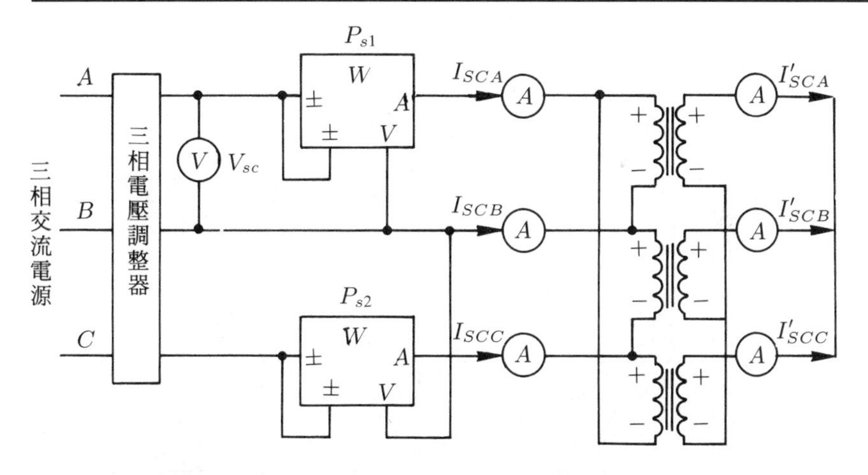

8.計算變壓器之繞組電阻 r_{eq}，漏磁電抗 x_{eq} 及短路功率因數 $\cos\theta$ 等。

9.繪出變壓器每相之等效電路圖。

V. 注意事項

1.做變壓器開路實驗或短路實驗時，瓦特表、電壓表、電流表應選用適當之刻度，以免燒毀電表。

2.由於開路實驗係於低壓側加電源，因此高壓側將感應高壓，故實驗時不可觸及高壓側，額定電壓不可超過 120%，否則有燒毀之可能。

3.由於短路實驗係於高壓側加電源，電壓調整器應慢慢調整以免短路電流超過 120%，而燒毀變壓器。

4.無論開路實驗或短路實驗，消耗總功率應爲兩只單相瓦特表讀值之和，惟當功率因數過低時，瓦特表指針可能反轉而無法讀出其數值，此時可將電流線圈反接，使指針正轉，再將兩表之讀值相減，即爲三相消耗之總功率。

VI. 實驗結果

1.開路實驗

次　數	1	2	3	4	5	6	7	8	9
V_{OC}									
$I_{\mathrm{OC}A}$									
$I_{\mathrm{OC}B}$									
$I_{\mathrm{OC}C}$									
I_{OC}									
I_c									
I_m									
P_{O1}									
P_{O2}									
P_{OC}									
Y									
g_c									
b_m									
$\cos\theta$									

2.短路實驗

次　數	1	2	3	4	5	6	7	8	9
V_{SC}									
I_{SCA}									
I_{SCB}									
I_{SCC}									
I_{SC}									
P_{S1}									
P_{S2}									
P_{SC}									
z_{eq}									
r_{eq}									
x_{eq}									
$\cos\theta$									

Ⅶ. 問題與討論

1.利用變壓器之開路與短路特性實驗之結果，繪出變壓器換算於高壓側與低壓側之等效電路，並標註各項參數值。

2.試比較三相變壓器與單相變壓器之優缺點。

3.三相變壓器於開路實驗時，一次側之Y 接線與Δ 接線，對實驗數據與結果之影響爲何？試說明之。

4.三相變壓器於短路實驗時，二次側Y 接線與Δ 接線，對實驗數據與結果之影響爲何？試說明之。

5.開路實驗時，平均激磁電流佔額定電流的百分比爲若干？若與單相變壓器相比較，又有何差異？

6.短路實驗時，平均之阻抗電壓佔額定電壓的百分比爲若干？若與單相變壓器相比較，又有何差異？

7.一台三相變壓器10KVA，2400V/240V，Y－Y 接，做開路實驗與短路實驗得下列之數據:

開路試驗（低壓側加壓）

$V_{\mathrm{OC}} = 240\mathrm{V}$，$I_{\mathrm{OC}A} = 1.22\mathrm{A}$，$I_{\mathrm{OC}B} = 1.2A$，$I_{\mathrm{OC}C} = 1.18\mathrm{A}$

$P_{O1} = 138\mathrm{W}$，$P_{O2} = 45\mathrm{W}$

短路試驗（高壓側加壓）

$V_{\mathrm{SC}} = 93\mathrm{V}$，$I_{\mathrm{SC}A} = 2.40\mathrm{A}$，$I_{\mathrm{SC}B} = 2.43\mathrm{A}$，$I_{\mathrm{SC}C} = 2.37\mathrm{A}$

$P_{S1} = 102\mathrm{W}$，$P_{S2} = 152\mathrm{W}$

試求其換算至高壓側與低壓側之參數，並繪出其等效電路圖。

8.利用本實驗之數據，繪出鐵損與輸入電壓之曲線圖，並觀察兩者之關係爲何?

9.利用本實驗之數據，繪出銅損與短路電路之曲線圖，並觀察兩者之關係爲何?

實驗九　三相變壓器負載特性實驗
Load characteristics test of three-phase transformers

I. 實驗目的

1.瞭解三相電功率的測量與計算。

2.測量三相變壓器於不同負載時之電流與功率消耗。

3.計算三相變壓器於不同負載時之電壓調整率、效率、功率因數。

II. 原理說明

三相變壓器負載特性實驗與實驗四的目的相同，在求得功率消耗，計算電壓調整率，效率及功率因數，兩者之差異在於負載與變壓器之接線可分爲Y 接與Δ接兩類。一般而言，在計算時，將其化成Y 接計算較爲方便，首先就負載之轉換說明如下:

圖 2–38(a)之負載爲Δ 接線，欲將其轉換爲Y 接之等效電路，則其關係式可表示爲

$$Z_A = \frac{Z_\alpha Z_\beta}{Z_\alpha + Z_\beta + Z_\gamma} \tag{2–66}$$

$$Z_B = \frac{Z_\beta Z_\gamma}{Z_\alpha + Z_\beta + Z_\gamma} \tag{2–67}$$

$$Z_C = \frac{Z_\gamma Z_\alpha}{Z_\alpha + Z_\beta + Z_\gamma} \tag{2–68}$$

反之，若欲將圖 2–38(b)之Y 接線轉換爲等效的圖 2–38(a)時，則兩者之關係可改寫爲

$$Z_\alpha = \frac{Z_A Z_B + Z_A Z_C + Z_B Z_C}{Z_B} \tag{2–69}$$

$$Z_\beta = \frac{Z_A Z_B + Z_A Z_C + Z_B Z_C}{Z_C} \tag{2–70}$$

$$Z_\gamma = \frac{Z_A Z_B + Z_A Z_C + Z_B Z_C}{Z_A} \tag{2–71}$$

其中 Z_α、Z_β、Z_γ 分別表負載爲 Δ 接時之三相阻抗，Z_A、Z_B、Z_C 則分別表示 Y 接時之三相阻抗。

圖 2–38 三相負載 Y 接與 Δ 接之轉換圖

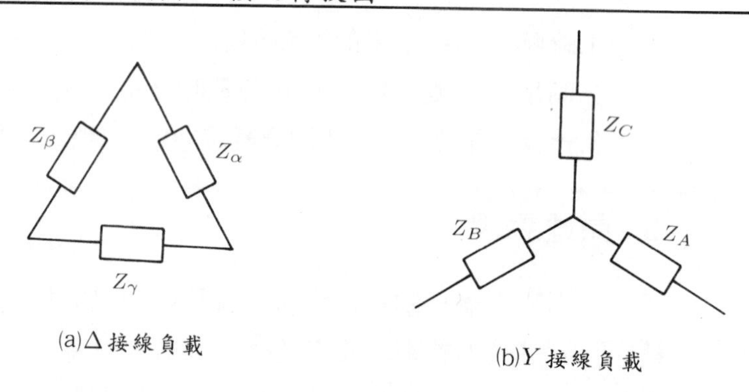

(a)Δ 接線負載　(b)Y 接線負載

對三相平衡之 Δ 接負載時，$Z_\alpha = Z_\beta = Z_\gamma \triangleq Z_\Delta$，故 Δ 接轉換爲 Y 接時之關係可簡化爲

$$Z_A = Z_B = Z_C \triangleq Z_Y = \frac{1}{3} Z_\Delta \tag{2–72}$$

反之，若負載爲三相平衡 Y 接時，$Z_A = Z_B = Z_C \triangleq Z_Y$，故 Y 接線轉換爲 Δ 接之關係可簡化成

$$Z_\alpha = Z_\beta = Z_\gamma \triangleq Z_\Delta = 3Z_Y \tag{2–73}$$

對三相變壓器而言，在處理 Y – Y、Y – Δ、Y – Y 接線時，應將所有參數轉換至 Y 接側，而處理 Δ – Δ 接線，一定要轉換爲 Y 接線，因三相變壓器每相之參數大致相同，故可用 $Z_Y = \frac{1}{3} Z_\Delta$ 轉換。茲以下例說明三相變壓器之計算方式。

例：某三相變壓器100KVA，4160V/240V，Y – Δ 接線，若變壓

器換算之高壓側的阻抗爲 $2.1+j3.2\Omega$/每相，當二次接上額定負載，功率因數爲 0.85 落後時，試求一次側之端壓，電壓調整率爲若干?

圖 2–39　變壓器之等效電路

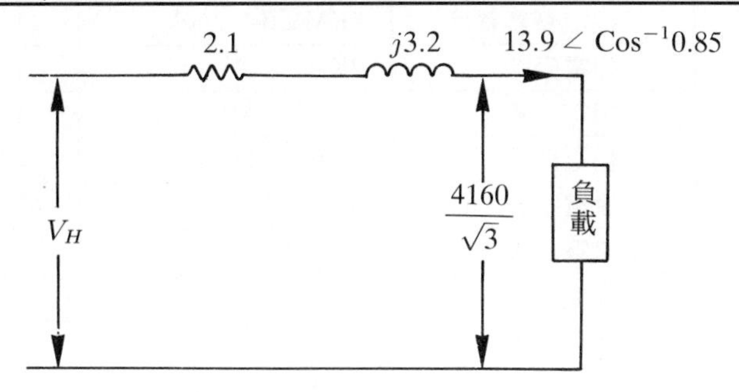

解: 先計算變壓器二側之額定電流

$$I_L=\frac{100\times 1000}{\sqrt{3}\cdot 240}=240.6\text{A}$$

再將其換算至高壓 Y 接線側，則高壓側之線電流

$$I_H=\frac{240.6}{4160/240}=13.9\text{A}$$

圖 2–39 爲其等效電路，當負載電流爲 13.9A，功率因數爲 0.85 落後時則高壓側之電源相電壓爲

$$\begin{aligned}V_H&=13.9\angle-\text{Cos}^{-1}0.85\cdot(2.1+j3.2)+\frac{4160}{\sqrt{3}}\angle 0^\circ\\&=2448+j23\\&=2448\angle 0.53^\circ\end{aligned}$$

故高壓側之線電壓爲 $2448\times\sqrt{3}=4240\text{V}$

電壓調整率 $\epsilon=\dfrac{4240-4160}{4160}\times 100\%=1.92\%$

至於效率之計算請參閱實驗四所述。

III. 儀器設備

名　稱	規　格	數　量	備　註
單相變壓器	1KVA 220V/110V	3	單相或三相依設備而定
三相變壓器	3KVA 220V/110V	1	
三相電壓調整器	5KVA 0 – 260V	1	
三相電阻箱	2KW 220V	1	
三相電容箱	2KVA 220V	1	
三相電感箱	2KVA 220V	1	
交流電壓表	0 – 300V	2	
交流電流表	0 – 10A	3	
交流電流表	0 – 20A	3	
單相瓦特表	120V/240V 0/5/10A	4	單相或三相依設備而定
三相瓦特表	120V/240V 0/5/10A	2	

IV. 實驗步驟

1.依圖 2–40 接線。

圖 2–40　三相變壓器負載特性實驗接線圖（Δ–Y 接為例）

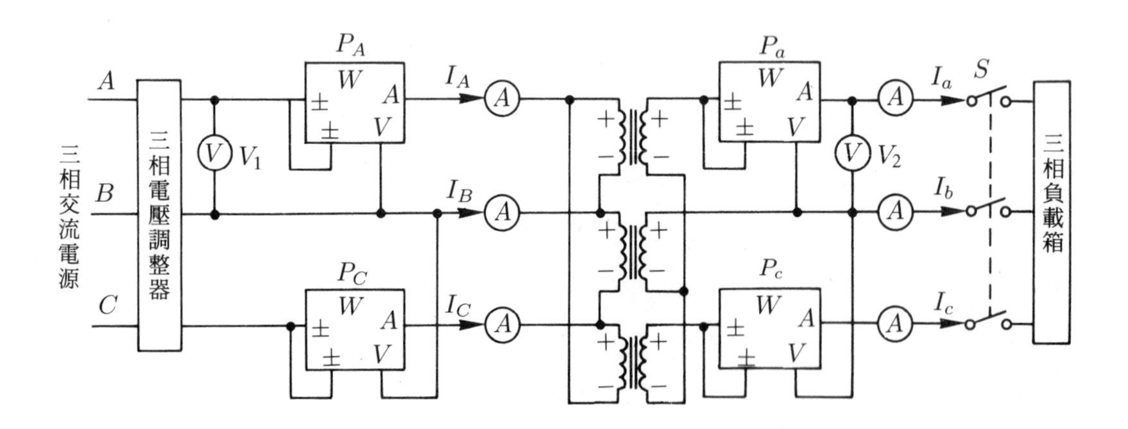

2.電壓調整器之把手調至電壓最低位置，將負載箱切離後再將電源加入。逐漸調高線路之電壓，並觀察電路是否正確，若無誤則將負載箱之電阻器逐漸加入使得輸入電壓爲額定值，負載電流亦達額定。

3.記錄 V_1、V_2、I_A、I_B、I_C、I_a、I_b、I_c、P_A、P_C、P_a、P_c 等數值於負載特性之表格內。

4.調整負載電流值，並重複第 3 步驟，直到負載電流爲零止。

5.將開關 S 打開，增加電感箱後將 S 閉路，調整輸出電壓與電流爲額定值，並記錄 V_1、V_2、I_A、I_B、I_C、I_a、I_b、I_c、P_A、P_C、P_a、P_c 等數值於電壓調整率之表格內。

6.改變負載箱之組合，使得負載特性由純電阻性逐漸變成純電感性並將相關數填入表內。

7.重複第 5、第 6 之步驟，並使得負載特性由純電阻性逐漸變成電容性。

8.計算變壓器之效率，電壓調整率，功率因數等數值，在記錄表中，多項數據可經由下列換算:

$$I_L\text{（一次側平均電流）} = \frac{I_A + I_B + I_C}{3} \tag{2–74}$$

$$I_l\text{（二次側平均電流）} = \frac{I_a + I_b + I_c}{3} \tag{2–75}$$

$$P_L\text{（一次側消耗總功率）} = P_A + P_C \tag{2–76}$$

$$P_l\text{（二次側消耗總功率）} = P_a + P_c \tag{2–77}$$

$$\cos\theta_L\text{（一次側平均功率因數）} = \frac{P_L}{\sqrt{3}V_1 I_L} \tag{2–78}$$

$$\cos\theta_l\text{（二次側平均功率因數）} = \frac{P_l}{\sqrt{3}V_2 I_l} \tag{2–79}$$

$$\eta\text{（效率）} = \frac{P_l}{P_L} \tag{2–80}$$

V. 注意事項

1.瓦特表及電流表之額定值，必須配合負載的電流適當選用，以免燒毀電表或指針偏轉太小，造成誤差。

2.瓦特表及電流表之額定值，若遠小於負載的電流時，應加比流器(CT) 以配合測定。

3.變壓器消耗之總功率，爲二只單相瓦特表讀值之和，當電路之功率因數過低時，瓦特表指針可能反轉，而無法讀其數值，此時，應將瓦特表之電流線圈反接，使指針正轉，再將二讀值相減，即爲三相消耗之總功率。

VI. 實驗結果

1.負載特性實驗

次　　數	1	2	3	4	5	6	7	8	9
V_1									
V_2									
I_A									
I_B									
I_C									
I_a									
I_b									
I_c									
I_L									
I_l									
P_A									
P_C									
P_a									
P_c									
P_L									
P_l									
$\cos\theta_L$									
$\cos\theta_l$									
η									

2.電壓調整率特性實驗

次數＼數據	電阻性負載			電感性負載			電容性負載		
	1	2	3	1	2	3	1	2	3
V_1									
V_2									
I_A									
I_B									
I_C									
I_a									
I_b									
I_c									
I_L									
I_l									
P_A									
P_C									
P_a									
P_c									
P_L									
P_l									
$\cos\theta_L$									
$\cos\theta_l$									
ϵ									

Ⅶ. 問題與討論

1.根據實驗八中，三相變壓器短路試驗所求出的等效阻抗值，計算本實驗之各類負載條件下的電壓調整率。

註：電壓調整率 $\epsilon = \left(\cdot\frac{I_l r_{\text{eq}}}{V_2}\cos\theta_l + \frac{I_l x_{\text{eq}}}{V_2}\sin\theta_l\right) \times 100\%$

其中I_l：二次側線電流。

V_2：二次側線電壓。

$\cos\theta_l$：二次側負載之功率因數。

$\sin\theta_l$：電感性負載時爲正值，電容性負載時爲負值。

r_{eq}：三相變壓器每相之等效電阻。

x_{eq}：三相變壓器每相之漏電抗。

2.三台 100KVA，6600/440V 之變壓器連接成 Y－Δ，若每部變壓器短路實驗可得下列之數據:

$$V_{SC} = 500\text{V}$$

$$I_{SC} = 15.2\text{A}$$

$$P_{SC} = 2520\text{W}$$

⑴當三相變壓器於二次側供給額定電壓與額定電流，功率因數爲 0.8 落後時，該變壓器之一次側線電壓爲若干?

⑵若變壓器之鐵損爲 1100W，在此情況變壓器之效率與電壓調整率，又爲多少?

第二單元　綜合評量

I. 選擇題

1.（　）變壓器的鐵心，使用疊片的原因是(1)減少銅損　(2)減少激磁電流　(3)使磁通增加　(4)減少渦流。

2.（　）設變壓器鐵心通之最大值爲Φ_m，頻率爲f，線圈匝數N，則線圈感應電勢V 爲(1) $4fN\Phi_m$　(2) $fN\Phi_m/4$　(3) $fN\Phi_m$　(4) $4.44fN\Phi_m$。

3.（　）負載電流大小與變壓器的銅損(1)成正比　(2)平方成反比　(3)平方成正比　(4)成反比。

4.（　）電源電壓與變壓器之鐵損(1)成正比　(2)平方成反比　(3)平方成正比　(4)成反比。

5.（　）設變壓器無載電壓爲V_n，滿載電壓爲V_f，則電壓調整率爲(1) $(V_n-V_f)/V_f$　(2) $(V_n-V_f)/V_n$　(3) $(V_f-V_n)/V_f$　(4) $(V_f-V_n)/V_n$。

6.（　）設變壓器繞組電阻爲 1Ω 時（假設室溫爲 20℃），若運轉時的繞組電阻爲1.2Ω，則此變壓器溫升爲(1) 50℃　(2) 40℃　(3) 30℃　(4) 60℃。

7.（　）變壓器開路試驗，可測出(1)銅損　(2)鐵損　(3)雜散損　(4)磁滯損。

8.（　）測定變壓器銅損使用(1)負載試驗　(2)溫升試驗　(3)短路試驗　(4)開路試驗。

9.（　）變壓器開路試驗，變壓器應加(1)額定電壓　(2)額定電流　(3)額定功率　(4)不一定。

10.（　）變壓器短路試驗，變壓器應加(1)額定電壓　(2)額定電流　(3)額定功率　(4)不一定。

11.（ ）3KVA，240V/120V，60Hz 單相變壓器，開路試驗時，$V = 120V$，$I = 3A$，$P = 200W$，則無載功因爲(1) 0.81 (2) 0.69 (3) 0.55 (4) 0.48。

12.（ ）同上題，變壓器磁化電流爲(1) 2.50A (2) 2.43A (3) 1.91 A (4) 2.08A。

13.（ ）同上題，變壓器鐵損電流爲(1) 1.67A (2) 1.9A (3) 0.88 A (4) 0.74A。

14.（ ）同上題，變壓器的鐵損爲(1) 160W (2) 180W (3) 200W (4)可忽略。

15.（ ）同上題，變壓器的銅損爲(1) 16W (2) 80W (3) 39W (4)可忽略。

16.（ ）兩台單相變壓器 10KVA，220V/110V 接成 V 接線，可使用之總容量爲(1) 10KVA (2) 15KVA (3) 17.3KVA (4) 206KVA。

17.（ ）Δ－Δ 連接變壓器，一相故障時仍可以 V－V 連接使用，但其輸出容量減少爲原來之(1) 60% (2) 57.7% (3) 86.6% (4) 90%。

18.（ ）變壓比 10 之單相變壓器三台，接成 Y－Y，若一次側線電流爲 10 安培，則二次側相電流爲(1) 50 安培 (2) 57.7 安培 (3) 100 安培 (4) 173 安培。

19.（ ）同上題，若改接成 Y－Δ，則二次側相電流爲(1) 50 安培 (2) 57.7 安培 (3) 100 安培 (4) 173 安培。

20.（ ）變壓器的渦流損失與(1)負載電流成正比 (2)負載電流平方成正比 (3)電源電壓平方成正比 (4)電源電壓成正比。

21.（ ）變壓器效率爲最大是發生於(1)銅損爲鐵損之半 (2)銅損爲鐵損之兩倍 (3)銅損等於鐵損 (4)與兩種損失無關。

22. (　) 下列那兩台三相變壓器的接線可以並聯運用(1) Δ–Δ, Δ–Y　(2) Y–Y, Y–Δ　(3) Y – Y, Δ–Y　(4) Y–Δ, Δ – Y。

23. (　) 在 380V/110V, 60 赫的理想變壓器中，二次側負載 30 歐姆時，則一次側電流爲(1) 2.5 安　(2) 0.85 安　(3) 1.06 安　(4) 2.33 安。

24. (　) 變壓器在配電線路中，電壓降低供電於負載時，通常都採用何種接線(1) Δ – Y　(2) Δ – Δ　(3) Y – Δ　(4) V – V。

25. (　) 在史考特接線 (Scott Connection) 中，主變壓器線電壓 V_m 與補助變壓器線電壓 V_a 的關係爲(1) $V_a = 0.866V_m\angle 90°$　(2) $V_a = 1.732V_m\angle -90°$　(3) $V_a = 0.866V_m\angle -90°$　(4) $V_a = 1.732V_m\angle 90°$。

26. (　) 50Hz 之變壓器，於相同電壓 60Hz 電源時，則鐵損變爲原來的(1) 2 倍　(2) 0.833 倍　(3) 1.44 倍　(4) 0.694 倍。

27. (　) 測量變壓器之銅損及等效漏電感、等效繞組電阻應使用(1)短路試驗　(2)開路試驗　(3)溫升試驗　(4)負載試驗。

28. (　) 單相變壓器做開路試驗，一次電壓 3350 伏，無載電流爲 0.10 安，鐵損200W，其磁化電流爲(1) 0.0303 安　(2) 0.0155 安　(3) 0.0579 安　(4)0.081 安。

29. (　) 三台單相變壓器各爲匝比 10:1，接成 Δ – Δ 接線，在二次側連接三相 440 伏 3KVA 負載時，一次側電流爲(1)0.562A　(2) 0.393A　(3) 1.77A　(4) 0.333A。

30. (　) 兩組變壓器組不可以並聯運用者爲(1) Y – Δ, Δ – Y　(2) Y – Δ,　V – V　(3) Y – Y, Δ – Δ　(4) Δ – Δ, T – T。

31.（　）在T－T 接線（T－T Connection）之變壓器，由3300伏之平衡三相式，換成 220 伏之平衡二相供電，則主座變壓器與支變壓器一次側，二次側額定電壓分別爲(1) 1905/127，1650/127　(2) 3330/115，2860/115　(3) 3300/220，2860/220　(4) 2860/220，3300/220。

32.（　）單相變壓器，額定輸出爲5KVA，在額定電流時之銅損爲150 瓦，額定電壓時之鐵損爲100 瓦，若使用於半滿載，功因0.9 落後時，其效率爲(1) 94.2%　(2) 91.5%　(3) 95.6%　(4) 98.3%。

33.（　）110V，60Hz 單相變壓器，在一次側加110V，50Hz 之電壓時，則(1)銅損增加　(2)效率增加　(3)鐵心飽和，效率降低　(4)諧波減少。

34.（　）渦流損失與電源頻率和磁通密度的關係可表示爲(1) $K_e f B^{1.6} vt$　(2) $K_e f B^2 vt$　(3) $K_e f^2 B^2 t^2 v$　(4) $K_e f^{1.6} B^2 vt$。

35.（　）變壓器於溼度或溫度增加時，其絕緣電阻應(1)減少　(2)增加　(3)不變　(4)視情況而定。

36.（　）做變壓器短路實驗時，加於一次側之電壓約爲額定值之(1) 5%　(2) 20%　(3) 50%　(4) 100%。

37.（　）兩變壓器於並聯運用時，各變壓器所分擔之容量與其等效阻抗(1)成反比　(2)成正比　(3)平方成反比　(4)平方成正比。

38.（　）要測量變壓器的電壓調整率與效率，應做何種實驗(1)開路實驗　(2)短路實驗　(3)溫升實驗　(4)負載試驗。

39.（　）變壓器的開路試驗無法測量出(1)鐵損　(2)銅損　(3)激磁電流　(4)激磁導納。

40.（　）三具 220/110V 之單相變壓器以 Y－Δ 接線，當一次側加入220V 時，則二次側線電壓爲(1) 110V　(2) $110\sqrt{3}$V　(3) $110/\sqrt{3}$V　(4) $220/\sqrt{3}$V。

II. 計算題

1.某一5KVA，440/110V、60Hz單相變壓器在低壓側加額定負載，若功率因數爲0.8，損失爲200W，試求其輸入功率及效率爲多少?

2.一50KVA，3300/220V，60Hz之變壓器，二次換算爲一次的電抗是4歐姆，二次換算爲一次的電阻是8歐姆，當變壓器於額定負載功率因數爲0.8超前與功率因數爲0.9落後時，其輸入功率及電壓調整率分別爲多少?

3.兩台6600/480V，50KVA變壓器並聯運用，已知換算至二次側阻抗分別爲 $Z_1 = 0.4 + j0.9$ 歐，$Z_2 = 0.3 + j1.2$ 歐，試求

(1)當功因爲0.7，變壓器能供給的最大負載爲多少KW?

(2)於最大負載時，兩變壓器二次側電流分別爲若干?

(3)於最大負載時，兩變壓器各分擔多少負載?

4.三台5KVA之單相變壓器，接成 $\Delta - \Delta$ 接線，供給15KVA負載，今設其中一台故障，將其餘兩台改成 $V - V$ 接線，求兩變壓器之過載量爲多少?

5.單相變壓器10KVA，2400V/240V，60Hz，由高壓側加電壓做短路試驗，三電表之讀值分別爲260V、4.16A、500W，試求

(1)折算至低壓側之等效電阻，等效電抗。

(2)短路試驗之功率因數。

(3)繪出變壓器短路時的等效電路。

III. 說明題

1.繪出變壓器開路試驗的接線圖，並說明其原理及目的。

2.繪出變壓器短路試驗的接線圖及變壓器短路時的等效電路。

3.繪出變壓器極性試驗交流法之接線圖及判斷極性的方法。

第三單元

感應電動機實驗

實驗一　三相感應電動機之預備實驗
Basic test of three-phase induction motors

Ⅰ. 實驗目的

1.瞭解三相感應電動機的各部份結構及點檢。
2.測定三相感應電動機之繞組電阻。
3.測定三相感應電動機絕緣電阻，並判斷其絕緣之優劣。

Ⅱ. 原理說明

1.三相感應電動機之構造

三相感應電動機之構造，主要係由轉子及定子兩部份所構成，三相定子繞組，係以每相在空間上相差 120 度電工角之狀態分佈於槽內，轉子則依構造之不同，可區分爲鼠籠式與繞線式兩類，鼠籠式爲轉子內部以鋁條或銅條製作，形成一松鼠籠狀，鋁條或銅條兩端則以環狀導體短路之，故以電路之觀點言，可視爲一組三相線圈加以短路。繞線式在構造上與定子類似，每相間相差 120° 電工角並以銅線繞於轉子鐵心槽內，而三相繞組之線端，則分別以滑環引出且不短路，在實際運用上，可加入適當之電阻後再短路，用以降低三相感應電動機的啓動電流，並增加啓動轉矩。一般小容量之電動機皆使用鼠籠式，而大容量者，則依其用途之分別使用鼠籠式或繞線式。圖 3–1 爲其三相電路之示意圖。

2.三相感應電動機之點檢

三相感應電動機之點檢，可區分爲靜止狀態與運轉狀態兩類，靜止狀態之點檢係以觀察感應電動機的外觀爲主，其中包括:

(1)檢視感應電動機之銘牌，瞭解其相數、容量、極數、轉速、電壓、電流、啓動階級、絕緣等級，並觀察結構是否有缺失等。

圖3–1　三相感應電動機電路示意圖

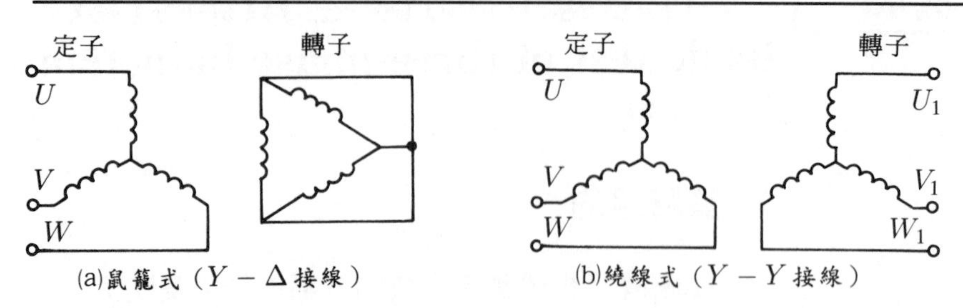

(a)鼠籠式（$Y-\Delta$ 接線）　(b)繞線式（$Y-Y$ 接線）

(2)瞭解其結線方式或啓動方式。

(3)轉動轉子，檢視轉動是否平順，是否有異聲；若爲繞線式，則應檢查電刷表面是否平滑，電刷壓力是否適當等。

(4)檢視接線端子台是否完整，接線是否確實等。

而運轉狀態之點檢，則係定子加入三相額定電壓後，再行檢視下列各點:

(1)感應電動機啓動時，啓動電流是否過大，造成電源壓降，甚至影響照明系統。

(2)整台感應電動機之安裝是否確實，機座是否會振動，轉子轉動是否有雜音。

(3)若爲繞線式，應觀察電刷上之火花是否過大，電刷是否快速磨損。

(4)導線線徑是否足夠，導線溫度是否過高等。

此外，若感應電動機加入額定電壓後，無法正常運轉，可參考表3–1加以檢修。

3.三相感應電動機繞組電阻之測定

繞組電阻測量的目的，在得知電動機的參數，繪製等效電路並計算其運轉特性；在鼠籠式感應電動機中，因轉子無出線端，故無法直接量測，僅可藉堵住實驗求出換算至定子回路之電阻值。定子

表3–1 感應電動機故障現象與排除方法

故障現象	原因	處理方式
無法啓動	1.無電源或保護設備動作。 2.電動機接線錯誤。 3.電動機線圈斷路或連接不良。 4.軸承磨損、過緊或電動機結構損壞。	1.檢查電源，更換保險絲或復歸斷路器或過載電驛並探討原因。 2.檢查電動機之接線與極性並重新接線。 3.重新處理斷線處或更換電動機。 4.更換軸承或電動機。
轉速過慢	1.電源電壓過低。 2.電動機內部接線錯誤。 3.繞組層間短路。 4.鼠籠轉子銅條鬆動。 5.繞線式轉子三相未完全短路。 6.超載。 7.電源欠相。 8.軸承不良、過緊或電動機結構不良。	1.以三相電壓調整器將電壓提高。 2.檢查電動機之接線與極性並重新接線。 3.重新繞線或更換電動機。 4.重新焊接或更換電動機。 5.重新接線。 6.降低負載。 7.檢查電路，並重新供給三相電源。 8.更換軸承或電動機。
電流過大	1.單相運轉。 2.繞組部份斷路或部份短路。 3.超載。 4.繞組絕緣不良。 5.軸承磨損或過緊。	1.檢查電路，並重新供給三相電源。 2.重新繞線或更換電動機。 3.降低負載。 4.重新繞線或更換電動機。 5.更換軸承或電動機。
溫度過高	1.電源欠相。 2.部份繞組斷路。 3.超載。 4.啓動過於頻繁。 5.軸承磨損或太緊。 6.鼠籠轉子銅條鬆動。	1.檢查電源，並重新供給三相電源。 2.重新繞線或更換電動機。 3.減少負載。 4.減少電動機啓動次數。 5.更換軸承或電動機。 6.重新焊接或更換電動機。

繞組或繞線式之轉子繞組有Y接，Δ接或三組獨立之繞組，故測量時應依實際接線加以換算。

(1) Y 接線之繞組電阻

一般三相感應電動機定子出線標示爲U，V，W，測量時可依實際狀況需要使用惠斯登電橋 (Wheatstone Bridge)、凱爾文電橋 (Kelvin Bridge)、微電阻計 (Micro-ohm Meter) 或直流電壓降法測定，如圖3–2 所示即爲直流壓降法，當繞組加入直流電壓 V 時，由電流表讀值 I，可得 U，V 兩繞組電阻之和，亦即

$$R_{UV} = \frac{V}{I} = R_U + R_V \tag{3–1}$$

式中 R_{UV} 表示 U、V 兩相之電阻和，R_U，R_V，分別表示 U 相與 V 相之電阻，同理

$$R_{VW} = R_V + R_W \tag{3–2}$$

$$R_{WU} = R_W + R_U \tag{3–3}$$

式中，R_{VW}、R_{WU} 分別表示 V，W 及 W，U 兩相之電阻和；R_W，R_U 則分別表示 W 及 U 相之繞組電阻。

圖3–2 感應電動機繞組電阻測定（Y 接線）

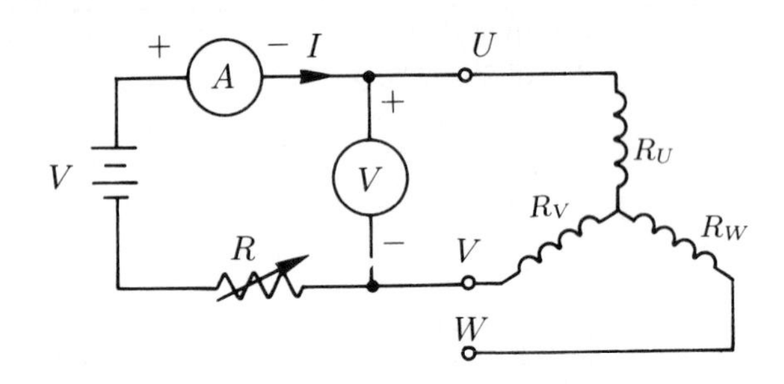

解 (3–1) 至 (3–3) 之聯立方程式，可求得各繞組電阻值分別爲

$$R_U = \frac{1}{2}(R_{UV} + R_{WU} - R_{VW}) \tag{3–4}$$

$$R_V = \frac{1}{2}(R_{UV} + R_{VW} - R_{WU}) \tag{3–5}$$

$$R_W = \frac{1}{2}(R_{VW} + R_{WU} - R_{UV}) \tag{3–6}$$

此外，由於繞組電阻值隨溫度之變化而改變，故須配合感應機不同等級之絕緣作適當修正，若使用 A、B 及 E 類絕緣之電動機，其值應按 75℃修正。使用 F 及 H 類絕緣，則應修正於 115℃，修正之方式爲

$$R_{t'} = R_t\left(\frac{234.5+t'}{234.5+t}\right) \tag{3–7}$$

此處 R_t：在 t℃時測得之繞組電阻值。

$R_{t'}$：配合電動機絕緣修正之電阻值。

再者，因電動機使用於交流電路，集膚效應使交流電阻較直流電阻爲高，故以直流電壓降法測得的電阻需換算如下：

$$R_{\mathrm{AC}} = K \cdot R_{\mathrm{DC}}$$

其中 R_{AC} 表交流電阻值。

R_{DC} 表直流電阻值。

K 表比例係數（1.1 ～ 2 之間，一般使用 1.5）。

⑵ Δ 接線之繞組電阻

如圖 3–3 所示，爲直流壓降法測定電阻，當輸入直流電壓 V，電流爲 I 時

$$R_{UV} = \frac{V}{I} = R_a /\!/ (R_b + R_c) = \frac{R_aR_b + R_aR_c}{R_a + R_b + R_c} \tag{3–8}$$

同理

$$R_{VW} = \frac{R_aR_b + R_bR_c}{R_a + R_b + R_c} \tag{3–9}$$

$$R_{WU} = \frac{R_bR_c + R_aR_c}{R_a + R_b + R_c} \tag{3–10}$$

式中 R_a、R_b、R_c，分別表示 a、b、c 三相繞組之電阻，R_{UV}、R_{VW}、R_{WU} 則分別表示利用直流壓降法測得 UV、VW、WU 端點之電阻值。

解 (3–8) 至 (3–10) 之聯立方程式，則可求得各相之繞組電阻值分別爲

$$R_a = \frac{R_{UV}R_{VW} + R_{VW}R_{WU} + R_{WU}R_{UV}}{R_{UV}} \tag{3–11}$$

$$R_b = \frac{R_{UV}R_{VW} + R_{VW}R_{WU} + R_{WU}R_{UV}}{R_{VW}} \tag{3–12}$$

$$R_c = \frac{R_{UV}R_{VW} + R_{VW}R_{WU} + R_{WU}R_{UV}}{R_{WU}} \tag{3–13}$$

同理，此電阻如同前述，須配合溫度與集膚效應，做適當之修正。

圖 3–3　感應電動機繞組電阻測定 (Δ 接線)

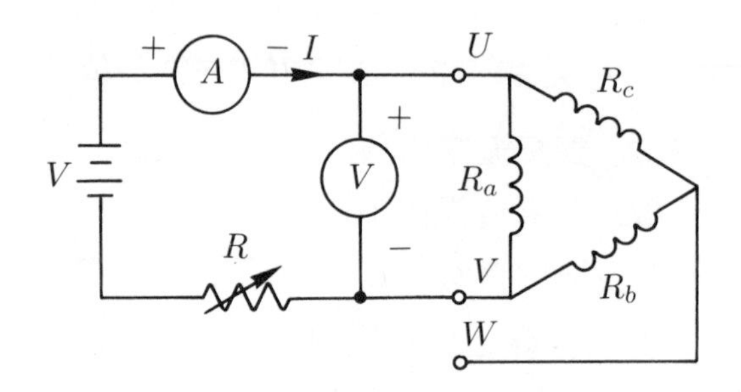

⑶獨立之繞組電阻

定子三相獨立繞組，一般均分別標示爲U、V、W和X、Y、Z，如圖3–4 所示，當輸入直流電壓爲V，電流爲I 時，則繞組$U-X$ 之電阻值R_{UX}

$$R_{UX} = \frac{V}{I} \tag{3–14}$$

同理，繞組$V-Y$，$W-Z$ 之電阻R_{VY}，R_{WZ} 亦可用相同之方法求得。

⑷三相感應電動機絕緣電阻之測定

測定絕緣電阻的方法，可利用電晶式或手搖式高阻計測量，其方法可參閱第二單元實驗一，測量點則應包含:

圖 3-4　感應電動機繞組測定（獨立繞組）

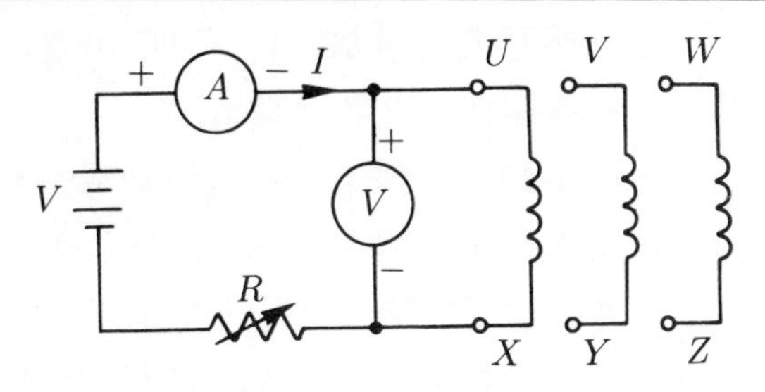

1.定子繞組或轉子繞組間

此部適用於獨立繞組，若爲 Y 接或Δ 接則應省略，鼠籠式轉子繞組亦可省略。

2.定子繞組與外殼間

測量應將三定子繞組出線端連接，再測定與外殼間之絕緣電阻。

3.轉子繞組與外殼間

此部份適用於繞線式轉子，鼠籠式轉子可省略，測量時應將轉子三繞組出線端連接，再測定與外殼間之絕緣電阻。

4.定子繞組與轉子繞組間

此部份適用於繞線式轉子，鼠籠式轉子可省略，測量時應分別將定子與轉子繞組出線端連接，再測定兩繞組間之絕緣電阻。

Ⅲ. 儀器設備

名　　稱	規　　格	數　量	備　　註
三相感應電動機	3ϕ 220V 3HP	1	
直流電壓表	0 – 30V	1	
直流電流表	0 – 10A	1	
直流電源	0 – 30V	1	
可變電阻器	0 – 10Ω, 5A	1	
惠斯登電橋		1	
高阻計	500V, 1000MΩ	1	手搖式或電晶體式
三用表		1	

IV. 實驗步驟

1.做感應電動機點檢時，以三用電表檢測定繞組是否短路或斷路，並抄錄銘牌上之各項數值。

2.以手動方式轉子，觀察轉動時是否平滑、有無雜音；若爲繞線式再檢電刷與滑環之狀況並記錄於表中。

3.做繞組測定時，首先應依繞組之接線法，如圖 3–2 至圖 3–4 之接線，調整可變電阻 R，待電流表，電壓表指針穩定後，分別記錄電流 (A) 及電壓 (V) 之讀值，並利用歐姆定律計算其繞組電阻值。

4.重複第 3 之步驟，並設定不同之電流值，以求繞組電阻之平均值後，再依電動機繞組絕緣之種類，修正爲溫度 75℃或 115℃之電阻值。

5.做絕緣電阻測定時，應依繞組之接線法，選擇適當之項目加以測試，其中應包括定子繞組間，轉子繞組間，定子繞組與外殼間，轉子繞組與外殼間，定子繞組與轉子繞組間之絕緣電阻，測試方法可參閱第二單元實驗一的相關步驟。

V. 實驗結果

1.銘牌

額定容量	額定電壓	額定電流	相數	極數	頻率	轉速	啓動階級	絕緣等級
HP	V	A		P	Hz	rpm		

2.點檢

定子繞組	轉子繞組	轉子狀態	滑環狀態	電刷狀態	其他

3.繞組電阻

(1) Y 接線

次數	$U-V$ 間			$V-W$ 間			$W-U$ 間			各相電阻			修正值			平均值		
	V	I	R_{UV}	V	I	R_{VW}	V	I	R_{WU}	R_U	R_V	R_W	R_U	R_V	R_W	R_U	R_V	R_W
1																		
2																		
3																		
4																		

(2) Δ 接線

次數	$U-V$ 間			$V-W$ 間			$W-U$ 間			各相電阻			修正值			平均值		
	V	I	R_{UV}	V	I	R_{VW}	V	I	R_{WU}	R_a	R_b	R_c	R_a	R_b	R_c	R_a	R_b	R_c
1																		
2																		
3																		
4																		

(3)獨立繞組

次數	$U-X$ 間			$V-Y$ 間			$W-Z$ 間			修正值			平均值		
	V	I	R_{UX}	V	I	R_{VY}	V	I	R_{WZ}	R_{UX}	R_{VY}	R_{WZ}	R_{WZ}	R_{UX}	R_{WZ}
1															
2															
3															
4															

4.絕緣電阻

定子繞組間	$U-X$	MΩ	
	$V-Y$	MΩ	
	$W-Z$	MΩ	
轉子繞組	$U1-X1$	MΩ	
	$V1-Y1$	MΩ	
	$W1-Z1$	MΩ	
定子繞組與外殼間		MΩ	
轉子繞組與外殼間		MΩ	
定子繞組與轉子繞組間		MΩ	

VI. 問題與討論

1.試比較同容量的變壓器與感應電動機絕緣電阻的大小。

2.試比較繞線式電動機定子繞組間之絕緣電阻與轉子間之絕緣電阻，有何差異？

3.轉子電阻測量完成後，是否應考慮集膚效應而加以修正？爲什麼？

4.解釋感應電動機的定子爲何使用 Y 接、Δ 接及獨立繞組？

5.感應電動機於點檢時，應注意那些事項？試說明之。

6.感應電動機若無法啓動，其原因爲何？應如何解決？

7.感應電動機的用途爲何？

實驗二 三相感應電動機無載與堵住實驗
No-load and block-rotor test of three-phase induction motors

I. 實驗目的

1.瞭解三相感應電動機各項參數之意義及其測定方式。

2.利用無載實驗測定電動機的無載損失、激磁電流並計算激磁導納等。

3.利用堵住實驗測定電動機的銅損，並計算等效阻抗等。

4.繪出三相感應電動機的等效電路圖。

II. 原理說明

三相感應電動機的基本構造，如實驗一所述，定子類似三相變壓器之一次側，轉子則與變壓器之二次側類似，但轉子則爲短路。故換算之定子側之每相等效電圖如圖3–5 所示。其中 V_1 爲每相端電壓，I_1 爲定子線電流，r_1，r_2 分別爲定子、轉子每相電阻，x_1、x_2 分別爲定、轉子每相之漏電抗；g_c 表鐵損電導，b_m 表激磁電納，s 爲轉差率，且

$$s = \frac{n_s - n_m}{n_s} \times 100\% \qquad (3\text{–}15)$$

其中，n_s 爲感應電動機之同步轉速，n_m 爲其實際轉速。當電動機於啓動或靜止時，$n_m = 0$，故 $s = 1$；當轉子轉速爲同步轉速時，$n_m = n_s$，故 $s = 0$。於正常運轉時，轉速介於零與同步轉速n_s 之間，故 $0 < s < 1$。

1.無載實驗

無載實驗又稱爲空車實驗，係指感應電動機加入額定電壓，轉

圖 3–5　三相感應電動機之每相等效電路

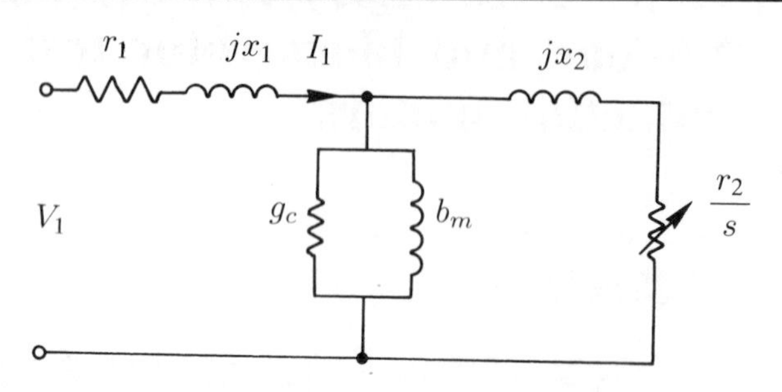

子不加入任何負載，其目的在測量鐵損與計算激磁電納 b_m 與鐵損電導 g_c；無載時，電動機之轉速接近同步轉速，故 $s \approx 0$，r_2/s 極大，二次側近似於開路，故可忽略不計；再者，如第二單元實驗三所述，無載之定子銅損可忽略，故簡化後之無載等效電路如圖 3–6 所示。令無載輸入線電壓為 V_0，無載電流為 I_0，無載損失為 P_0，則

$$I_c = \frac{P_0}{\sqrt{3}V_0} \tag{3–16}$$

$$I_m = \sqrt{I_0^2 - I_c^2} \tag{3–17}$$

圖 3–6　三相感應電動機無載時每相等效電路圖

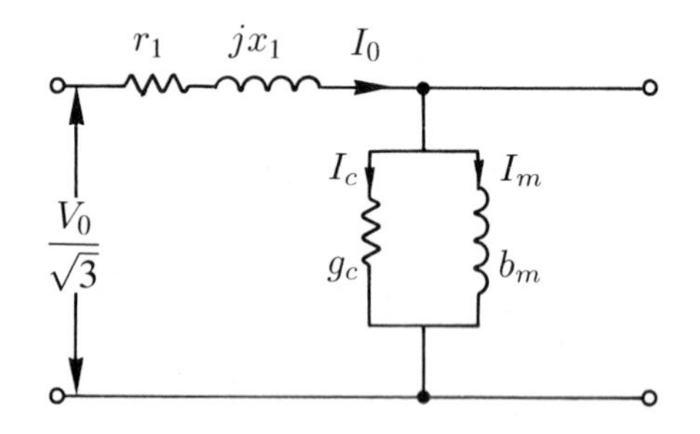

$$g_c = \frac{I_c}{V_0/\sqrt{3}} \tag{3-18}$$

$$b_m = \frac{I_m}{V_0/\sqrt{3}} \tag{3-19}$$

式中，I_c 爲鐵損電流，I_m 爲磁化電流。

2.堵住實驗

感應電動機的堵住實驗，與變壓器的短路實驗類似，利用機械方式將電動機之轉子堵住，堵住之方式可在轉軸處以鐵架鎖住，小馬力的電動機則可用布條或手套直接以手壓住即可。實驗時，應將外加電壓由零逐漸增加，使定子之電流達額定值止；由於電動機不轉動，故 $s = 1$，二次側處於低阻抗狀態，故鐵損電導 g_c 與磁化電納 b_m 可略不計，其等效電路如圖 3–7 所示。

圖 3–7　三相感應電動機堵住時每相之等效電路圖

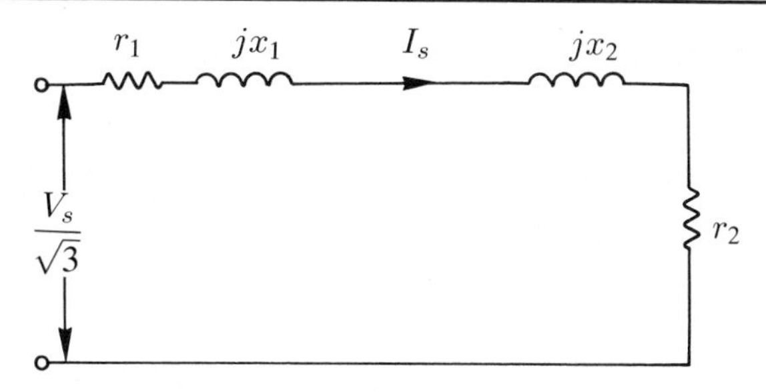

當輸入之線電壓爲 V_s，堵住時之額定電流爲 I_s，線路之總銅損爲 P_s，則

$$r_{\text{eq}} = r_1 + r_2 = \frac{P_s}{3I_s^2} \tag{3-20}$$

$$z_{\text{eq}} = \frac{V_s/\sqrt{3}}{I_s} \tag{3-21}$$

$$x_{\text{eq}} = \sqrt{z_{\text{eq}}^2 - r_{\text{eq}}^2} = x_1 + x_2 \tag{3-22}$$

$$r_2 = r_{\text{eq}} - r_1 \tag{3-23}$$

此式中，r_{eq} 爲感應電動機換算一次側之等效電阻和，x_{eq} 爲換算至一次之等效電抗和，z_{eq} 則爲換算至一次側之等效阻抗和。由實驗一的繞組電阻測定，吾人已得定子繞組值 r_1，故由式 (3–23) 則可求得轉子繞組換算至一次側之數值。

再者，由式 (3–22) 中，吾人無法明確分離 x_1、x_2 之值，在實用上，可由經驗法則利用表 3–2 將兩者分離。

表 3–2　轉子與定子漏電抗分離表

類別／電抗	繞線式	A 級設計	B 級設計	C 級設計	D 級設計
x_1	$0.5x_{eq}$	$0.5x_{eq}$	$0.4x_{eq}$	$0.3x_{eq}$	$0.5x_{eq}$
x_2	$0.5x_{eq}$	$0.5x_{eq}$	$0.6x_{eq}$	$0.7x_{eq}$	$0.5x_{eq}$

其中 A、B、C、D 級等設計，是美國電工製造工程協會(NEMA)根據感應電動機的轉速—轉矩特性曲線與啓動電流之大小，將電動機加以分類，茲分述如下:

(1) A 級設計：具有正常啓動轉矩、正常啓動電流、低轉差率（滿載轉差率小於 5%）的特性，最大轉矩約爲額定轉矩的 2 至 3 倍，啓動轉矩約爲額定值的 2 倍，啓動電流約爲額定電流的 5 至 8 倍。

(2) B 級設計：與 A 級設計類似，但最大轉矩約爲額定值的 2 倍，啓動電流較 A 級設計約少 25%。

(3) C 級設計：具有高啓動轉矩、低啓動電流、低轉差率（滿載轉差率小於5%）的特性，最大轉矩稍低於 A 級設計，啓動轉矩則約爲額定值的 2.5 倍。

(4) D 級設計：具有較 C 級設計爲高的啓動轉矩、低啓動電流、高轉差率（滿載轉差率約爲 7%～ 17%），啓動轉矩約爲額定值的 2.75 倍以上。

III. 儀器設備

名　　稱	規　格	數量	備　　註
三相感應電動機	3ϕ 220V 3HP	1	
三相電壓調整器	5KVA 0 – 260V	1	
交流電壓表	0 – 30V – 300V	1	
交流電流表	0 – 10A	3	
單相瓦特表	120V/240V 0/5/10A	2	單相或三相
三相瓦特表	120V/240V 0/5/10A	1	依設備而定
轉速計	0 – 3000rpm	1	
轉軸堵住設備		1	
無熔絲開關 (NFB)	3P 20A	1	

IV. 實驗步驟

1.做無載實驗時，依圖 3–8 接線。

2.電壓調整器之把手調至電壓最低位置，將開關 S 開路並加入電源。

3.調整電壓並觀測電壓表，使電壓達電動機之額定值。

4.切離總電源，並將開關 S 投入，電流表及瓦特表之電流線圈以導線短路後，將總電源投入，則轉子轉動。

5.待三相感應電動機轉速穩定後，拆除短路導線並讀取各電表讀值記錄之。

6.重複第 4、第 5 步驟數次後，計算電動機之平均電流 I_0、鐵損總功率 P_0、磁化電納 b_m 與鐵損電導 g_c 等。

7.做堵住實驗時，依圖 3–8 接線，轉子應利用堵住設備，使轉子無法轉動。

8.電壓調整器之把手調至電壓最低位置，將開關 S 閉路並加入電源。

9.逐漸增加電壓值，使電流表之讀值達電動機之額定值止，並讀取各電表值記錄之。

10.鬆開堵住位置，順時針方式旋轉轉子角度 90°，並重複第 8、第 9 步驟四次。

11.計算電動機之平均電流 I_s，銅損總功率 P_s，一、二次繞組電阻 r_1、r_2，一、二次繞組漏電抗 x_1、x_2 及總等效阻阻抗 z_{eq}。

圖 3–8　三相感應電動機無載與堵住實驗接線圖

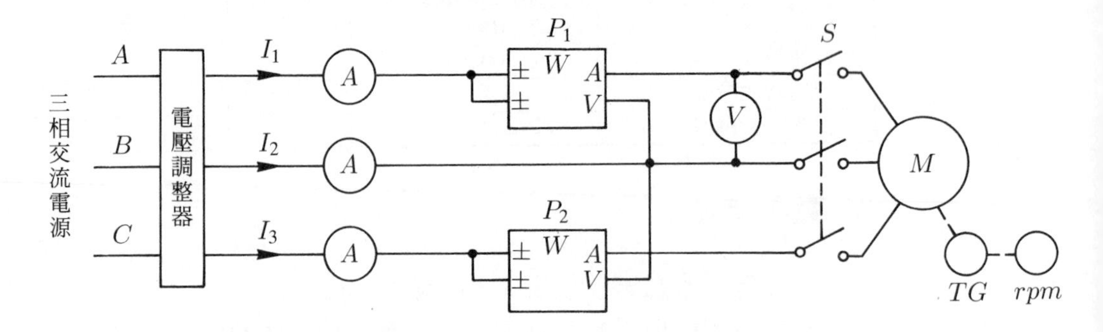

V. 注意事項

1.電動機無載實驗時，應直接將電壓加入，絕不可將電壓調整器將電壓由零逐漸調高，如此，將造成電動機之電流過大，甚至燒毀電表及電動機。

2.繞線式電動機於實驗時，應將轉子線圈直接短路。

3.爲避免電動機啓動電流過大，損壞電表，故瓦特表及電流表之電流線圈，啓動時應直接短路，待電動機轉速穩定後，短接線再行拆除。

4.瓦特表及電流表之額定值，必須配合負載的電流適當選用，以免燒毀電表或指針偏轉太小，造成誤差。

5.電動機消耗之總功率，爲二只單相瓦特表讀值之和，當電路之功率因數過低時，瓦特表指針可能反轉，而無法讀其數值，此時，應將瓦特表之電流線圈反接，使指針正轉，再將二讀值相減，即爲三相消耗之總功率。

VI. 實驗結果

1.無載實驗

次數	V_0	I_1	I_2	I_3	I_0	P_1	P_2	P_0	rpm	g_c	b_m
1											
2											
3											
4											

註：無載平均電流 $I_0 = \dfrac{I_1 + I_2 + I_3}{3}$　　總功率 $P_0 = P_1 + P_2$

2.堵住實驗

轉子角度	V_s	I_1	I_2	I_3	I_s	P_1	P_2	P_s	r_1	r_2	x_1	x_2	z_{eq}
0°													
90°													
180°													
270°													

註：堵住平均電流 $I_s = \dfrac{I_1 + I_2 + I_3}{3}$　　總功率 $P_s = P_1 + P_2$

VII. 問題與討論

1.根據實驗之數據，計算感應電動機的各項參數並繪出等效電路圖。

2.感應電動機的鐵損與銅損應如何測量，試說明之。

3.根據實驗之數據，計算感應電動機若以全壓起動時，啓動電流爲多少?

4.感應電動機於無載實驗時，轉子可視爲開路，試說明其理由。

5.感應電動機於無載時，功因很低，其原因爲何?

6.感應電動機於堵住實驗時，轉子可視爲短路，試說明其理由。

7.說明感應電動機無法運轉於同步轉速的原因。

8.堵住實驗時，應於不同轉子角度下測量，其理由爲何?

9.三相220V、6P、Y接、20HP、*A*級設計的感應電動機，以實驗方法測量參數，得下列數據:

無載試驗: 220V，17A，820W，60Hz

堵轉試驗: 31V，56A，1400W，15Hz

若定子每相電阻爲0.1Ω，求該電動機之等效電路。

10.根據實驗數據，計算感應電動機無載電流佔額定電流的百分比爲多少?此百分比是否遠大於變壓器無載電流佔額定電流的百分比?試說明其原因。

實驗三　三相感應電動機負載特性實驗
Load characteristics test of three-phase induction motors

I. 實驗目的

1.測量三相感應電動機於不同機械負載時的輸入功率、輸出功率、輸入電流、轉速等。

2.計算三相感應電動機於不同負載之轉差率、轉矩、效率及各項損失等。

II. 原理說明

三相感應電動機係一種將電源由定子側加入，經由電磁感應關係，於轉子產生轉矩，以驅動機械性負載的能量轉換設備，故負載特性將影響電動機之響應。一般電動機驅動之負載，具有下列特性

$$J\frac{d\omega}{dt}+B\omega=T_L \tag{3-24}$$

式中，J 表示包含轉子及負載的慣量，B 表阻尼係數，T_L 表負載所需轉矩，ω 表電動機角速率，圖 3–9 表示典型的機械負載中，T_L 與ω 關係圖。於本實驗中，爲方便計，乃將直流發電機之轉子與感應電動機之轉子相互藕合；換言之，感應電動機當成原動機，而直流發電機則接上電氣負載，進而模擬成電動機之機械負載。

圖 3–10 表示感應電動機轉矩、負載轉矩與轉速之特性圖，當負載所需轉矩爲 T_2 時，設電動機之轉差率爲 s_2，若負載增加爲 T_1 時，轉差率增爲 s_1（轉速降低）；反之，若負載降低至 T_3，則轉差率減爲 s_3（轉速增加）。因此，當感應電動機負載改變時，其輸出轉矩、速度、功率因數、效率、電流等亦隨之改變，圖 3–11 爲感應

圖 3–9　負載轉速與轉矩特性圖

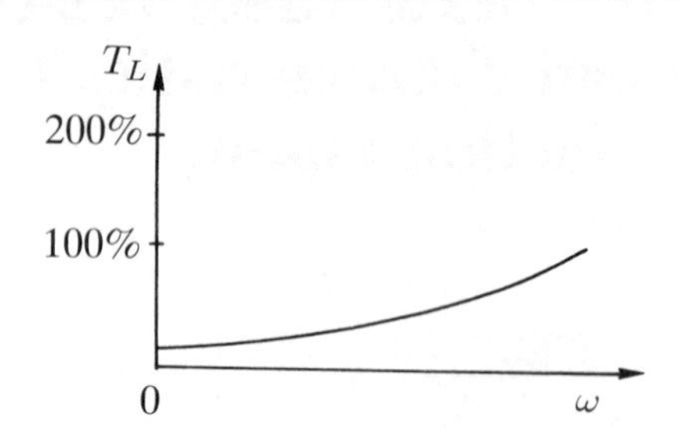

圖 3–10　負載轉矩與電動機轉矩圖

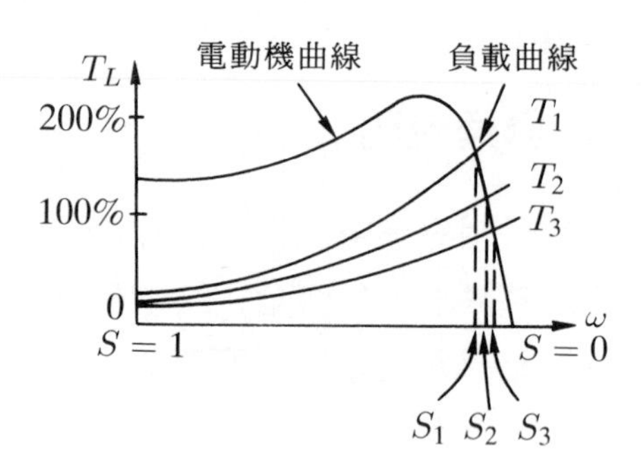

圖 3–11　三相感應電動機有負載時之等效電路

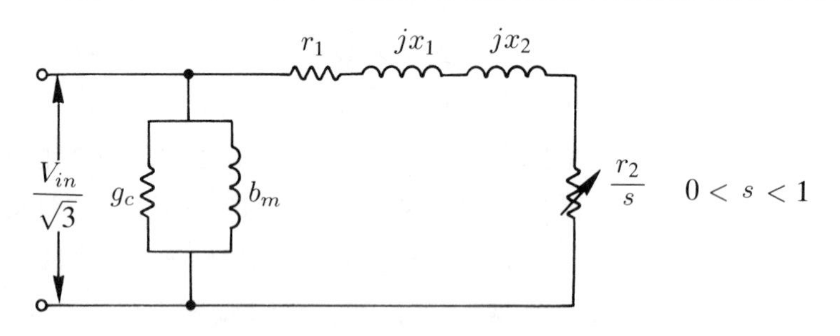

電動機於轉差率爲 s 時的等效電路圖。

令 P_{in}：電動機定子輸入功率。

P_{no}：無載旋轉損失。

V_{in}：定子輸入線電壓。

I_1、I_2、I_3：定子輸入線電流。

V_a：直流發電機端電壓。

I_a：直流發電機的電樞電流。

r_1：定子每相電阻。

n_s：轉子同步轉速。

n_m：轉子轉速。

則電動機於負載實驗時之輸出、效率、轉差率、功率因數等，可經由下式求出:

定子平均電流　$$I_0 = \frac{I_1 + I_2 + I_3}{3} \tag{3–25}$$

功率因數　$$\cos\theta = \frac{P_{\text{in}}}{\sqrt{3}V_{\text{in}}I_0} \tag{3–26}$$

定子銅損　$$P_{\text{SL}} = 3I_0^2 r_1 \tag{3–27}$$

轉子輸入功率　$$P_{\text{AG}} = P_{\text{in}} - 3I_0^2 r_1 - P_{\text{no}} \tag{3–28}$$

轉子輸出功率　$$P_{\text{out}} = (1 - s)P_{\text{AG}} \tag{3–29}$$

轉差率　$$s = \frac{n_s - n_m}{n_s} \times 100\% \tag{3–30}$$

電動機效率　$$\eta_m = \frac{P_{\text{out}}}{P_{\text{in}}} \tag{3–31}$$

轉子轉矩　$$T_L = \frac{P_{\text{out}}}{2\pi n_m/60} = \frac{9.55P_{\text{out}}}{n_m}(N - m) \tag{3–32}$$

直流機輸出功率　$$P_a = V_a I_A \tag{3–33}$$

直流發電機效率　$$\eta_g = \frac{P_a}{P_{\text{out}}} \tag{3–34}$$

圖 3–12 爲典型的三相感應電動機之輸入功率 P_{in} 與轉速 n_m、線電流 I_0、轉矩 T_L、效率 η_m、功率因數 $\cos\theta$ 等關係曲線圖。

圖 3–12 三相感應電動機之負載特性曲線圖

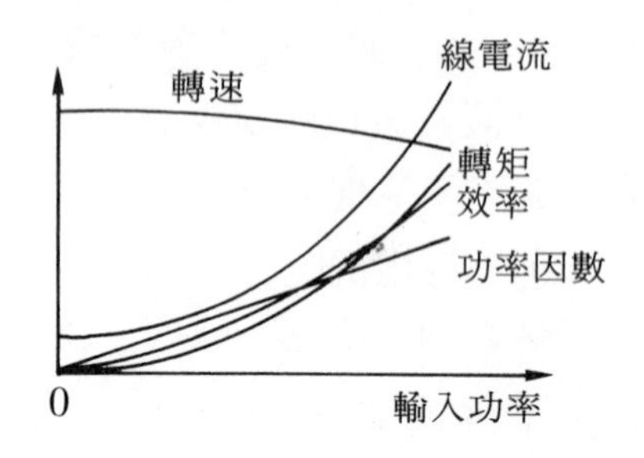

Ⅲ. 儀器設備

名　　稱	規　　格	數量	備　　註
三相感應電動機	3ϕ 220V 3HP	1	
三相電壓調整器	5KVA 0 – 260V	1	
直流發電機	160V 2KW	1	分激
直流電壓表	0 – 300V	1	
直流電流表	0 – 10A	1	
直流電流表	0 – 5A	1	
交流電壓表	0 – 300V	1	
交流電流表	0 – 10A	3	
單相瓦特表	120V/240V 0/5/10A	2	單相或三相 依設備而定
三相瓦特表	120V/240V 0/5/10A	1	
轉速發電機	3000rpm	1	
電阻箱	2KW 220V	1	
轉速計	3000rpm	1	
無熔絲開關 (NFB)	3P 30A	1	
無熔絲開關 (NFB)	2P 30A	1	
可變電阻器	220V 3A	1	

Ⅳ. 實驗步驟

1.首先，利用實驗一所述，測定轉子之每相電阻，並修正後記錄於表中。

2.將電動機與直流發電機裝配完成，並依圖 3–13 接線。

3.再者，利用實驗二所述，測定電動機之無載損失，並記錄於表中。

4.其次，做電動機負載特性實驗，將電壓調整器之把手調至電壓最低位置，將開關 S_1，S_2 開路並加入電源。

5.調整電壓，並觀測電壓表，使電壓達電動機之額定值。

6.切離總電源，並將開關 S_1 投入，電流表及瓦特表之電流線圈以導線短路後，將總電源投入，則電動機轉動。

7.待電動機轉速穩定後，拆除短路導線。

8.調整直流發之激磁，使直流發之輸出電壓爲額定值。

9.將開關 S_2 投入，並調整電阻箱，使電動機電流，由額定值之 20% 開始，升高至 120%爲止，分八點記錄各電表之指示值。

10.計算三相感應電動機，輸出功率、轉矩、效率等，並記錄於表中。

圖 3–13　三相感應電動機之負載特性實驗接線圖

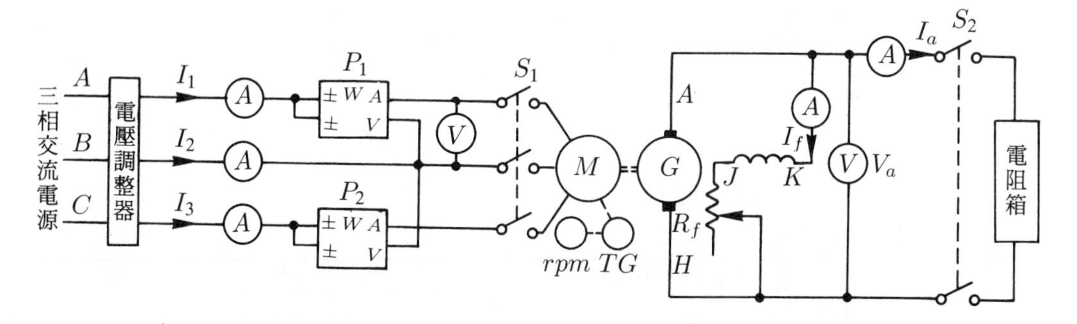

V. 注意事項

1.電動機無載實驗時，應直接將電壓加入，絕不可由電壓調整器將電壓由零逐漸調高，如此，將造成電動機之電流過大，甚至燒毀電表及電動機。

2.繞線式電動機於實驗時，應將轉子線圈直接短路。

3.爲避免電動機啓動電流過大，損壞電表，故瓦特表及電流表之電流線圈，啓動時應直接短路，待電動機轉速穩定後，短接線再行拆除。

4.瓦特表及電流表之額定值，必須配合負載的電流適當選用，以免燒毀電表或指針偏轉太小，造成誤差。

5.電動機消耗之總功率，爲二只單相瓦特表讀值之和，當電路之功率因數過低時，瓦特表指針可能反轉，而無法讀其數值，此時，應將瓦特表之電流線圈反接，使指針正轉，再將二讀值相減，即爲三相消耗之總功率。

6.瓦特表及電流表之額定值，若遠小於負載的電流時，應加比流器 (CT) 以配合測定。

VI. 實驗結果

1.無載實驗

次數	V_{in}	I_1	I_2	I_3	I_0	P_1	P_2	P_{no}	n_m
1									
2									
3									
4									

註：$P_{no} = P_1 + P_2$

2.負載實驗測試值

$r_1 =$ ______ Ω

次數	V_{in}	I_1	I_2	I_3	P_1	P_2	n_m	V_a	I_a
1									
2									
3									
4									
5									
6									
7									
8									

3.負載實驗計算值

次數	I_0	P_{in}	P_{SL}	P_{AG}	P_{out}	$\cos\theta$	s	η_m	T_L	P_a	η_g
1											
2											
3											
4											
5											
6											
7											
8											

註：$P_{in} = P_1 + P_2$

Ⅶ. 問題與討論

1.根據實驗的數據，繪出感應電動機 $P_{in} - \eta_m$、$P_{in} - \cos\theta$ 之關係曲線圖。

2.感應電動機於負載增加時，轉速則下降，試說明其原因。

3.根據計算之結果，繪出感應電動機 $T_L - n_m$ 之特性曲線圖。

4.感應電動機適合於何種負載？試舉例說明。

5.根據實驗的數據，判斷感應電動機於滿載及無載時的啓動電流有無差異，並說明其原理。

6.當感應電動機的啓動電流過大時，應如何克服？

7.當感應電動機於額定負載運轉時，若轉軸的機械負載減少，說明下列各電氣量變化的情形：

⑴輸入功率　⑵輸出功率　⑶轉差率　⑷轉子電流

⑸轉子轉速　⑹銅損　⑺鐵損　⑻效率

8.三相 Y 接、4P、220V、10HP 的感應電動機，若已知各參數如下：

$r_1 = 0.3\Omega$　　$r_2 = 0.1\Omega$　　$b_m = 0.05\Omega$

$x_1 = 0.3\Omega$　　$x_2 = 0.3\Omega$　　$s = 0.03$

旋轉損失 $= 250$W

求 ⑴定子輸入功率 ⑵定子電流 ⑶轉子輸出轉矩
⑷電動機效率 ⑸轉子轉速

實驗四　三相感應電動機圓線圖繪製及特性分析

Circle diagram and characteristics analysis of three-phase motors

I. 實驗目的

1.瞭解三相感應電動機特性曲線之意義及計算方法。

2.瞭解三相感應電動機圓線圖之意義之繪製方法。

II. 原理說明

1.特性曲線

三相感應電動機於負載下，各項特性值之計算，可由實驗三中圖 3–11 之等效電路分析，由於電動機之氣隙較變壓器大，激磁電流無法忽略，而鐵損電流則相對較低，故分析方便計，可簡化等效電路如圖 3–14 所示。

圖 3–14　三相感應電動機省略鐵損之等效電路

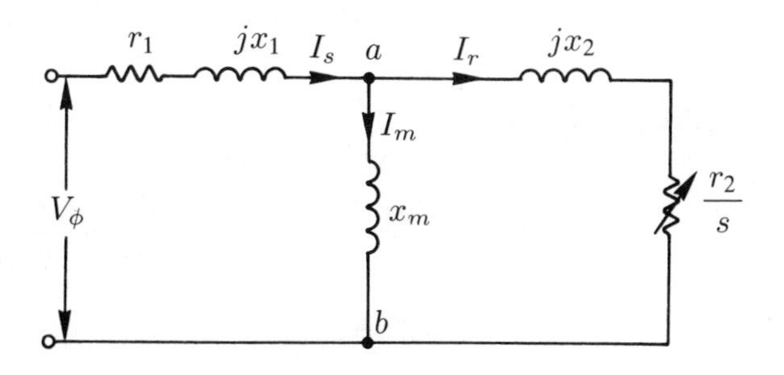

爲簡化電路的分析，吾人可使用載維寧等效電路(Thevenin Equivalent)，將a，b至電源端簡化如圖 3–15 所示。

圖 3–15　載維寧等效電路

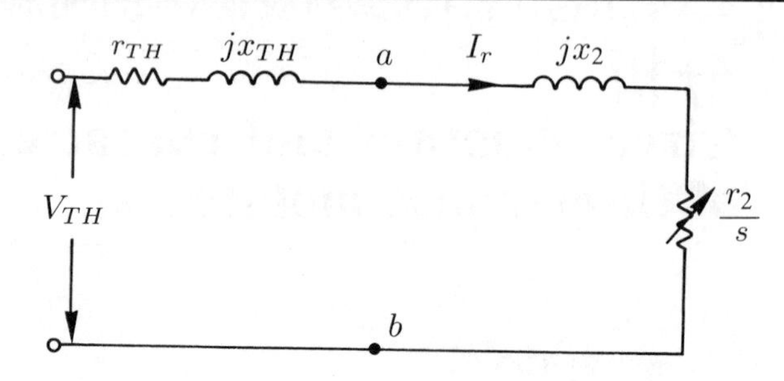

上圖中之 V_{TH}、r_{TH}、x_{TH} 分別爲

$$V_{\text{TH}} = V_\phi \cdot \frac{jx_m}{r_1 + j(x_1 + x_m)} \tag{3–35}$$

$$r_{\text{TH}} + jx_{\text{TH}} = \frac{jx_m(r_1 + jx_1)}{r_1 + j(x_1 + x_m)} \tag{3–36}$$

故換算至定子側之轉子電流爲

$$I_r = \frac{V_{\text{TH}}}{\sqrt{(r_{\text{TH}} + r_2/s)^2 + (x_{\text{TH}} + x_2)^2}} \tag{3–37}$$

轉子輸入之功率爲

$$P_{\text{AG}} = 3I_r^2 \frac{r_2}{s} = \frac{3V_{\text{TH}}^2 r_2/s}{(r_{\text{TH}} + r_2/s)^2 + (x_{\text{TH}} + x_2)^2} \tag{3–38}$$

故轉子轉矩爲

$$T_L = \frac{P_{\text{AG}}}{\omega_s} = \frac{3V_{\text{TH}}^2 r_2/s}{\omega_s[(r_{\text{TH}} + r_2/s)^2 + (x_{\text{TH}} + x_2)^2]} \tag{3–39}$$

上式中，ω_s 表可感應機之同步角速度，在頻率爲 f，極數爲 P 時

$$\omega_s = 2\pi \cdot \frac{120f}{60P} = \frac{4\pi f}{P} \tag{3–40}$$

圖 3–16 表示典型的感應電動機 $T_L - s$ 特性圖，當 $s = 1$ 時，表

電動機處於靜止或啓動狀態，$s=0$ 表示同步轉速，感應電動機於正常狀況 s 應在 0 與 1 之間運轉；$s>1$ 則表示電動機處於煞車狀況，$s<0$，則表示電動機處於發電狀態。

圖 3–16　感應電動機轉矩—轉差率特性曲線圖

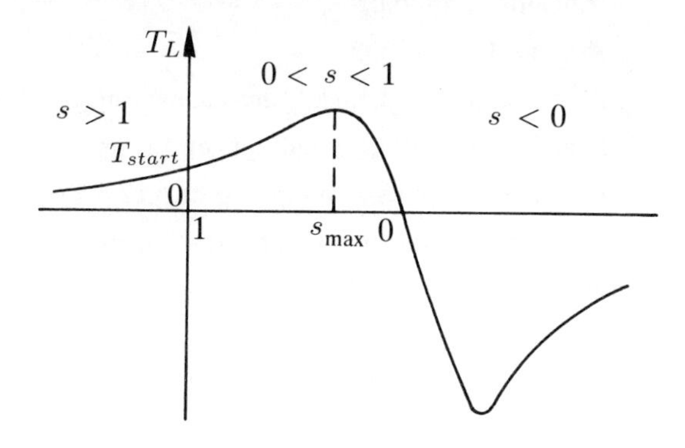

再者，當 $s=1$ 時，因電動機爲啓動狀態，故由式 (3–39) 可得啓動轉矩爲

$$T_{\text{start}}=\frac{3V_{\text{TH}}^2 r_2}{\omega_s[(r_{\text{TH}}+r_2)^2+(x_{\text{TH}}+x_2)^2]} \tag{3–41}$$

而最大轉矩 $T_{\max}$ 及產生最大轉矩時之轉差率 $s_{\max}$ 則分別爲

$$T_{\max}=\frac{3V_{\text{TH}}^2}{2\omega_s\left[r_{\text{TH}}+\sqrt{r_{\text{TH}}^2+(x_{\text{TH}}+x_2)^2}\right]} \tag{3–42}$$

$$s_{\max}=\frac{r_2}{\sqrt{r_{\text{TH}}^2+(x_{\text{TH}}+x_2)^2}} \tag{3–43}$$

由於式 (3–35) 至 (3–43) 中，各項特性數值之計算極爲複雜，故可用個人電腦輔助計算，茲以 C 語言爲例，計算各項特性並繪圖顯示 T_L 與 s 之關係如下所示。

```
/* 三相感應電動機特性值計算 */
#include <graphics.h>
#include <string.h>
#include <math.h>
#include <dos.h>
#include <stdlib.h>
#define PI 3.141593
float r1,r2,x1,x2,s,t,v,p,k,f,t_max,s_max,xm,rth,xth,vth,t_normal;
float rin,xin,t_inter,t_out,all_loss,eff,t_start;
float zin,i1,i2,pf,ns,ws,nm,p_in,p_c1,p_c2,p_g,p_inter,p_out,p_noload;
char t_maxs[20],s_maxs[20],t_starts[20],ans;
main( )
{
    void torque3(void);
    void power3(void);
    float para_ral(float a,float b,float c,float d);
    float para_img(float a,float b,float c,float d);
    char class;
        {
         do
         {   clrscr( );
                 printf("請輸入三相感應電動機之參數值...");
                 printf("\n\n線電壓（伏特）=");
                 scanf("%f",&v);
                 printf("\n極數 = ");
                 scanf("%f",&p);
                 printf("\n頻率 (Hz)=");
                 scanf("%f", &f);
                 printf("\n定子每相電阻（歐姆） = ");
                 scanf("%f",&r1);
                 printf("\n 轉子每相電阻（歐姆） = ");
                 scanf("%f",&r2);
                 printf("\n 定子每相電抗（歐姆） = ");
```

```
                scanf("%f",&x1);
                printf("\n 轉子每相電抗（歐姆）＝ ");
                scanf("%f",&x2);
                printf("\n每相磁化電抗（歐姆）＝ ");
                scanf("%f",&xm);
                printf("\n轉子轉差率＝ ");
                scanf("%f",&s);
                printf("\n 無載旋轉損失（瓦）＝ ");
                scanf("%f",&p_noload);
                printf("\n 確定?<Y>");
                ans=getch( );
            }
             while ( (ans!='y') && (ans!='Y') && (ans!='\x0d'));
                power3( );
                torque3( );
        }
}
   void torque3(void)
   {
      int gdriver=DETECT,gmode;
      float ss;
clrscr( );
k=p/(4*PI*f);
vth=v*xm/(sqrt((pow(r1,2)+pow((x1+xm),2)))*1.732);
rth=pow(xm,2)*r1/(pow(r1,2)+pow((x1+xm),2));
xth=(pow(r1,2)*xm+pow(x1,2)*xm+pow(xm,2)*x1)/(pow(r1,2)+
      pow((x1+xm),2));
t_max=k*0.5*3*pow(vth,2)/(rth+sqrt(pow(rth,2)+pow((xth+x2),2)));
s_max=r2/sqrt(pow(rth,2)+pow((xth+x2),2));
initgraph(&gdriver,&gmode,"");
t_start=(k*3*pow(vth,2)*r2)/(pow((r1+r2),2)+pow((xth+x2),2));
moveto(80,20);
lineto(80,270);
```

```
    lineto(620,270);
    moveto(580,270);
    for(ss=0.01;ss<=1;ss=ss+0.01)
      {
        t=(k*3*pow(vth,2)*r2/ss)/(pow((r1+r2/ss),2)+pow((xth+x2),2));
        t_normal=t/t_max;
        lineto(580-ss*500,270-t_normal*230);
      }
    settextstyle(TRIPLEX_FONT,HORIZ_DIR,3);
    outtextxy(170,310,"Torque vs Slip curve");
    settextstyle(SMALL_FONT,HORIZ_DIR,7);
    outtextxy(610,275,"s");
    outtextxy(65,10,"T");
    settextstyle(SMALL_FONT,HORIZ_DIR,5);
    outtextxy(575,275,"0");
    outtextxy(80,275,"1");
    outtextxy(180,10,"Tmax=");
    outtextxy(240,10,strncat(gcvt(t_max,3,t_maxs)," N-m",4));
    outtextxy(180,30,"Smax=");
    outtextxy(240,30,gcvt(s_max,3,s_maxs));
    outtextxy(180,50,"T start =");
    outtextxy(240,50,strncat(gcvt(t_start,3,t_starts),"N-m",4));
    outtextxy(30,260-t_start/t_max*230,"Tstart");
    getch( );
    closegraph( );
}
void power3(void)
{
    clrscr( );
    rin=r1+(para_ral(r2/s,x2,0,xm));
    xin=x1+(para_img(r2/s,x2,0,xm));
    zin=sqrt(rin*rin+xin*xin);
    i1=v/(1.732*zin);
```

```
i2=sqrt(s*i1*i1*para_ral(r2/s,x2,0,xm)/r2);
pf=rin/zin;
ns=120*f/p;
ws=2*PI*ns/60;
nm=ns*(1-s);
p_in=1.732*v*i1*pf;
p_c1=3*i1*i1*r1;
p_g=p_in-p_cl;
p_inter=(1-s)*p_g;
p_c2=s*p_g;
p_out=p_inter-p_noload;
t_inter=p_g/ws;
t_out=p_out/(ws*(1-s));
all_loss=p_c1+p_c2+p_noload;
eff=p_out/p_in;
clrscr( );
printf("  %8.3f伏特 %3.0f極  %3.0fHz  轉差率 = %8.4f\ n",v,p,f,s);
printf("  r1=%8.3f歐姆 r2=%8.3f歐姆\n",r1,r2);
printf("  x1=%8.3f 歐姆 x2=%8.3f歐姆 xm=%8.3f歐姆\n",x1,x2,xm);
printf(" ..................................................\n");
printf("  定子總阻抗=%8.3f+j%8.3f 歐姆\n",rin,xin);
printf("  輸入線電流=%8.3f 安培\n",i1);
printf("  轉子線電流=%8.3f 安培\n",i2);
printf("  功率因數  =%8.3f\n",pf);
printf("  同步轉速  =%8.3f 分/轉\n",ns);
printf("  轉子轉速  =%8.3f 分/轉\n",nm);
printf(" ..................................................\n");
printf("  定子輸入功率 =%8.3f瓦 (%8.3f HP)\n",p_in,p_in/746);
printf("  轉子輸入功率 =%8.3f瓦 (%8.3f HP)\n",p_g,p_g/746);
printf("  轉子輸出功率 =%8.3f瓦 (%8.3f HP)\n",p_out,p_out/746);
printf("  轉子轉矩     =%8.3f牛頓-米\n",t_inter);
printf(" ..................................................\n");
printf("  定子損失     =%8.3f瓦\n",p_c1);
```

```
   printf("  轉子損失        =%8.3f瓦\n",p_c2);
   printf("  無載旋轉損失 =%8.3f瓦\n",p_noload);
   printf("  總損失          =%8.3f瓦\n",all_loss);
   printf("..............................................................\n");
   printf("  電動機效率    =%8.3f",eff);
   getch( );
  }
 /* -----real part of (a+jb) in parallel with (c+jd) -----*/
float para_ral(float a,float b,float c,float d)
{
  float realpart;
  realpart=((a*c-b*d)*(a+c)+(a*d+b*c)*(b+d))/((a+c)*(a+c)+(b+d)*(b+d));
  return(realpart);
  }
 /* -----img. part of (a+jb) in parallel with (c+jd) -----*/
float para_img(float a,float b,float c,float d)
{
  float image;
  image=((a*d+b*c)*(a+c)-(a*c-b*d)*(b+d))/((a+c)*(a+c)+(b+d)+(b+d));
  return(image);
}
```

執行結果: 請輸入三相感應電動機之參數值...

線電壓（伏特）= 480

極數 = 4

頻率 (Hz) = 60

定子每相電阻（歐姆）= 0.6

轉子每相電阻（歐姆）= 0.3

定子每相電抗（歐姆）= 1

轉子每相電抗（歐姆）= 0.5

每相磁化電抗（歐姆）= 25

轉子轉差率 = 0.03

無載旋轉損失（瓦）= 1000

確定? <Y> Y

480.000 伏特　4 極　60Hz 轉差率 = 0.0300

$r1$ = 0.600 歐姆　$r2$ = 0.300 歐姆

$x1$ = 1.000 歐姆　$x2$ = 0.500 歐姆　xm = 25.000 歐姆

定子總阻抗　= 8.931 + j4.757 歐姆

輸入線電流　= 27.389 安培

轉子線電流　= 24.998 安培

功率因數　= 0.883

同步轉速　= 1800.000 分 / 轉

轉子轉速　= 1746.000 分 / 轉

定子輸入功率 = 20096.762 瓦 (26.939HP)

轉子輸入功率 = 18746.480 瓦 (25.129HP)

轉子輸出功率 = 17184.086 瓦 (23.035HP)

轉子轉矩　= 99.453 牛頓 – 米 (10.148 Kg-m)

定子損失　= 1350.281 瓦

轉子損失　= 562.394 瓦

無載旋轉損失 = 1000.000 瓦

總損失　= 2912.676 瓦

電動機效率　= 0.855

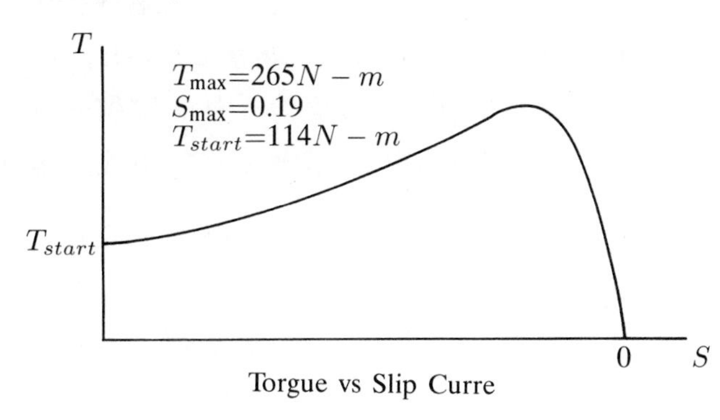

Torgue vs Slip Curre

2.圓線圖

在計算三相感應電動機之各項特性值，除前述方法外，亦可使用作圖的方式找出結果， Heyland 所創立的圓線圖法則最常用，茲介紹於下:

首先，重繪電動機之等效電路於如圖 3–17 。

圖 3–17 三相感應電動機之等效電路圖

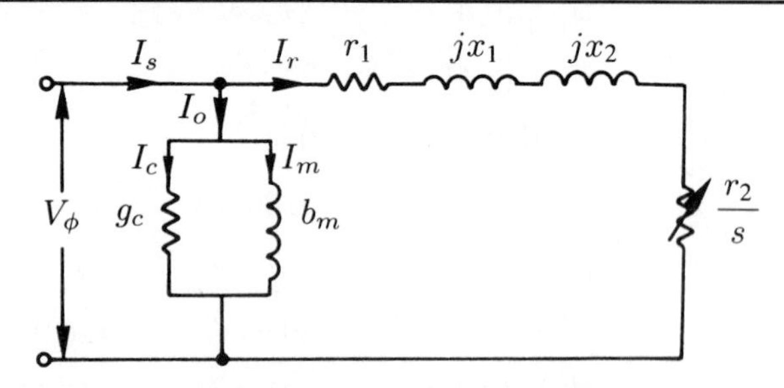

若加於電動機之相電壓為 $V_\phi\angle 0°$，則下列之關係成立:

$$I_r = \frac{V_\phi}{\sqrt{(r_1 + r_2/s)^2 + (x_1 + x_2)^2}} \tag{3–44}$$

$$\cos\theta_r = \frac{r_1 + r_2/s}{\sqrt{(r_1 + r_2/s)^2 + (x_1 + x_2)^2}} \tag{3–45}$$

$$\sin\theta_r = \frac{x_1 + x_2}{\sqrt{(r_1 + r_2/s)^2 + (x_1 + x_2)^2}} \tag{3–46}$$

式中 θ_r 為轉子電流 I_r 之相角，如圖 3–18 所示，首先劃一垂線 $\overline{OV}$，其長度代表 V_ϕ 之大小，再劃 $\overline{OP} = I_r$，且兩線之夾角為θ_r；從 P 點引一垂直於$\overline{OP}$ 之直線，再由 O 點引一垂直$\overline{OV}$ 之直線，則兩直線相交於 A 點而構成三角形 OPA，由此三角形可知

$$\overline{OA}\sin\theta_r = I_r \tag{3–47}$$

或

$$\overline{OA} = I_r/\sin\theta_r \tag{3–48}$$

將式 (3–44) 及(3–46) 代入式 (3–48)，則 $\overline{OA}$ 可化簡爲

$$\overline{OA} = \frac{V_\phi}{x_1 + x_2} \tag{3–49}$$

由式 (3–49) 可知，$\overline{OA}$ 與 V_ϕ 成正比，與 $x_1 + x_2$ 成反比，對同一電動機而言，雖然負載改變，式 (3–49) 中 $x_1 + x_2$ 仍是常數，當輸入之相電壓爲一定時，$\overline{OA}$ 則爲固定值；換言之，電動機在不同的負載下，轉子電流雖改變，但 ΔOPA 爲垂直三角形且 $\overline{OA}$ 爲常數的關係並不改變；因此，由幾何學之原理得知，I_r 之軌跡必爲半圓，且以 $\overline{OA}$ 爲其直徑。

圖 3–18　轉子電流軌跡圓線圖

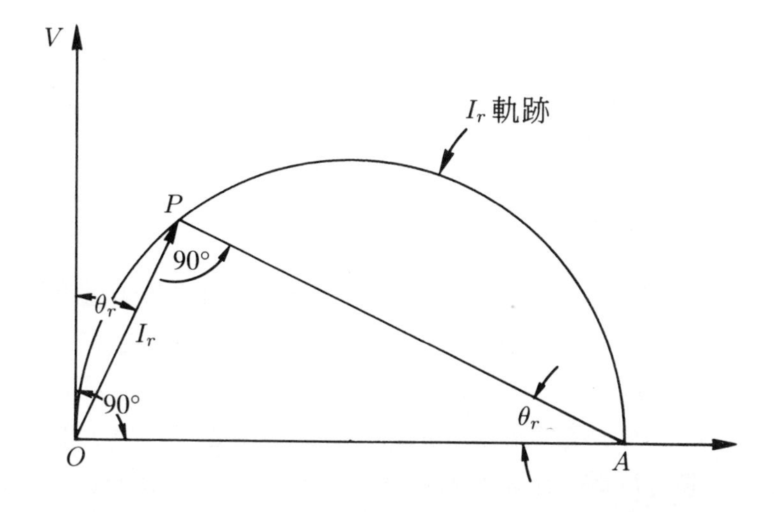

由圖 3–17 知，定子電流 I_s 爲轉子電流 I_r 與激磁電流 I_o 之和，而 I_o 又可分爲磁化電流 I_m 與鐵損電流 I_c；如圖 3–19 所示，繪出平行 $\overline{OV}$ 之電流 I_c 與垂直 $\overline{OV}$ 之電流 I_m 及 I_c、I_m 之相量和 I_o。因此，定子電流 I_s 及電源之功率因數角 θ_s 皆可繪出。再者，電動機靜止時，$s = 1$，式(3–44) 可改寫成

$$I_b = \frac{V_\phi}{\sqrt{(r_1+r_2)^2+(x_1+x_2)^2}} \tag{3-50}$$

$$\cos\theta_b = \frac{r_1+r_2}{\sqrt{(r_1+r_2)^2+(x_1+x_2)^2}} \tag{3-51}$$

圖 3–19　定子電流軌跡圓線圖

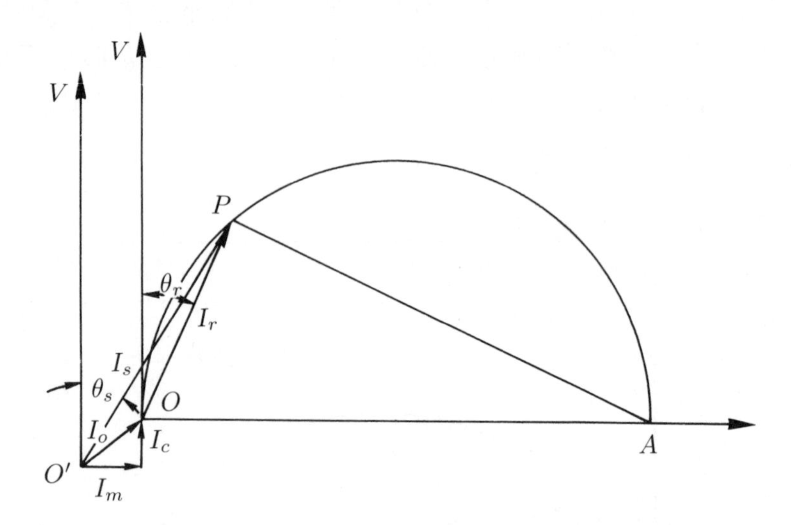

此式中，I_b、$\cos\theta_b$ 分別表示轉子堵住時之轉子電流與轉子功因，於圖 3–20 中繪出 $\overline{OP'}$ 等於 I_b，其次由 P' 點引平行於 $\overline{OV}$ 之線段 $\overline{P'H}$，在直線上求出 K 點而使 $\overline{P'K}:\overline{KH}=r_2:r_1$，則 $\overline{KH}$，$\overline{P'K}$ 之長度分別代表由堵住電流 I_b 所產生之定子與轉子銅損。此外，在任一負載電流 I_s 時，定子與轉子銅損，亦可由圖3–20 的 $\overline{CD}$ 及 $\overline{BC}$ 表示，因為

$$\frac{\overline{P'H}}{\overline{BD}} = \frac{\overline{OH}}{\overline{OD}} = \frac{\overline{OP'}\sin\theta_b}{\overline{OP}\sin\theta_r} = \frac{\overline{OP'}\times\dfrac{\overline{OP'}}{\overline{OA}}}{\overline{OP}\times\dfrac{\overline{OP}}{\overline{OA}}} = \frac{\overline{OP'}^2}{\overline{OP}^2} = \frac{I_b^2}{I_r^2} \tag{3-52}$$

而電動機之鐵損，則可用 $\overline{DE}$ 表示，每相輸入之功率為

$$
\begin{aligned}
VI_s \cos\theta_s &= V \cdot \overline{PE} \\
&= V(\overline{PB} + \overline{BC} + \overline{CD} + \overline{DE}) \\
&= P_o + P_{c2} + P_{c1} + P_i \qquad (3\text{–}53)
\end{aligned}
$$

圖 3–20 功率圓線圖

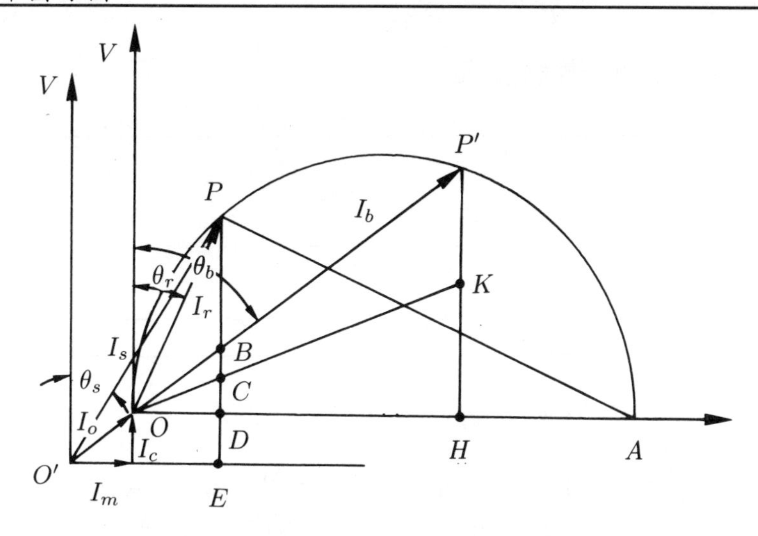

其中 P_o、P_{c2}、P_{c1}、P_i 分別表示每相之輸出功率、轉子銅損、定子銅損、鐵損等; 由上述之敘述得知, 電動機之特性, 可由標有適當刻度的圓線圖求得, 茲將電動機之各相特性值整理如下:

代表電流項目者:

$\overline{O'P}$ = 定子輸入之線電流 I_s

$\overline{O'O}$ = 激磁電流 I_o

$\overline{OP}$ = 轉子之線電流 I_r

代表電功率項目者:

$\overline{PE}$ = 定子每相輸入功率

$\overline{PB}$ = 轉子每相輸出功率

$\overline{BC}$ = 轉子每相銅損

$\overline{CD}$ = 定子每相銅損

$\overline{DE}$ = 每相鐵損

$\overline{PC}$ = 轉子每相輸入功率

其他特性者:

$\cos\theta_s$ = 電動機之功率因數

$\overline{BC}/\overline{PC}$ = 轉差率

$\overline{PB}/\overline{PE}$ = 效率

Ⅲ. 儀器設備

名　稱	規　格	數　量	備　註
方格紙	八開	1	
直尺	45公分	1	
圓規	大型	1	
分規		1	
各式文具		1	

Ⅳ. 實驗步驟

1.繪特性曲線時，先依據實驗二之數據，計算電動機之鐵損電導 g_c，磁化電納 b_m，定子、轉子等效電阻 r_1、r_2，等效電抗 x_1、x_2 等。

2.利用 (3–35) 至 (3–43) 式，計算感應電動機的啓動轉矩 T_{start}、最大轉矩 T_{max}、最大轉矩之轉差率 s_{max} 等。

3.利用 (3–39) 式，將轉差率由 0 至 1 分成十等份，每間隔 0.1 計算一次 T_L 值，並記錄於表內。

4.劃圓線圖時，依圖 3–20，取 $\overline{OP'} \approx 25$cm，並依前述繪出下列之數據。

⑴定子線電流　　⑵激磁電流

⑶轉子線電流　　⑷定子輸入功率

⑸轉子輸入功率　　⑹轉子輸出功率

⑺定子銅損　　⑻轉子銅損

(9)鐵損

V. 實驗結果

1.特性值計算

V_ϕ	r_1	r_2	x_1	x_2	x_m	T_{start}	T_{max}	s_{max}

2.轉差率－轉矩曲線計算　頻率:　　　Hz　　極數:

s	0.1	0.2	0.3	0.4	0.5	0.6	0.7	0.8	0.9	1.0
T_L										

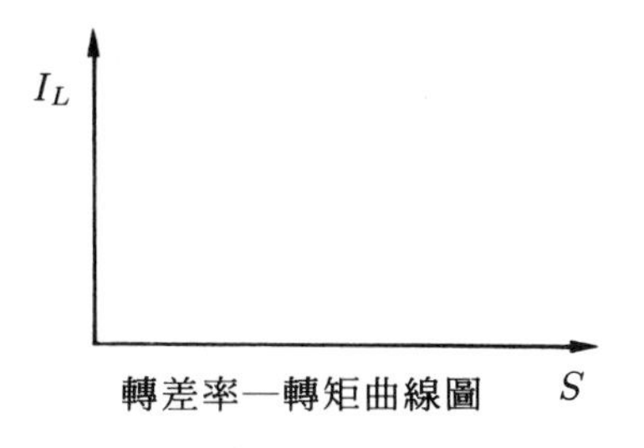

轉差率—轉矩曲線圖

VI. 問題與討論

1.利用實驗三之結果，計算感應電動機的(1)啓動電流　(2)啓動轉矩　(3)最大轉矩　(4)最大轉矩時之轉差率。

2.說明繪製圓線圖的目的。

3.利用實驗二之數據，繪製感應電動機的圓線圖。

4.利用實驗三之數據，與第 3 題之圓線圖作一比較。

5.繪製圓線圖時，圓的半徑應多大，所得之數據才正確，試說明之。

6.對繞線式電動機而言，欲改變其啓動轉矩及啓動電流時，有何對策？試說明之。

實驗五　三相感應電動機之效率測試
Efficiency test of three-phase induction motors

I. 實驗目的

1.瞭解動力計之基本原理及控制方法。

2.利用動力計測試三相感應電動機於不同負載下之效率、功率因數及轉差率等。

II. 原理說明

動力計或稱爲測力計，其目的在測量與其連接的原動機或電動機產生之轉矩，依其構造之差異，可區分爲直流動力計與渦流動力計。本實驗之接線及操作，則以直流動力計爲主。

直流動力計之構造與直流機大致相同，惟其軸承之結構較爲特殊，其目的在使定子與轉子均能自由轉動，定子則帶動一彈簧秤，用以測定力量之大小。當待測之原動機與動力計連接時，如圖 3–21 所示，若原動機旋轉時，動力計亦隨之旋轉。於激磁電流加入，電樞導體切割磁場而感應電動勢，若電樞接上負載，則負載電流將產生反轉矩，將推動動力計定子，使其往反方向旋轉，進而帶動彈簧秤，故可測出力之大小。

設彈簧秤測出之力爲 F，彈簧秤至動力計軸距離爲 X，則下式成立

$$T = 9.8FX \tag{3–54}$$

$$P_{\text{out}} = \frac{2\pi n_m}{60}T = \frac{2\pi n_m}{60} \cdot 9.8FX = 1.026 n_m FX \tag{3–55}$$

此式中，P_{out}、T、n_m 分別爲原動機輸出之功率、輸出之轉矩及轉

速等，F 之單位為公斤，X 之單位為米，在實用之動力計上，$X = 0.25$ 米，故式 (3–54) 可改寫成

$$P_{\text{out}} = 1.026 n_m F \cdot 0.25 = 0.2656 n_m F \tag{3–56}$$

圖 3–21 直流動力計

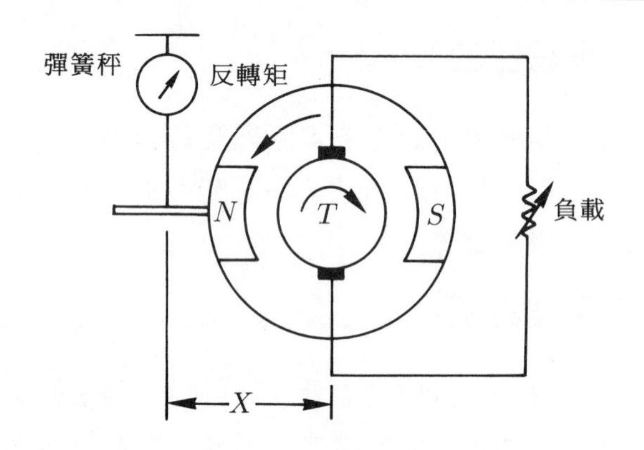

直流動力計一般之規格為

(1)軸輸入容量：2KW，1800rpm

(2)額定電壓：DC 160V

(3)額定電流：DC 10.8A

(4)激磁電壓：最高 185V

(5)激磁電流：最高 0.6 A

III. 儀器設備

名　稱	規　格	數量	備　註
三相感應電動機	3ϕ 220V 3HP	1	
三相電壓調整器	5KVA 0 – 260V	1	
直流動力計付動力計控制盤	160V 2KW 1800rpm	1	
交流電壓表	0 – 300V	3	
交流電流表	0 – 10A	3	
單相瓦特表	120V/240V 0/5/10A	2	

直流電壓表	0 – 300V	1	
直流電流表	0 – 10A	1	
轉速發電機	3000rpm	1	
電阻箱	2KW 220V	1	
轉速計	3000rpm	1	
無熔絲開關 (NFB)	3P 30A	1	
無熔絲開關 (NFB)	2P 30A	1	

IV. 實驗步驟

1.將三相感應電動機與直流動力計完成裝配後，依圖 3–22 接線。

2.電壓調整器之把手調至電壓最低位置，將開關 S_1 開路並加入電源。

3.調整電壓，並觀測電壓表，使電壓達電動機之額定值。

4.切離總電源，並將開關 S_1 投入，電流表及瓦特表之電流線圈以導線短路後，將總電源投入，則電動機轉動。

5.待電動機轉速穩定後拆除短路導線，並核對感應機之旋轉方向，使動力計之旋轉，由感應機方向觀看為順時針。若方向錯誤，可將電源 A、B 對調後，再行啓動。

6.將動力計旋鈕歸零，並切換於發電機位置，並將其控制電源 1ϕ 220V 加入。

7.調整動力計的激磁電流，使動力計之輸出電壓為額定值。

8.將開關 S_2 投入並調整電阻箱，使感應機之電流為額定值的 20%，記錄各電表之指示值及彈簧秤之讀值。

9.逐漸調高負載電流並使其電壓逐漸升高，由額定電值之20% 開始升高至120% 為止，分八點記錄各項讀值。

10.計算三相感應電動機之輸入、輸出功率、轉矩、效率等，並填入表中。

圖 3–22　三相感應電動機之效率測試接線圖

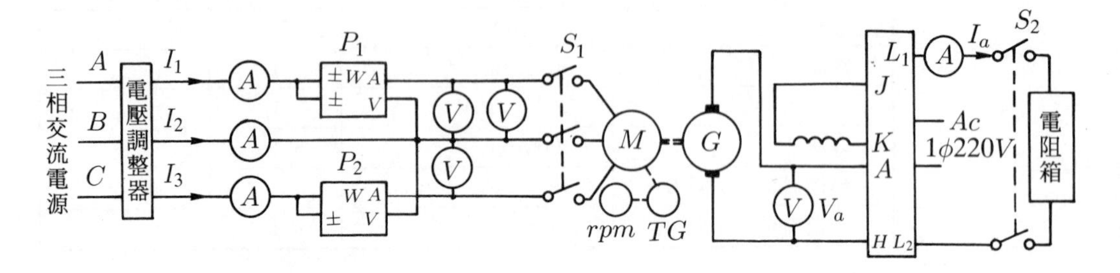

V. 注意事項

1.瓦特表及電流表之額定值，必須配合負載的電流適當選用，以免燒毀電表或指針偏轉太小，造成誤差。

2.瓦特表及電流表之額定值，若遠小於負載的電流時，應加比流器 (CT) 以配合測定。

3.電動機消耗之總功率，爲二只單相瓦特表讀值之和，當電路之功率因數過低時，瓦特表指針可能反轉，而無法讀其數值，此時，應將瓦特表之電壓線圈反接，使指針正轉，再將二讀值相減，即爲三相消耗之總功率。

VI. 實驗結果

1.效率實驗測試值

次數	V_1	V_2	V_3	I_1	I_2	I_3	P_1	P_2	F	n_m
1										
2										
3										
4										
5										
6										
7										
8										

2.效率實驗計算值

次數	V_{in}	I_{in}	P_{in}	$\cos\theta$	T	P_{out}	s	η
1								
2								
3								
4								
5								
6								
7								
8								

註：$V_{in}=\dfrac{V_1+V_2+V_3}{3}$　　$I_{in}=\dfrac{I_1+I_2+I_3}{3}$

$P_{in}=P_1+P_2$　　$\cos\theta=\dfrac{P_{in}}{\sqrt{3}V_{in}I_{in}}$

$T=9.8FX=2.45F$　　$P_{out}=0.2656n_mF$

$s=\dfrac{n_s-n_m}{n_s}$　　$\eta=\dfrac{P_{out}}{P_{in}}$

$n_s=$ 同步轉速

Ⅶ. 問題與討論

1.說明直流動力計之工作原理。

2.利用實驗之數據，繪出 $P_{in}-\eta$ 特性曲線並與實驗三之結果比較。

3.討論利用直流動力計測試感應電動機的效率，有何優缺點。

4.欲提高感應電動機的效率，有那些方法可利用，試說明之。

實驗六 單相感應電動機特性實驗
Characteristics test of single-phase motors

I. 實驗目的

1.瞭解單相感應電動機之基本結構與原理。
2.瞭解單相感應電動機之啓動方法。
3.測試單相感應電動機於負載下之各項特性。

II. 原理說明

圖 3–23 所示爲單相感應電動機之結構圖，轉子與三相感應電動機相同，但定子只有單相分佈繞組，當定子繞組加入交流電壓 V 時，則該電壓之數學式可寫爲

$$v(t) = \sqrt{2}V \sin \omega t \tag{3–57}$$

其中 ω 爲 V 之角頻率，此電壓將於定子鐵心形成一磁場，該磁場之大小正比於電壓，換言之，鐵心之磁通密度可表示爲

$$B(t) = B_{\text{max}} \sin \omega t \ \hat{y} \tag{3–58}$$

此磁場僅在 y 方向隨時間改變其大小，而無法旋轉，故單相電動機於靜止時無法自行啓動。

依據交流電機之旋轉磁場理論，欲使單相感應電動機產生旋轉磁場，可以在垂直 y 方向加入與原磁場相角相差 90° 的另一磁場，故合成磁通密度 $B'(t)$ 爲

$$B'(t) = B_{\text{max}} \sin \omega t \ \hat{y} + B_{\text{max}} \cos \omega t \ \hat{x} \tag{3–59}$$

$B'(t)$ 即爲一旋轉磁場，其合成磁場之大小爲 $\sqrt{2}B_{\text{max}}$，旋轉之角速度爲 ω。

圖 3-23　單相感應電動機之結構圖

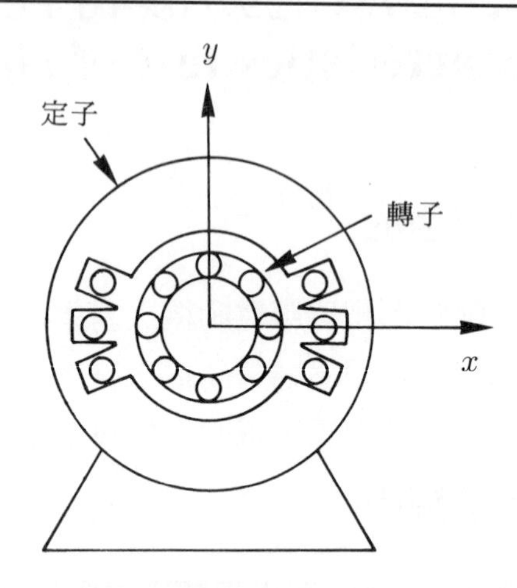

爲達成此目標，單相感應電動機必須裝設啓動繞組，在實際運用上，可區分爲:

(1)分相繞組式電動機(Split-Phase Motors)。

(2)電容啓動電動機 (Capacitor-Start Motors)。

(3)永久電容式電動機 (Permanent-Split-Capacitor Motors)。

(4)電容啓動，電容運轉電動機 (Capacitor-Start, Capacitor-Run Motors)。

(5)蔽極式電動機 (Shaded-Pole Motors)。

1.分相繞組式電動機

分相繞組電動機具有二組定子繞組，分別爲主繞組 m 及輔助啓動繞組 a，其接線如圖 3–24(a)所示，兩繞組在空間上以相差 90° 電工角之方式排列，輔助繞組可在電動機達某設定轉速時，以離心開關切離；輔助繞組通常使用較細的導線繞製，其電阻／電抗比值，較主繞組爲高，故啓動時，兩繞組電流不同相，輔助繞組之電流超前主繞組，如圖 3–24(b)所示。此電動機將相當於不平衡之二相電動機，使定子形成旋轉磁場而使電動機得以轉動。於電動機啓動後，輔助繞組切離，其典型之轉矩—轉差率特性如圖 3–25 所示。

圖 3–24　分相繞組式電動機

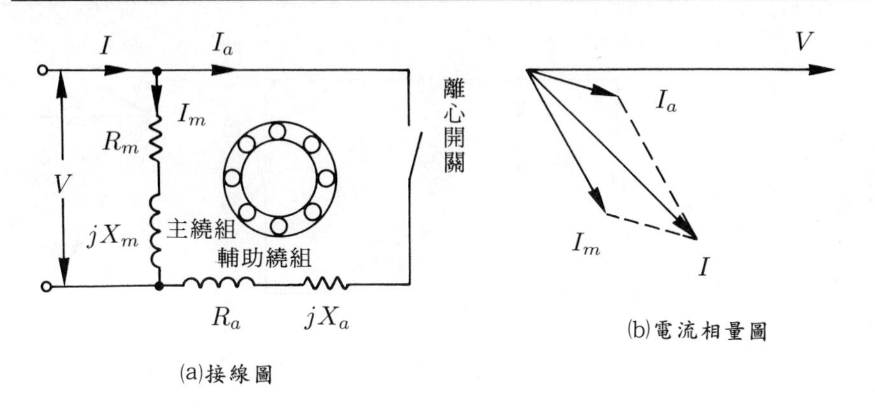

(a)接線圖　(b)電流相量圖

圖 3–25　分相繞組式電動機轉矩—轉差率特性圖

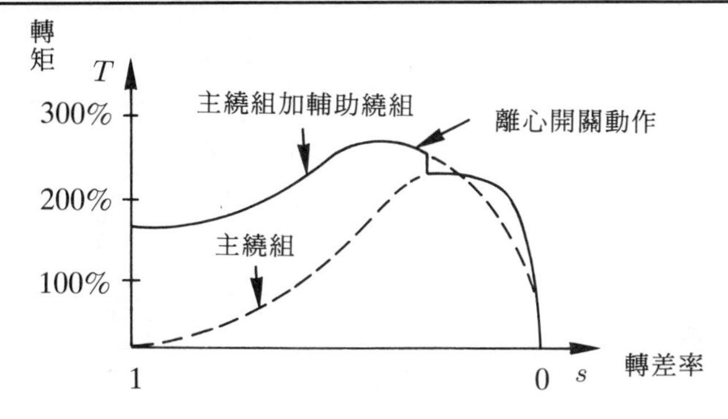

2.電容啓動電動機

由於分相繞組式之轉矩較低，不足以應用於某些負載，因此可使用電容啓動電動機代替，如圖 3–26(a)所示，該電動機亦使用兩繞組之分相原理，使用一只電容器串聯於輔助繞組，若電容器值選擇適當，二繞組之電流可相差 90°，如圖 3–26(b)所示。此時，電動機具有完全均勻之旋轉磁場，其原理與三相感應電動機類似，故可產生較大之轉矩，如圖 3–27 所示。

圖 3–26 電容啓動電動機

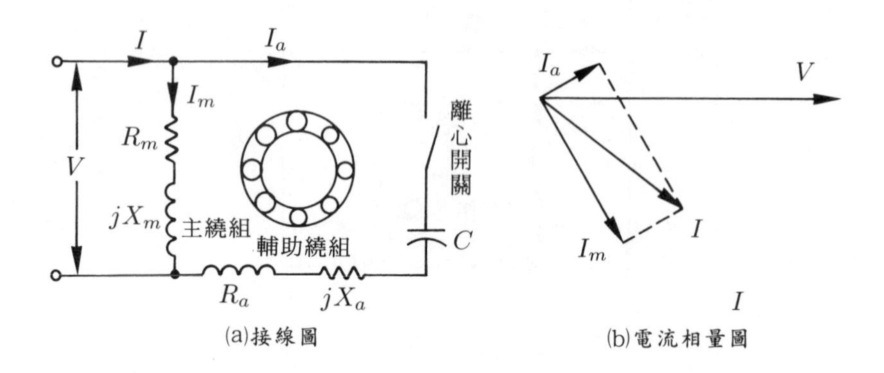

圖 3–27 電容啓動電動機轉矩—轉差率特性圖

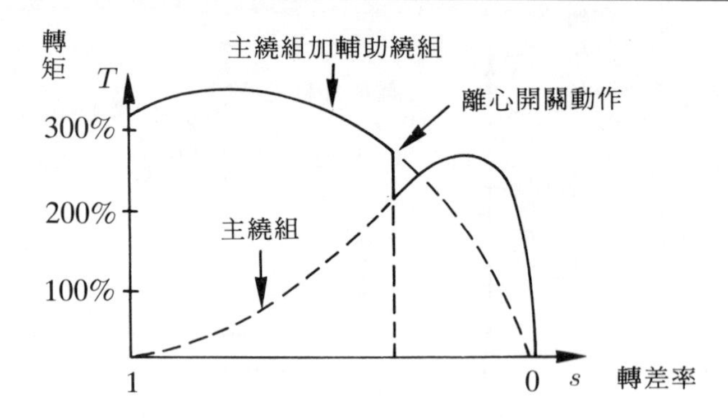

3.永久電容式電動機

此型電動機之接線如圖 3–28(a)所示，電容器與輔助繞組於電動機啓動完成後，並未切離電路，故構造較電容啓動之型式簡單，且功率因數、效率等皆可改善。但此型電動機之啓動轉矩則較小，因爲此電容值必須兼顧啓動與運轉。圖 3–28(b)表示其轉矩—轉差率特性。

圖 3–28　永久電容式電動機

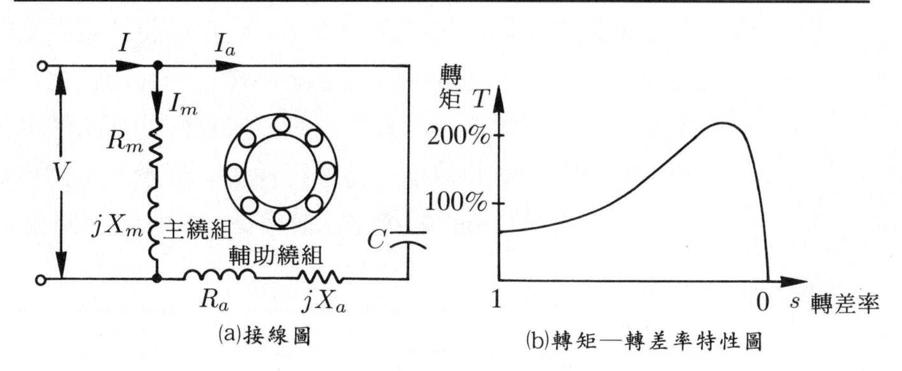

(a)接線圖　(b)轉矩—轉差率特性圖

4.電容啓動，電容運轉電動機

電動機於運轉時，若需要較大啓動轉矩與較大運轉特性時，則可使用此型式，此電動機之接線如圖 3–29(a)所示，具有二只電容器，$C1$ 的電容值較小，用於最佳之運轉條件；$C2$ 電容值較大，則使電動機具有較大之啓動轉矩，於電路啓動後，利用離心開關切離電路，$C1$ 之電容值約爲 $C2$ 之 10% 至 20% 之間，圖3–29(b)則爲轉矩—轉差率特性曲線。

圖 3–29　電容啓動，電容運轉電動機

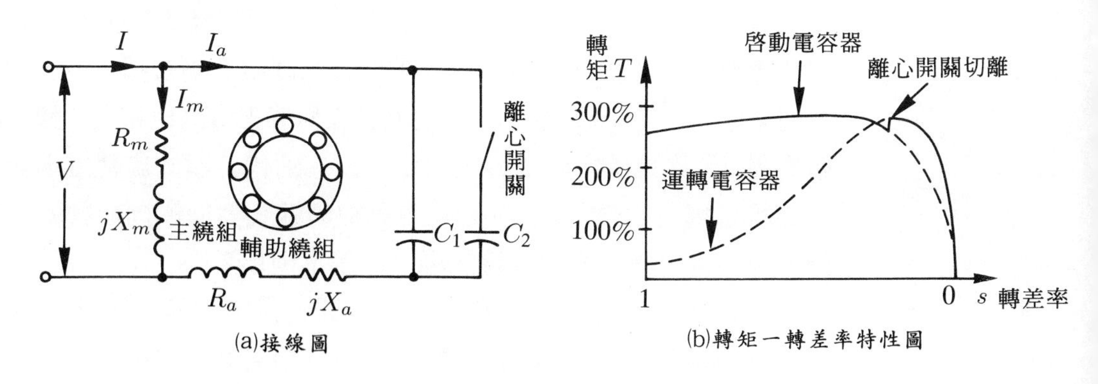

(a)接線圖　(b)轉矩一轉差率特性圖

5.蔽極式電動機

如圖 3–30(a)所示，此型電動機除主繞組外，於磁極兩端各有一只短路線圈，當外加電源使主繞組的磁通變化時，此短路線圈會感應電壓與電流以反抗磁通的變化，此作用將此蔽極圈的磁通變化較慢；換言之，主繞組與蔽極圈磁通會有一夾角存在，電動機的轉矩由此產生，而轉子旋轉方向由磁極未遮蔽的部份轉向被遮蔽部份，圖 3–30(b)則表示其轉矩—轉速特性圖，蔽極式電動機雖效率低、轉矩小，但結構簡單、體積小、價格低，故應用範圍極廣。

圖 3–30 蔽極式電動機

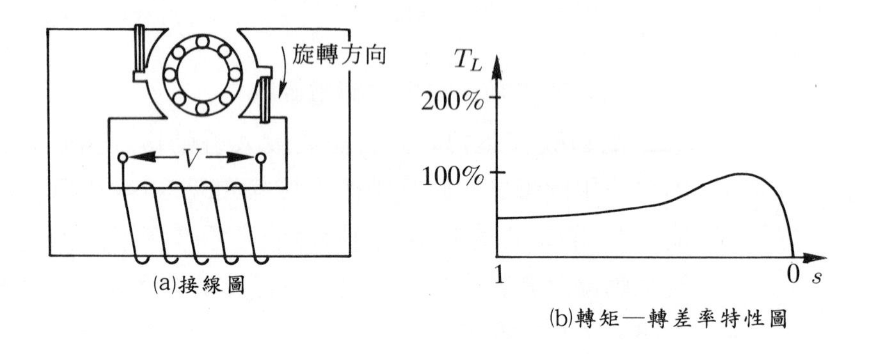

6.單相感應電動機等效電路分析

單相感應電動機於運轉時，若輔助繞組自電路切離，則主繞組之磁通可視爲大小相等方向相反之兩旋轉磁場所構成。圖 3–31 表示單相感應電動機於運轉時之等效電路，此圖中忽略鐵損電流、定子繞組電阻 r_1、定子漏電抗 x_1 之效應與三相感應電動機相同，轉子繞組電阻 r_2 及漏電抗 x_2 則分爲二部份，分別代表順向旋轉磁場與逆向旋轉磁場之等效電路，s 則爲電動機轉速相對於順向旋轉磁場之轉差率，相對應於逆向旋轉磁場之轉差率則爲 $2 - s$。

類似於三相感應電動機之分析分式，當定子輸入電壓爲 V_{in}，電動機轉差率爲 s，同步轉速爲 n_s，則單相電動機之輸出功率、轉矩、效率等，可經由下式求出:

圖 3–31　單相感應電動機等效電路圖

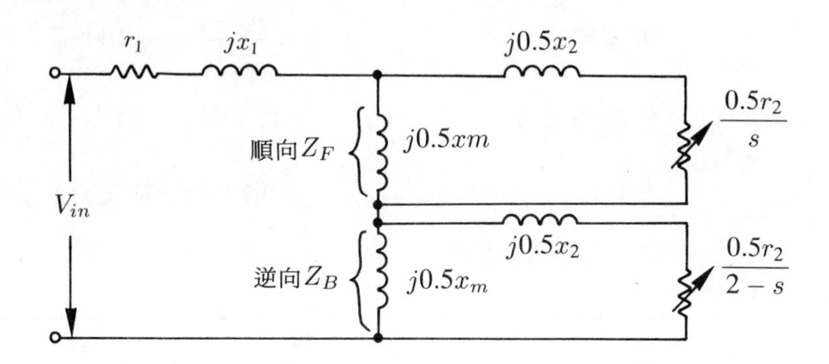

順向磁場等效阻抗

$$Z_F = r_F + jx_F = \frac{(0.5r_2/s + j0.5x_2)(j0.5x_m)}{(0.5r_2/s + j0.5x_2) + (j0.5x_m)} \tag{3-60}$$

逆向磁場等效阻抗

$$Z_B = r_B + jx_B = \frac{[0.5r_2/(2-s) + j0.5x_2](j0.5x_m)}{[0.5r_2/(2-s) + j0.5x_2] + j0.5x_m} \tag{3-61}$$

定子電流　$$I_{\text{in}} = \frac{V_{\text{in}}}{r_1 + jx_1 + Z_F + Z_B} \tag{3-62}$$

定子銅損　$$P_{\text{SL}} = I_{\text{in}}^2 r_1 \tag{3-63}$$

轉子順向磁場輸入功率　$$P_{\text{AG}F} = I_{\text{in}}^2 r_F \tag{3-64}$$

轉子逆向磁場輸入功率　$$P_{\text{AG}B} = I_{\text{in}}^2 r_B \tag{3-65}$$

轉子輸出總功率　$$P_{\text{out}} = P_{\text{AG}F} - P_{\text{AG}B} - P_{\text{mech}} \tag{3-66}$$

轉子轉矩　$$T_L = \frac{P_{\text{AG}}}{2\pi n_m/60} = \frac{9.55P_{\text{out}}}{n_m}(N-m) \tag{3-67}$$

轉子銅損　$$P_{\text{RL}} = sP_{\text{AG}F} + (2-s)P_{\text{AG}B} \tag{3-68}$$

定子輸入功率 $P_{in} = V_{in} I_{in} \cos\theta$ (3–69)

轉差率 $s = \dfrac{n_s - n_m}{n_s} \times 100\%$ (3–70)

電動機效率 $\eta_m = \dfrac{P_{out}}{P_{in}}$ (3–71)

式中 P_{mech}, $\cos\theta$ 分別表示電動機之機械損失與定子電流功率因數。

III. 儀器設備

名　　稱	規　　格	數　量	備　　註
單相感應電動機	1ϕ220V 1HP	1	
電壓調整器	5KVA 0 – 260V	1	
直流發電機	160V 2KW	1	
直流電壓表	0 – 300V	1	
直流電流表	0 – 10A	1	
直流電流表	0 – 5A	1	
交流電壓表	0 – 300V	1	
交流電流表	0 – 10A	1	
單相瓦特表	120V/240V 0 – 5A	1	
轉速發電機	3000rpm	1	
電阻箱	2KW 220V	1	
轉速計	3000rpm	1	
無熔絲開關 (NFB)	3P 30A	1	
無熔絲開關 (NFB)	2P 30A	1	
可變電阻器	0 – 100Ω 2A	1	

IV. 實驗步驟

1.首先，利用實驗一所述，測定轉子之每相電阻，並修正後記錄於表中。

2.將電動機與直流發電機裝配完成，並依圖 3–32 接線。

圖 3–32　單相感應電動機特性實驗接線圖

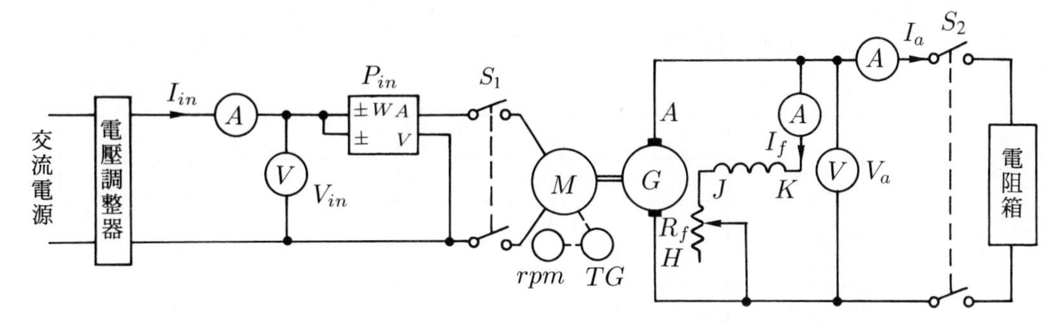

3.再者，利用實驗二所述，測定電動機之無載損失，並記錄於表中。

4.其次，做電動機負載特性實驗，將電壓調整器之把手調至電壓最低位置，將開關 S_1，S_2 開路並加入電源。

5.調整電壓，並觀測電壓表，使電壓達電動機之額定值。

6.切離總電源，並將開關 S_1 投入，電流表及瓦特表之電流線圈以導線短路後，將總電源投入，則電動機轉動。

7.待電動機轉速穩定後，拆除短路導線。

8.調整直流發之激磁，使直流發之輸出電壓爲額定值。

9.將開關 S_2 投入，並調整電阻箱，使電動機電流，由額定電值之 20% 開始，升高至 120% 爲止，分八點記錄各電表之指示值。

10.計算單相感應電動機，輸出功率、轉矩、效率等，並記錄於表中。

V. 注意事項

1.瓦特表及電流表之額定值，必須配合負載的電流適當選用，以免燒毀電表或指針偏轉太小，造成誤差。

2.瓦特表及電流表之額定值，若遠小於負載的電流時，應加比流器 (CT) 以配合測定。

VI. 實驗結果

1.無載實驗

$r_1 = \Omega$

次數	V_{in}	I_{in}	P_{in}	n_m	s	$\cos\theta$
1						
2						
3						
4						

2.負載實驗測試值

次數	V_{in}	I_{in}	P_{in}	n_m	V_a	I_a	P_{out}	s	$\cos\theta$
1									
2									
3									
4									
5									
6									
7									
8									

VII. 問題與討論

1.說明各類單相感應電動機的用途爲何?

2.單相感應電動機爲何需要輔助的啓動裝置?

3.欲使分相繞組式及電容啓動電動機反轉時，接線應如何改變? 試說明之。

4.依據實驗的數據，計算單相感應電動機的效率並繪出效率與輸出功率之關係曲線圖。

5.參考實驗五之數據，說明單相感應電動機的效率遠小於三相感應電動機的原因。

6.蔽極式感應電動機是否可以令其反轉？試說明其原因。

7.同馬力數時，試比較分相繞組式、永久電容式及電容啓動電容運轉式的啓動轉矩大小。

8.下列各項器具，適用何種感應電動機？試說明其理由。

⑴電冰箱　⑵電扇　⑶洗衣機　⑷冷氣機　⑸果汁機

⑹時鐘　⑺電鑽　⑻吸塵器　⑼吹風機。

第三單元　綜合評量

I. 選擇題

1.（　）200V，60Hz，4P 單相感應電動機，其轉速最接近者爲(1) 600rpm　(2) 1710rpm　(3) 1300rpm　(4) 1800rpm。

2.（　）某三相感應電動機380V，8P，60Hz，滿載時轉差率爲0.03，則電動機轉速爲(1) 822rpm　(2) 855rpm　(3) 900 rpm　(4) 873rpm。

3.（　）三相感應電動機之最大轉矩與(1)轉子電阻平方成反比　(2)轉子電阻平方成正比　(3)轉子電阻成正比　(4)轉子電阻無關。

4.（　）220V，4P，60Hz 感應電動機，轉子轉速 1710rpm，則轉差率爲(1) 0.025　(2) 0.05　(3) 0.066　(4) 0.09。

5.（　）60Hz 之感應電動機，使用於 50Hz 時，則(1)轉速降低　(2)轉速增快　(3)轉速不變　(4)視情況而定。

6.（　）感應電動機轉差率等於 1 時，表示(1)煞車運轉　(2)發電機運轉　(3)轉子不動或起動　(4)不可能存在。

7.（　）三相感應電動機之轉矩與(1)輸入功率　(2)定電流　(3)功率因數　(4)定子電壓　平方成正比。

8.（　）任意交換三相感應電動機的二電源線，則(1)轉子速度增加　(2)轉子速度降低　(3)轉子轉向相反　(4)轉子轉向不變。

9.（　）三相感應電動機於運轉時，若電源欠相，則(1)轉子速度增加　(2)轉子停止轉動　(3)轉子轉向不變　(4)轉子立刻反轉。

10.（　）三相感應電動機之啓動轉矩爲額定轉矩 150%，於 Y－Δ

啓動，則啓動轉矩爲額定轉矩的(1) 250%　(2) 150%　(3) 100%　(4) 50%。

11. (　) 4P，60Hz 之三相繞線式感應電動機，啓動轉子 100 伏的電壓，轉子電抗爲 5Ω，電阻爲 5Ω，則啓動電流爲(1) 20.1 安　(2) 14.1 安　(3) 10.4 安　(4) 8.4 安。

12. (　) 雙鼠籠式感應電動機，轉部內外兩層導體中(1)內外層電阻相等　(2)內層電阻小　(3)內層電阻大　(4)不一定。

13. (　) 4P，60Hz 三相感應電動機，電源頻率爲 f，則旋轉磁場之轉數爲(1) $30f$　(2) $20f$　(3) $10f$　(4) $15f$　rpm。

14. (　) 增加感應電動機轉子電阻，則可增加(1)最大轉矩之值　(2)滿載轉矩之值　(3)產生最大轉矩之轉差率　(4)啓動電流。

15. (　) 直流串激電動機若使用於交流電源，則(1)藉外力協助才能轉動　(2)可轉動　(3)燒毀　(4)不能轉動。

16. (　) 蔽極式電動機的蔽極圈 (Shading coil)，其作用爲(1)減少啓動電流　(2)幫助啓動　(3)提高效率　(4)提高功率因數。

17. (　) 感應電動機在正常運轉時，轉差率 s 爲(1) $s > 1$　(2) $s = 1$　(3) $0 < s < 1$　(4) $1 < s < 2$。

18. (　) 測量單相交流感應電動機的功率因數，應使用(1)伏特計，瓦特表　(2)伏特計，安培計，瓦特表　(3)安培計　(4)兩個單相瓦特表，安培計。

19. (　) 三相感應電動機之最大轉矩值，與下列何者無關(1)定子電阻值　(2)轉子電阻值　(3)定子電抗值　(4)轉子電抗值。

20. (　) 三相感應電動機 Y−Δ 啓動時，其接線方式爲(1)啓動 Y 接，運轉 Δ 接　(2)啓動 Y 接，運轉 Y 接　(3)啓動 Δ 接，運轉 Y 接　(4)啓動 Δ 接，運轉 Δ 接。

21.( ) 三相感應電動機之同步轉速與下列何者無關(1)頻率 (2)極數 (3)定子電阻 (4)均有關係。

22.( ) 三相感應機之轉差率 $s=1$ 為(1)同步轉速 (2)啓動狀態 (3)正常運轉 (4)發電機運轉。

23.( ) 雙鼠籠式電動機具有之特性為(1)高啓動電流，高啓動轉矩 (2)高啓動電流，低啓動轉矩 (3)低啓動電流，高啓動轉矩 (4)低啓動電流，低啓動轉矩。

24.( ) 6P，60Hz 三相感應電動機，轉子轉速為 1152rpm，則其轉差率為(1) 0.05 (2) 0.04 (3) 0.03 (4) 0.02。

25.( ) 三相感應電動機，於同步速率時(1)轉差率為 1 (2)轉差率為 0 (3)產生最大轉矩 (4)功率因數為最大。

26.( ) 4P，60Hz 三相感應電動機，額定電壓 220V，額定電流 50A，當功率因數 80%，電動機之輸出為 10KW 時，則效率為(1) 78.1% (2) 65.6% (3) 48.6% (4) 32.7%。

27.( ) 三相感應電動機，將一次端電壓為額定值之 80%時，電動機之最大轉矩則變成額定值(1) 1.25 倍 (2) 0.8 倍 (3) 0.64 倍 (4)不變。

28.( ) 三相感應機產生最大轉矩時轉差率與(1)轉子電阻成正比 (2)定子電阻成反比 (3)輸入電壓成正比 (4)轉子電抗成反比。

29.( ) 三相感應電動機，無載電流約為滿載電流之(1) 5% (2) 10% (3) 25% (4) 40%。

30.( ) 6P, 60Hz, 220V，三相感應電動機，若電源改為 200V，50Hz，則同步轉速變為(1) 125% (2) 83.3% (3) 100% (4) 144%。

31.( ) 同上題，若外加電壓仍為 220V 不變，則磁通變為(1) 0.833 倍 (2) 1.1 倍 (3) 1.2 倍 (4) 1.44 倍。

32.( ) 三相感應電動機之轉差率(1)因負載增加而增加 (2)因

負載增加而減少 (3)不因負載變化而變化 (4)不一定。

33. ( ) 6P, 220V, 60Hz 三相感應電動機，其參數為

$$r_1 = 1\Omega \quad r_2 = 1\Omega$$

$$x_1 = 1\Omega \quad x_2 = 1\Omega$$

$$x_m = 20\Omega$$

當轉差率 $s = 0.05$；則電動機定子之輸入阻抗為
(1) 12.33Ω (2) 13.55Ω (3) 15.22Ω (4) 18.36Ω。

34. ( ) 同上題，定子之輸入電流為
(1) 7.54A (2) 8.12A (3) 8.34A (4) 9.01A。

35. ( ) 同上題，定子之輸入電流功率因數為(1) 0.55 (2) 0.61 (3) 0.69 (4) 0.76。

36. ( ) 同上題，轉子之轉速為(1) 900rpm (2) 1140rpm (3) 1200 rpm (4) 1730rpm。

37. ( ) 同上題，定子之輸入功率為(1) 2.195KW (2) 24.55KW (3) 30.12KW (4) 38.33KW。

38. ( ) 同上題，轉子之輸出功率為(1) 13.44KW (2) 15.55KW (3) 1.887KW (4) 21.95KW。

39. ( ) 同上題，電動機輸入效率為(1) 0.55 (2) 0.66 (3) 0.77 (4) 0.86。

40. ( ) 同上題，轉子之輸出轉矩為(1) 13.5N-m (2) 15.8N-m (3) 16.5N-m (4) 18.3N-m。

II. 計算題

1. 一台三相 220V，6P，Y 接，60Hz 的感應電動機，當轉子轉差率為 5%時，試求
(1)旋轉磁場轉速與轉子轉速。
(2)定子電流頻率與轉速電流頻率。

2.同上題的感應電動機，若等效電路之參數值可表示爲

$$r_1 = 0.2\Omega \quad r_2 = 0.15\Omega \quad x_m = 15\Omega$$
$$x_1 = 0.5\Omega \quad x_2 = 0.5\Omega$$
$$\text{無載旋轉損失} = 270\text{W}$$

當轉子轉差率爲5%，求

(1)線電流。

(2)定子輸入功率、定子銅損。

(3)轉子銅損、轉子輸出功率。

(4)輸出轉矩、電機總效率。

3.同上題，試求

(1)轉子之最大轉矩、最大轉矩時的轉差率。

(2)啓動轉矩及啓動電流。

(3)若輸入電壓降爲80V，重新計算(a)、(b)的值。

4.一台單相110V，4P 電容啓動感應電動機，其主繞組及輔助繞組阻抗分別爲

$$\text{主繞組}\quad Z_m = 3.2 + j7.9\Omega$$
$$\text{輔助繞組}\, Z_a = 4.8 + j3.9\Omega$$

此電容器使兩繞組於啓動時，電流相位相差90°，試求該電容值。

Ⅲ. 說明題

1.說明單相感應電動機電容啓動之原理。

2.繪出感應電動機堵住試驗的接線圖，並說明其原理及目的。

3.繪出感應電動機無載試驗的接線圖，並說明其原理及目的。

第四單元

同步機實驗

實驗一 同步機之預備實驗
Basic test of synchronous machines

I. 實驗目的

1.瞭解同步機各部份之結構及點檢。
2.測定同步機之繞組電阻。
3.測定同步機之絕緣電阻並判斷絕緣之優劣。
4.瞭解同步電動機啓動的方法。

II. 原理說明

1.同步機之構造

同步機之構造可分爲定子與轉子兩部份，定子部份與多相感應電動機類似，加入多相交流電源時可產生旋轉的磁場，使轉子產生轉矩而於同步轉速下運轉。轉子可使用永久磁鐵或以繞組構成並通以直流電流而形成一磁場，當外力使轉子以定速轉動時，定子將感應固定頻率之交流電壓，供電力輸出之用。

轉子因構造之差異可區分圓柱型與凸極型，圓柱型通常使用於汽輪發電機，適用於轉速較高者，其直徑較細，但長度較長；凸極型則常使用於水輪機、柴油機、汽油機等轉速較低者，其直徑較粗，但長度較短。

同步電動機由於缺乏啓動轉矩，故無法自行啓動，其改善方法可在轉子磁極表面上加裝阻尼繞組，此繞組之結構與感應電動機類似，係以導體安裝於轉子表面，兩端並以環狀導體短路之；此繞組於同步機啓動時，可產生轉矩，協助轉子轉動，於同步速度時則無作用。

阻尼繞組對同步發電機而言，則可藉同步轉矩之產生，降低發電機追逐 (Hunting) 現象，以穩定定子電樞輸出、電壓之大小與頻率，圖 4–1(a)，(b)所示，分別爲凸極型與圓極型之構造圖。

圖 4–1　三相同步機之構造圖

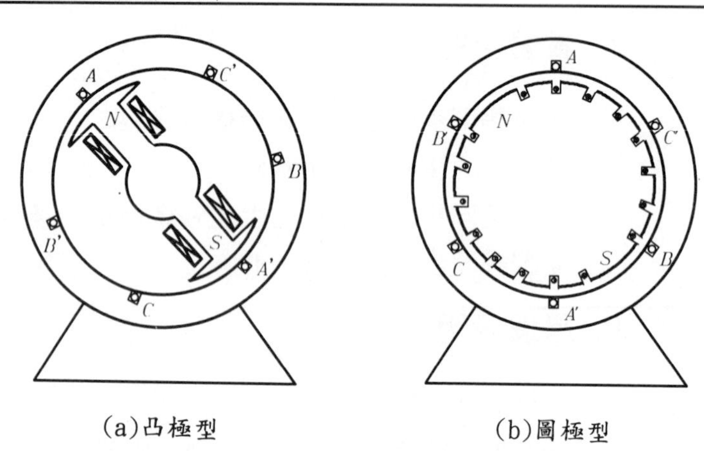

(a)凸極型　　(b)圓極型

2.同步機之點檢

同步機之點檢與感應電動機類似，可區分爲靜止狀態與運轉狀態兩類，靜止狀態之點檢應包含:

⑴檢視同步機之銘牌，瞭解其相數、容量、極數、同步轉速、額定電壓、額定電流、絕緣階級、功率因數等並觀察其外觀是否有缺失。

⑵定子繞組、轉子繞組是否斷路，可利用三用電表檢查。轉子滑環與電刷是否密接、電刷壓力是否適當等。

⑶轉動轉子，檢視其轉動是否平順，是否有異聲出現。

⑷檢視接線端子台是否完整，接線是否確實等。

而運轉狀態之點檢則包含:

⑴同步機之安裝是否確實，機座是否會振動。

⑵電刷上之火花是否過大，電刷是否快速磨損。

⑶導線線徑是否足夠，導線溫度是否過高等。

3.同步機繞組之測定

繞組電阻測量的目的，在得知同步機的參數，繪製等效電路。同步電機定子的三相繞組，為提高線路電壓，通常使用Y接線，一般而言，定子出線標示為U、V、W，測量時可用惠斯登電橋、凱爾文電橋、微電阻計或直流電壓降法測定，圖4–2所示，當繞組加入直流電壓V時，由電流表讀值I，可得U、V兩繞組之電阻和，即

$$R_{UV}=\frac{V}{I}=R_U+R_V \tag{4–1}$$

式中R_{UV}表示U、V兩相之電阻和，R_U、R_V分別表示U相與V相之電阻，同理

$$R_{VW}=R_V+R_W \tag{4–2}$$

$$R_{WU}=R_W+R_U \tag{4–3}$$

式中R_{VW}，R_{WU}分別表示V、W及W、U兩相之電阻和；R_W，R_U則分別表示W及U相之繞組電阻。

圖4–2　同步電機定子繞組測定

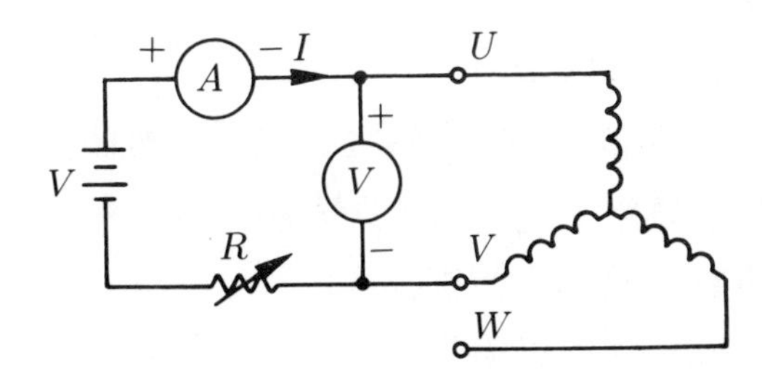

解(4–1)至(4–3)之聯立方程式，可求得各繞組電阻值分別為

$$R_U=\frac{1}{2}(R_{UV}+R_{WU}-R_{VW}) \tag{4–4}$$

$$R_V = \frac{1}{2}(R_{UV} + R_{VW} - R_{WU}) \tag{4–5}$$

$$R_W = \frac{1}{2}(R_{VW} + R_{WU} - R_{UV}) \tag{4–6}$$

在實際應用上，R_U、R_V、R_W 應相當接近，若差異過大，則表示繞組有不正常現象。當測量值 $R_{UV} = R_{VW} = R_{WU}$，則各相之電阻即 $R_U = R_V = R_W = \frac{1}{2}R_{UV}$。

此外，由繞組電值隨溫度之變化而改變，故須配合同步機不同等級之絕緣作適當修正，若使用 A、B 及 E 類絕緣之同步機，其值應按 75℃修正。使用 F 及 H 類絕緣，則應修正於 115℃，修正之方式爲

$$R_{t'} = R_t\left(\frac{234.5 + t'}{234.5 + t}\right) \tag{4–7}$$

此處 R_t：在 t℃時測得之繞組電阻值。

$R_{t'}$：配合同步機絕緣修正之電阻值。

再者，因同步機使用於交流電路，集膚效應使交流電阻較直流電阻爲高，故以直流電壓降法測得的電阻需換算如下：

$$R_{\text{AC}} = K \cdot R_{\text{DC}}$$

其中 R_{AC} 表交流電阻值。

R_{DC} 表直流電阻值。

K 表比例係數（1.1～2之間，一般使用1.5）。

轉子繞組電阻，測定之方法，與定子類似，惟因該繞組使用於直流電路故無集膚效應存在。

4.同步機絕緣電阻之測定

測定絕緣電阻的方法，可利用電晶式或手搖式高阻計測量，其方法可參閱第二單元實驗一，測量點則應包含：

(1)定子繞組與轉子繞組間

將定子U、V、W 短路，並接於高阻計之L端，轉子J、K短路接於高阻計之E，同步機外殼則接於G端。

⑵定子繞組與外殼間

將三定子繞組出線端短路，接於高阻計L端，外殼接於E端，轉子繞組短路則接於G端。

⑶轉子繞組與外殼間

將轉子繞組出線端短路，接於高阻計L端，外殼接於E端，定子繞組短路則接於G端。

5.同步電動機之啓動

同步電動機於三相交流電源加至定子繞組時，定子磁場將立即以同步速度$n_s = 120\ f/P$旋轉，而轉子處於靜止狀態，因慣性之原因無法馬上以同步速度旋轉，而造成平均轉矩爲零的現象，故同步電動機無自行啓動之能力。

爲解決此問題，同步電動機之啓動可利用下列數種方法:

⑴轉子加阻尼繞阻

如前節所述，轉子表面加裝阻尼繞組並加以短路後，其作用與感應電動機相同，當定子加入電源時，轉子將旋轉至同步轉速附近，此時再將直流電源加至轉子繞組線圈，而使轉子磁場自行調整爲同步，而形成電磁轉矩，當轉子速度未接近同步轉速時，轉子繞組因與旋轉磁場切割，將感應另一交流電壓，若轉子繞組之絕緣不佳，則可能破壞絕緣，故啓動時，應將轉子以電阻短路，當轉子速度接近同步時，再將轉子繞組開路並通以直流電源，然後調整磁場電流，使定子電流爲最低而完成啓動。

⑵直流電動機驅動

本方法係以直流電動機與同步電動機以機械方式藕合後，加直流電源於直流機並調整其轉速近似於同步後，再交流電源加至同步電動機的轉子繞組，當旋轉磁場產生後，轉子繞組通以直流電源，而使同步機達到同步轉速。

此方式由於控制電路之設計上較爲複雜，且加裝一台直流電動機，使成本增加，故實際上較少使用。

⑶感應電動機驅動

本方法之原理與⑵類似，以感應電動機代替直流電動機，爲考慮感應機的轉速能達到同步機之同步轉速，應使用至少比同步機少一對磁場的小型感應電動機。

以上所述三種方法，顯然地，以加裝阻尼繞組較爲簡便，故本實驗中，將利用此方式完成此同步電動機之啓動。

Ⅲ. 儀器設備

名　　稱	規　　格	數　量	備　　註
三相同步電動機	3ϕ 220V 3HP	1	
三用電表		1	
惠斯登電橋		1	依設備而定
凱爾文電橋		1	
微電阻表		1	
直流電壓表	0 – 30V	1	
直流電壓表	0 – 300V	1	
直流電流表	0 – 5A	1	
交流電壓表	0 – 300V	1	
交流電流表	0 – 10A	1	
轉速發電機	3000rpm	1	
轉速計	3000rpm	1	
閘刀開關	雙投 2P 20A	1	
可變電阻器	0 – 100Ω 5A	1	

Ⅳ. 實驗步驟

1.做同步機之點檢時，以三用表測量定子與轉子繞組是否短路或斷路，並抄錄銘牌上之各項數值。

2.以手動方式轉動轉子，觀察轉動時是否平滑，有無雜音並檢查電刷與滑環的狀態後記錄於表中。

3.測量繞組電阻時，首先應依繞組之接線法，如圖 4–2 及圖 4–3 之接線，調整可變電阻 R，待電流表、電壓表指針穩定後，再分別記錄電流 (A) 及電壓 (V) 之讀值，並利用歐姆定律計算其繞組電阻值。

4.重複 3 之步驟，並設定不同之電流值，以求繞組之平均值後，再依同步機繞組絕緣之種類，修正爲溫度 75℃或 115℃之電阻值並記錄於表內。

5.做絕緣電阻測定時，應依繞組之接線法，選擇適當之項目，加以測試，其中包括定子繞組與轉子繞組間，定子繞組與外殼間，轉子繞組與外殼間。

6.做同步電動機啓動時，如圖 4–4 之接線，電動機不加裝任何負載。

7.啓動前，先將雙投閘刀開關切換至 1 位置，使電動機之激磁繞組經可變電阻 R 後短路。

8.將三相交流電源加入，電動機啓動，此時電樞電流 I_a 可能大於額定值，數秒後待速度達穩定時，記錄電壓、電樞電流及轉速。

9.將開關 S 切換至 2 位置，使電動機達同步轉速，並調整 I_f 值，使電樞電流 I_a 爲最小後，記錄電流 I_a、I_f 與轉速。

V. 注意事項

1.啓動前，開關 S 務必切換至 1 位置，以免轉子繞組之絕緣遭破壞。

2.由於啓動電流較大，必要時，可將交流電流表於啓動前先行短路，待轉速穩定後，再拆除短路導線讀取電流值。

圖 4–3　同步機轉子繞組電阻測定

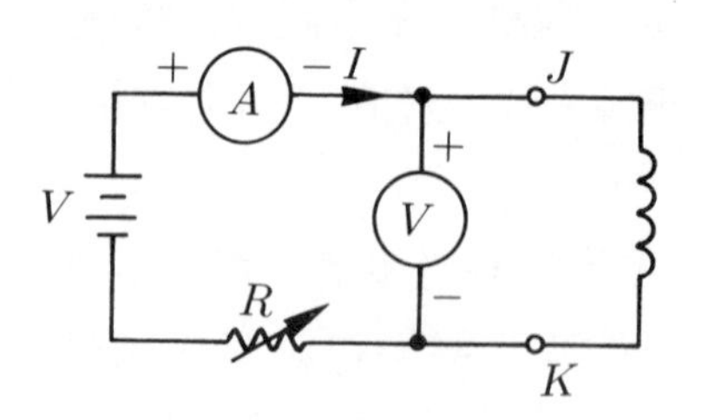

圖 4–4　同步電動機啓動實驗接線圖

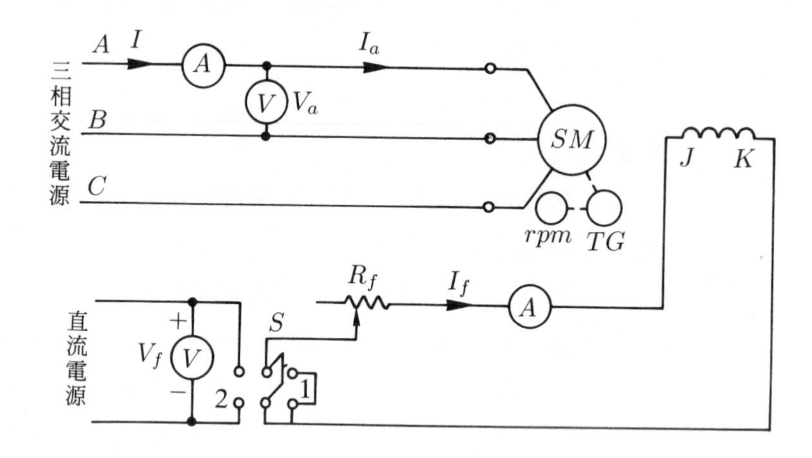

VI. 實驗結果

1.銘牌

額定容量	額定電壓	額定電流	相數	級數	頻率	轉　速	功率因數	絕緣等級
HP	V	A		P	Hz	rpm		

2.點檢

定子繞組	轉子繞組	轉子狀態	滑環狀態	電刷狀態	其　他

3.繞組電阻

(1)定子繞組

次數	$U-V$ 間			$V-W$ 間			$W-U$ 間			計算值			修正值			平均值		
	V	I	R_{UV}	V	I	R_{VW}	V	I	R_{WU}	R_U	R_V	R_W	R_U	R_V	R_W	R_U	R_V	R_W
1																		
2																		
3																		
4																		

(2)轉子繞組

次數	V	I	R	修正值	平均值
1					
2					
3					
4					

4.絕緣電阻

定子繞組與轉子繞組間 MΩ	
定子繞組與外殼間 MΩ	
轉子繞組與外殼間 MΩ	

5.啓動實驗

啓動時（直流電源未加入）			啓動時完成後（直流電源已加入）				
V_a	I_a	轉速	V_a	I_a	V_f	I_f	轉速
V	A	rpm	V	A	A	A	rpm

VII. 問題與討論

1.說明交流同步電機與感應電動機的差異。

3.轉子繞組電阻測定後,是否需配合集膚效應加以修正?試說明其原因。

4.凸極型與圓極型同步交流機，構造上有何差異?適用於何種運轉條件。

5.交流電機電樞電流的頻率和磁場轉速有何關係?

6.交流同步電機阻尼繞組的構造如何?具有何種功能?

7.交流同步電機的電刷結構及材質與直流電機的電刷，有何差異，試說明之。

8.說明交流電阻大於直流電阻的原因。

實驗二　三相同步發電機之無載與短路實驗

No-load and short-circuit test of three-phase synchronous generators

I. 實驗目的

1.瞭解同步發電機各相參數之意義及其測定方法。
2.利用無載實驗測定同步發電機之無載損失。
3.利用短路實驗測定同步發電機之短路損失。
4.計算同步發電機的同步阻抗並繪出其等效電路。

II. 原理說明

同步發電機之構造，如實驗一所述，定子類似三相感應機之定子繞組，轉子繞組則加入直流電源，構成磁場回路。圖 4–5 為其每相之等效電路，其中 E_f 表示感應電動勢，x_ϕ 為考慮電樞反應時之等效電抗，x_l 則為漏電抗，r_a 為定子繞組電阻，I_a 為電樞電流，V_t 為發電機每相之電壓，x_s 為同步電抗，且 $x_s = x_\phi + x_l$，而 $z_s = r_a + jx_s$ 謂之同步電抗。

圖 4–5　同步發電機之每相等效電路

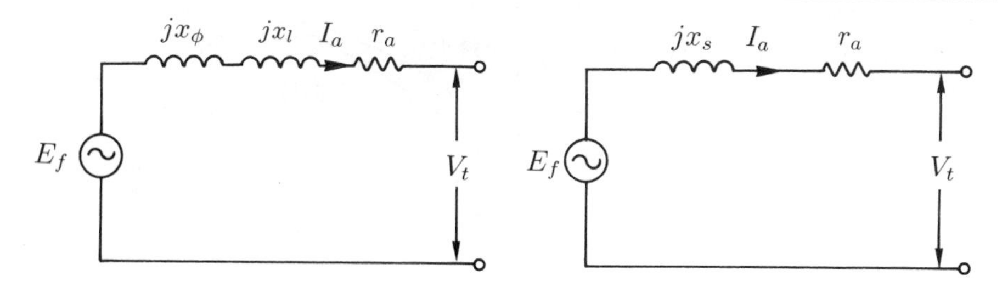

1.無載實驗

同步發電機之無載試驗，係指發電機之電樞不加入任何負載，轉子則以原動機帶動於同步轉速下運轉後，再將轉子繞組加入直流電產生磁場，而使電樞產生電壓 E_f，而此電壓的大小可表示為

$$E_f = 4.44 K_w N f \phi \qquad (4\text{–}8)$$

上式中，K_w 為定子繞組的繞組因數，f 為電壓 E_f 之頻率，N 為轉子轉速，ϕ 為轉子磁通量；由電磁理論知，鐵心磁通量與激磁電流之關係如圖 4–6 所示，磁通量隨激磁電流之增加而增加，惟激磁電流增加至某種程度後，將產生磁通量飽和之現象。換言之，當同步發電機之轉速一定時，感應電勢 E_f 與激磁電流之關係與圖 4–6 相似。

由此圖可看出，當激磁電流激由零漸增時，磁通量亦隨之增加，而感應電壓 E_f 也將增加，當電流增加至磁通飽和時，若緩慢地降低激磁電流，則磁通降低，感應電壓亦降低。值得注意是上升曲線與下降曲線不同，而形成磁滯現象，此種差異之大小隨鐵心之種類而不同。

圖 4–6　鐵心磁通量與激磁電流之關係

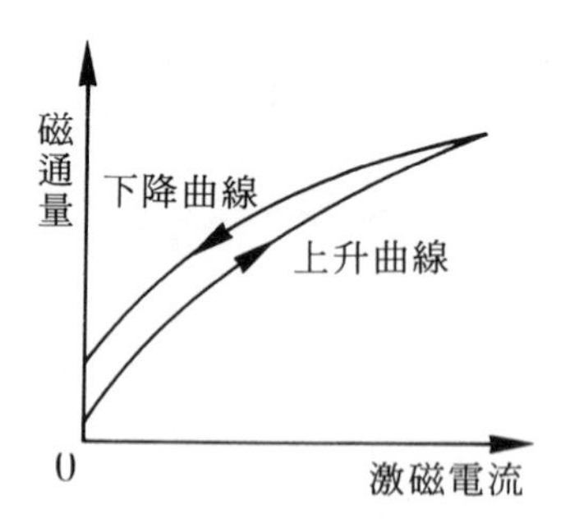

2.短路實驗

三相同步發電機短路實驗，係將定子繞組加以短路，轉子以同

步速度轉動，轉子繞組則加入適當的激磁電流，使電樞電流達額定值爲止；由於定子電樞短路之故，線路阻抗極低，故與感應電動機之堵住實驗類似，短路時之激磁電流必小於無載實驗之激磁電流。

圖 4–7 表示同步發電機之無載與短路特性曲線，OCC (Open Circuit Characteristic) 代表無載特性，SCC (Short Circuit Characteristic) 則代表短路特性，由此圖可知 OCC 具有飽和之現象，SCC 則爲一條直線。於短路時，激磁電流 I_f，產生額定短路 I_a 及感應電動勢 $E_{\rm ag}$，故同步發電機之阻抗 Z_{ag} 爲

$$Z_{\rm ag} = \frac{E_{\rm ag}}{I_a} \tag{4–9}$$

此阻抗因發生於磁路之非飽和區域，故謂之未飽和同步阻抗。再者，於無載實驗時，激磁電流 I_f' 時，產生感應電動勢 E 與短路電流 I_a'，故此時之阻抗 Z_s 可表示爲

$$Z_s = \frac{E}{I_a'} \tag{4–10}$$

同理，此阻抗因發生於磁路之飽和區域，故稱爲飽和同步阻抗。此外，於同步發電機的應用上，短路比 (Short Circuit Ration,SCR) 亦常被提及，其定義爲無載實驗時產生額定感應電壓所需之激磁電流與短路實驗時產生額定電樞電流所需之激磁電流的比值，換言之，

圖 4–7　同步發電機之無載與短路特性曲線

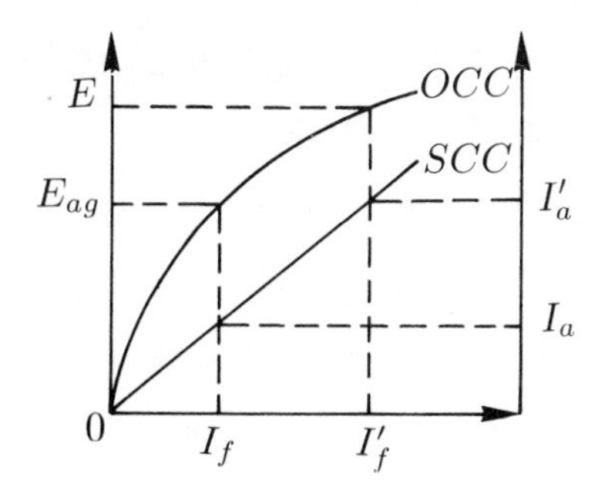

$$短路比(SCR)=\frac{I'_f}{I_f} \tag{4-11}$$

通常水輪發電機之短路比約爲0.9～1.2，而汽輪機則約在0.6～1.0之間。

Ⅲ. 儀器設備

名　稱	規　格	數　量	備　註
三相同步發電機	3ϕ 220V 2KW	1	
直流電動機	160V 2KW	1	
直流電壓表	0－300V	2	
直流電流表	0－5A	2	
直流電流表	0－10A	1	
交流電壓表	0－300V	1	
交流電流表	0－10A	3	
轉速發電機	3000rpm	1	
轉速計	3000rpm	1	
無熔絲開關(NFB)	2P 30A	2	
無熔絲開關(NFB)	3P 30A	1	
可變電阻器	100Ω 2A	2	
可變電阻器	10Ω 20A	1	

Ⅳ. 實驗步驟

1.做無載實驗時依圖4–8接線，將開關S_1，S_2開路。

2.將直流電動機的電樞上電阻R_a調至最大值，投入開關S_1，調整R_m使激磁電流爲額定。

3.逐漸降低電阻R_a之值，以啓動直流電動機，並使同步發電機於實驗中維持一定轉速後記錄轉速及$I_f=0$之剩磁電壓。

4.投入開關S_2，並調整發電機之激磁電阻R_f，使磁場電流由零漸增，並逐一記錄對應I_f之感應電壓E，直至感應電動勢爲額定值之1.1倍止。

圖 4–8　三相同步發電機之無載實驗

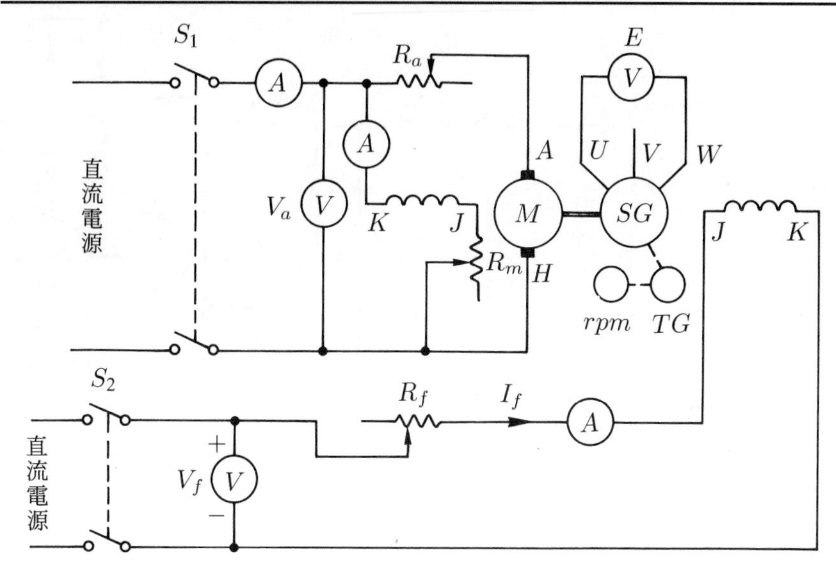

5.逐漸降低激磁電流，並逐次記錄對應之 I_f 與 E 值，至 I_f 為零止。

6.調整 R_a 至最大，降低直流電動機轉速，並切離電源。

7.繪出激磁電流 I_f 與感應電壓 E 之關係曲線圖。

8.短路實驗時，依圖 4–9 接線，並將開關 S_1，S_2 開路。

9.重複第 2、第 3 兩步驟，使同步發電機於定速下運轉。

10.調整發電機之激磁電阻 R_f 至最大，投入開關 S_2，使磁場電流由零漸增並逐一記錄對應 I_f 之短路電流 I_{a1}、I_{a2}、I_{a3}，直至短路電流達額定值之 1.1 倍止。

11.調整 R_a 至最大，降低直流電動機轉速，並切離電源。

12.計算發電機之飽和、未飽和電抗、SCR 值。

圖 4–9　三相同步發電機之短路實驗

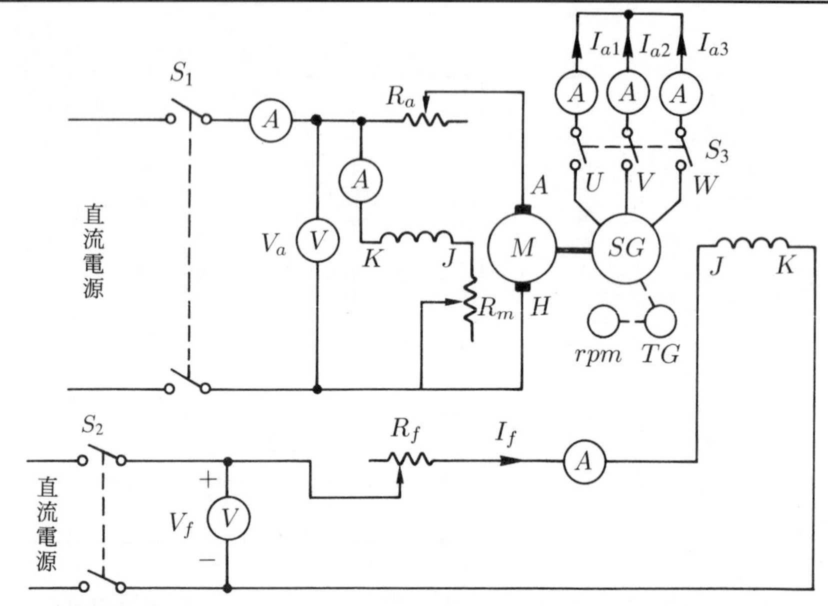

V. 注意事項

1.無載實驗加入激磁電流產生之磁場，其方向應與原剩磁方向相同；若有所不同時，可將同步發電機激磁線圈之兩端對調。

2.無載實驗調整激磁電流，由零增加時，應逐漸變大，不可忽大忽小，由最大值至零時，應逐漸減少，亦不可忽大忽小，否則將影響實驗之正確性。

VI. 實驗結果

1.無載實驗

轉子轉速:　　　　　　rpm

次　數		1	2	3	4	5	6	7	8	9
上升曲線	I_f									
	E									
下降曲線	I_f									
	E									

2.短路實驗

轉子轉速:　　　　　rpm

次　數	1	2	3	4	5	6	7	8	9
I_f									
I_{a1}									
I_{a2}									
I_{a3}									
I_a									

註: $I_a = \dfrac{I_{a1} + I_{a2} + I_{a3}}{3}$

3.特性計算

無載實驗			短路實驗			Z_{ag}	Z_s	SCR
I'_f	E	E_{ag}	I_f	I_a	I'_a			

註: I'_f: 無載實驗時, 產生額定線電壓之激磁電流。

E: 無載實驗時, 同步發電機之額定線電壓。

I_f: 短路實驗時, 產生額定線電流之激磁電流。

I_a: 短路實驗時, 同步發電機之額定線電流。

E_{ag}: 無載實驗時, 相對於激磁電流 I_f, 同步發電機所產生之線電壓。

I'_a: 短路實驗時, 相對於激磁電流 I'_f, 同步發電機所產生之線電流。

$Z_{ag} = \dfrac{E_{ag}}{\sqrt{3}I_a}$, $Z_s = \dfrac{E}{\sqrt{3}I'_a}$, $\text{SCR} = \dfrac{I'_f}{I_f}$

VII. 問題與討論

1.說明交流同步發電機無載及短路實驗的目的。

2.根據實驗的數據, 繪出無載實驗時, $E - I_f$ 曲線圖。

3.比較交流同步發電機與直流發電機的感應電壓—激磁電流特性曲線圖, 說明兩者間的差異。

4.根據實驗的數據, 繪出 OCC 及 SCC 曲線並計算飽和及非飽和阻抗值。

5.短路比的意義為何?與交流電機的同步電抗又有何關係?

6.電樞反應較大時,交流電機短路比愈大或愈小?試說明之。

7.說明交流發電機SCC 曲線為一直線,OCC 線不為直線的原因。

8.如何測量同步發電機的同步電抗及電樞電阻?試說明之。

實驗三 三相同步發電機之負載特性實驗
Load characteristics test of three-phase synchronous generators

I. 實驗目的

1.瞭解並測定同步發電機之複合特性曲線。

2.瞭解並測定同步發電機之伏安特性曲線。

II. 原理說明

同步發電機之等效電路，如實驗二所述，重繪如圖 4–10，當發電機接上負載時，因負載功因之不同，感應電壓 E_f 與端電壓 V_t 之相量圖之關係如圖 4–11 所示。

圖 4–10 同步發電機每相之等效電路圖

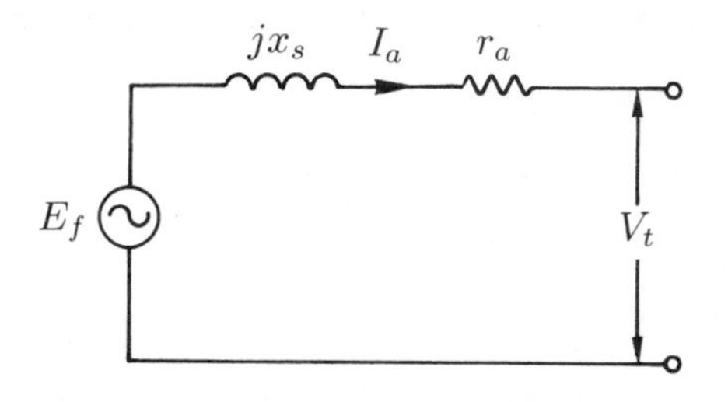

假設發電機之端電壓 V_t 保持不變，圖 4–11(a)表示負載功因爲滯後時，感應電壓 E_f 將大於端電壓 V_t，且負載電流愈大時，兩者之差距愈大，換言之，欲維持端電壓爲一定，則激磁電流必隨負載之增加而增加。圖 4–11(b)表示負載功因爲1 時，感應電壓 E_f 亦大於端電壓 V_t，但此電壓與圖 4–11(a)比較，吾人可發現，當兩者之負載電流相同時，功因爲 1時所需的感應電壓 E_f 較小。圖 4–11(c)表示負載

圖 4–11 同步發電機於不同負載下的相量圖

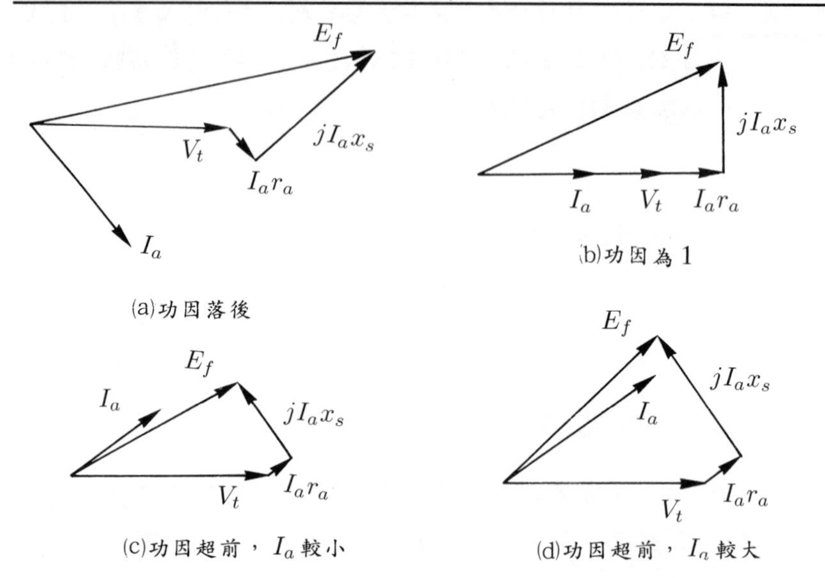

功因為超前時，感應電壓 E_f 將小於端電壓V_t，但負載電流較大時，則 E_f 又將大於 V_t，此關係如圖 4–11(d)所示，欲維持端電壓 V_t 為定值，當發電機負載電流較小時，則激磁電流需降低，但負載電流較高時，則激磁電流必須提高。

同步發電機的複合特性曲線是指發電機之負載功因固定時，若負載電流改變，欲維持額定端電壓所需激磁電流變化的特性圖。如前所述，複合曲線如圖 4–12 所示，橫座標為負載電流，縱座標為激磁電流，三條曲線分別表示功因 0.8 滯後，功因為 1 及功因 0.8 超前時之特性。

同步發電機的伏安特性曲線是指發電機之激磁電流為定值時，若負載電流改變，發電機端電變化的特性曲線，由於激磁電流為一定，故感應電壓 E_f 為固定，此狀況與複合特性曲線相反，茲說明如下:

1.當負載功因滯後時，端電壓小於感應電壓，且負載電流愈大時，兩者差距愈大。

2.當負載功因爲1時，端電壓亦小於感應電壓，惟兩者之差距較負載功因滯後者爲小。

3.當負載功因爲超前，且負載電流較小時，端電壓大於感應電壓，但負載電流大於額定時，則端電壓又小於感應電壓。

圖4–13即爲發電機之伏安特性曲線，此圖之橫座標爲負載電流，縱座標爲端電壓，三條曲線分別表示功因0.8 滯後，功因爲1及功因0.8 超前之特性。

圖4–12 同步發電機之複合特性曲線

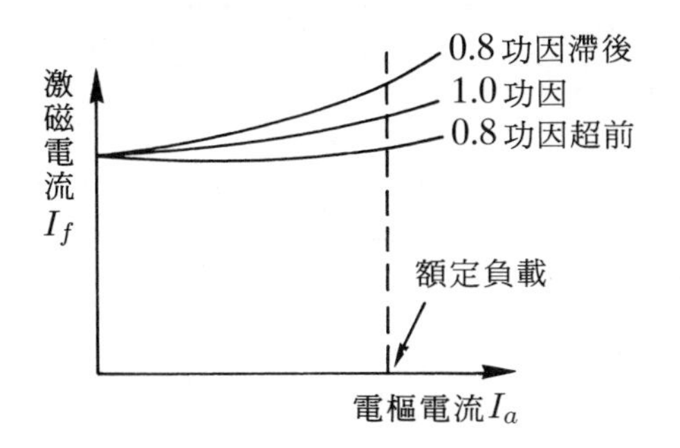

圖4–13 同步發電機之伏安特性曲線

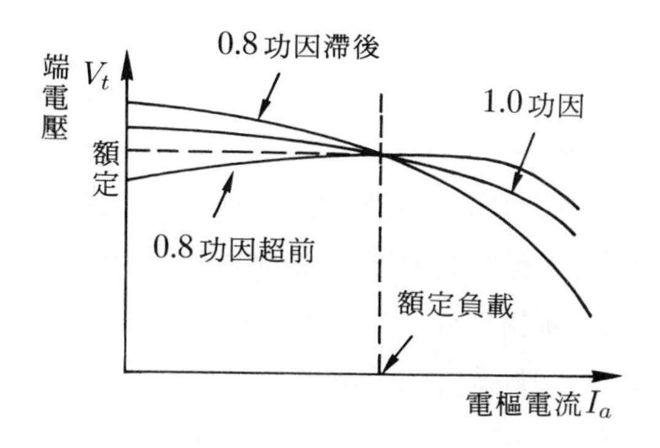

III. 儀器設備

名　　　稱	規　　　格	數　量	備　　　註
三相同步發電機	3ϕ 220V 2KW	1	
直流電動機	160V 2KW	1	
直流電壓表	0 – 300V	2	
直流電流表	0 – 5A	2	
直流電流表	0 – 10A	1	
交流電壓表	0 – 300V	1	
交流電流表	0 – 10A	3	
轉速發電機	3000rpm	1	
轉速計	3000rpm	1	
閘刀開關	2P 30A	2	
可變電阻器	100Ω 2A	2	
可變電阻器	10Ω 20A	1	
三相電阻箱	2KW 220V	1	
三相電容箱	2KVA 220V	1	
三相電感箱	2KVA 220V	1	
三相功因表	5A 220V	1	

IV. 實驗步驟

1.依圖 4–14 接線，並以電阻箱爲負載，將電阻值切換至最大。

2.將直流電動機電樞上之電阻 R_a 調至最大，並投入開關 S_1，調整激磁電流使電動機之激磁爲額定值。

3.逐漸調降 R_a 值，使電動機啓動，並達同步發電機之同步轉速。實驗中應維持固定轉速。

4.投入開關 S_2，並調整激磁電流，使端電壓爲額定值。

5.於複合特性實驗時，當調整電阻箱之負載改變電樞電流，應同時更改激磁電流，使端電壓保持額定值。

圖 4–14　三相同步發電機之負載特性實驗接線圖

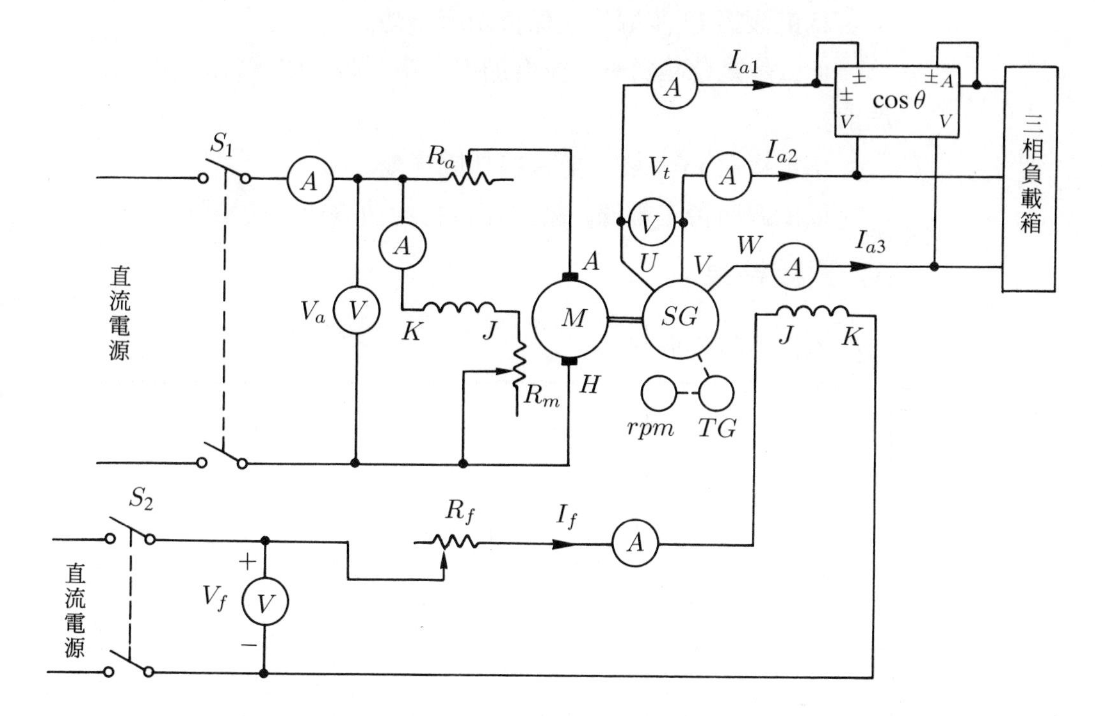

6.記錄各段負載之電流值及相對應之激磁電流值，直到負載電流由零增至額定之 1.1 倍止。

7.增加電感箱負載使負載功率因數爲 0.8 滯後。

8.重複第 6 步驟，並保持功因不變。

9.去除電感箱負載並增加電容箱負載，使負載功率因數爲 0.8 超前。

10.重複第 6 步驟，並保持功因不變。

11.於伏安特性曲線實驗時，應重複 1 ～ 3 步驟。

12.投入開關 S_2，調整激磁電流與負載電阻，使發電機於額定電流時之端電壓亦爲額定值。

13.調整電阻箱負載，並維持激磁電流爲定值，記錄各段負載電流與端電壓。

14.增加電感箱負載使負載功率因數爲 0.8 滯後。

15.重複第 13 步驟，並保持功因不變。

16.去除電感箱負載，並增加電容箱負載，使負載功率因數爲 0.8 超前。

17.重複第 13 步驟，並保持功因不變。

18.依據所得之數據，繪出複合特性曲線與伏安特性曲線。

V. 實驗結果

1.複合特性曲線

次數		1	2	3	4	5	6	7	8
0.8 pf 滯後	I_f								
	I_{a1}								
	I_{a2}								
	I_{a3}								
	I_a								
1.0 pf	I_f								
	I_{a1}								
	I_{a2}								
	I_{a3}								
	I_a								
0.8 pf 超前	I_f								
	I_{a1}								
	I_{a2}								
	I_{a3}								
	I_a								

2.伏安特性曲線

次數		1	2	3	4	5	6	7	8
0.8 pf 滯後	V_t								
	I_{a1}								
	I_{a2}								
	I_{a3}								
	I_a								
1.0 pf	V_t								
	I_{a1}								
	I_{a2}								
	I_{a3}								
	I_a								
0.8 pf 超前	V_t								
	I_{a1}								
	I_{a2}								
	I_{a3}								
	I_a								

註: $I_a = \dfrac{I_{a1} + I_{a2} + I_{a3}}{3}$

VI. 問題與討論

1.根據實驗之數據，繪出不同功率因數下的複合特性曲線。

2.說明三相同步發電機複合特性曲線與伏安特性曲線的意義。

3.根據實驗之數據，繪出不同功率因數下的伏安特性曲線。

4.當負載功率因數不同時，對交流發電機的端電壓及電壓調整率有何影響?

5.直流發電機的外部特性曲線與同步發電機的伏安特性曲線，有何相同與相異之處?試說明之。

6.直流發電機中，電樞效應吾人使用中間極繞組或補償繞組消除之，交流發電機則無此種繞組，試說明其原因。

7.當負載功率因數超前時，若負載增加，則端電壓不降反增，其原因爲何?試說明之。

實驗四　三相同步發電機之並聯運轉
Parallel operation of three-phase synchronous generators

Ⅰ. 實驗目的

1.瞭解同步發電機並聯之條件。
2.以同步燈練習同步發電機並聯之方法。
3.瞭解同步發電機並聯運轉時負載分擔的原理。
4.測定同步發電機並聯運轉時負載的分擔。

Ⅱ. 原理說明

1.同步機並聯條件

交流電壓之一般數學式可表示爲

$$v(t) = V_m \cos(\omega t + \phi) \tag{4-11}$$

其中 V_m、ω、ϕ 分別表示該交流電壓之大小、角頻率及相角。因此，考慮兩台同步發電機並聯或一台同步發電機與電力系統並聯時，下列條件應滿足:

⑴電壓之大小必須相同

如圖 4–15 所示，若兩並聯電壓大小不同時，則將產生循環電流 I_c，且

$$I_c = \frac{V_a - V_b}{Z_a + Z_b} \tag{4-12}$$

此電流將循環於二機之間，增加線路與機具之電阻損失。

圖 4–15　不同電壓之同步機並聯接線

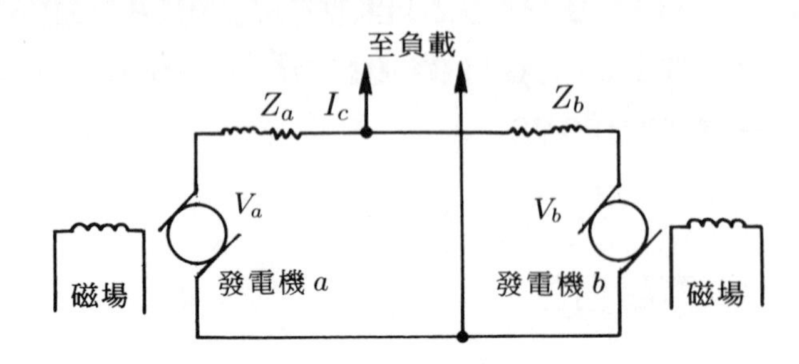

(2)頻率必須相同

若兩電壓 V_a、V_b 之頻率不同，並聯後兩者之電壓差為

$$V_a - V_b = V_m \cos(\omega_a + \phi) - V_m \cos(\omega_b + \phi)$$

$$= -2V_m \sin \frac{1}{2}(\omega_a + \omega_b + 2\phi) \sin \frac{1}{2}(\omega_a - \omega_b) \qquad (4\text{–}13)$$

此電壓差之圖形如圖4–16(a)所示，故兩機間亦產生極大之循環電流，而影響同步機之正常運轉。圖 4–16(b)表示兩單相發電機並聯時，以電燈測試兩者之頻率是否相同的方法，當頻率略有差異，將導致電燈時暗時亮；當兩者之頻率完全相同時，則電燈不亮，故吾人可利用此原理，檢測兩並聯電源整步之狀態。

圖 4–16　不同頻率之同步發電機並聯

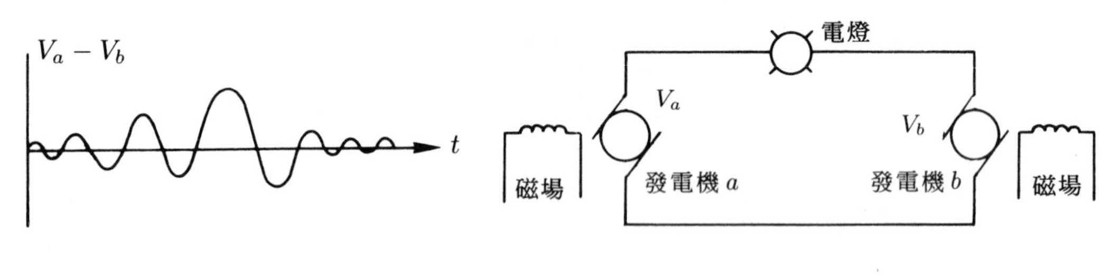

(a)電壓差波形　　(b)電燈測試

⑶相角必須相同

若兩電壓 V_a、V_b 之相角不同，則並聯後兩者之電壓差為

$$V_a - V_b = V_m\cos(\omega + \phi_a) - V_m\cos(\omega + \phi_b)$$
$$= -2V_m\sin(\omega + \phi_a + \phi_b)\sin\frac{1}{2}(\phi_a - \phi_b) \qquad (4\text{–}14)$$

且
$$I_c = \frac{V_a - V_b}{Z_a + Z_b} \qquad (4\text{–}15)$$

上式中，I_c 為兩機間之循環電流，Z_a、Z_b 則分別為兩機之同步阻抗；此電流為整步電流，當兩機並聯之瞬間，具有使兩機之感應電勢相位趨於一致之功能。在實際應用上，欲並聯至系統之同步發電機其相位可略領先，使新機一加入系統即可分擔部份負載，不致因而增加系統負載。

⑷相序必須相同

除前述之電壓大小、頻率、相角外，對三相系統而言，若相序不同，如圖 4–17 所示，$A - A'$ 雖完全相同，但 $B - B'$，$C - C'$ 卻相差 120°，仍將產生極大之循環電流。

圖 4–17　相序不同之同步機相量圖

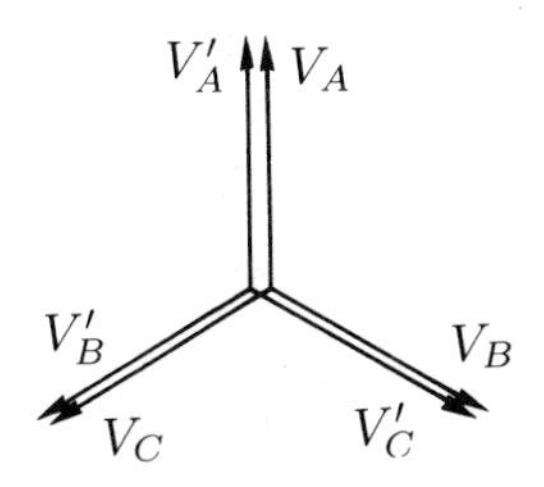

2.並聯運轉檢驗

三相同步發電機並聯運轉，可使用同步儀或同步燈檢視是否同步，茲以同步燈法說明如下:

圖 4–18 為同步暗燈法檢視同步之狀態，兩同相之間各接一只燈

泡，當兩機完全同步時，則三燈皆滅，故可加以並聯運轉，此方式之缺點爲兩機之電壓若差距較小時，燈泡仍然不亮，不易測試。

圖 4–18 同步暗燈法檢視發電機之同步狀態

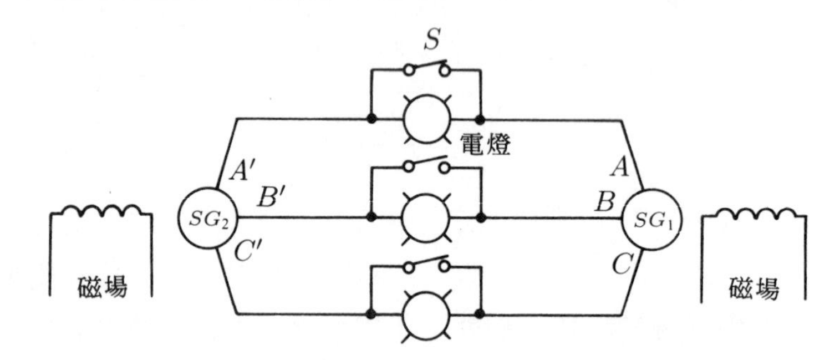

圖 4–19 爲同步明燈法檢視同步之狀態，燈泡接於異相間，當兩機同步時，則燈泡最亮，同理，當兩機電壓稍有差異時亦不易檢出。

圖 4–19 同步明燈法檢視發電機之同步狀態

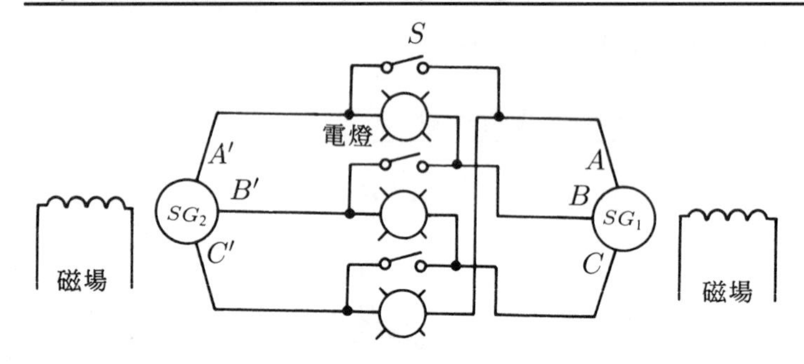

圖 4–20 所示，爲最常用的二明一滅法，三只同步燈之作用如表 4–1 所示，當二燈最亮一燈熄滅時爲同步狀態，兩機可並聯運轉。

圖 4-20　同步燈二明一滅法檢視發電機之同步狀態

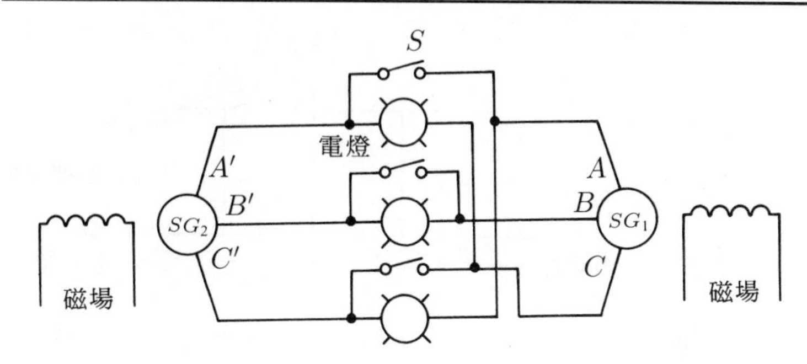

表 4-1　二明一滅法檢視同步狀態表

情　況	相　序	頻　率	電壓大小	相　位	現　　象
1	相同	一致	相等	一致	二明一滅
2	相同	一致	稍異	稍異	二明一暗
3	相同	稍異	相等	不定	三燈輪流明滅
4	相同	稍異	稍異	不定	三燈輪流明暗
5	不同	一致	相等	一致	三燈皆滅
6	不同	一致	稍異	稍異	三燈皆暗

3.並聯時負載之分擔

當一台同步發電機與電力系統並聯時，因系統極大，故該發電機對系統之影響可忽略，而發電機提供系統者可區分爲實功率與虛功率兩部份。圖 4–21 表示一台發電機與電力系統並聯時，頻率—實功率關係圖，左邊之直線爲電力系統，右邊之斜線爲發電機之特性，因它們的輸出導體緊接在一起，故兩者之頻率應相同，假設發電機原輸出之實功率爲 P_{g1}，當發電機之原動機輸入增加時，其特性曲線上升，故輸出功率增爲 P_{g2}。而系統輸出之功率則由 P 降爲 P_{s2}，且 $P_{g2}-P_{g1}=P_{s1}-P_{s2}$。

圖 4–21　一台發電機與電力系統並聯之實功率分配圖

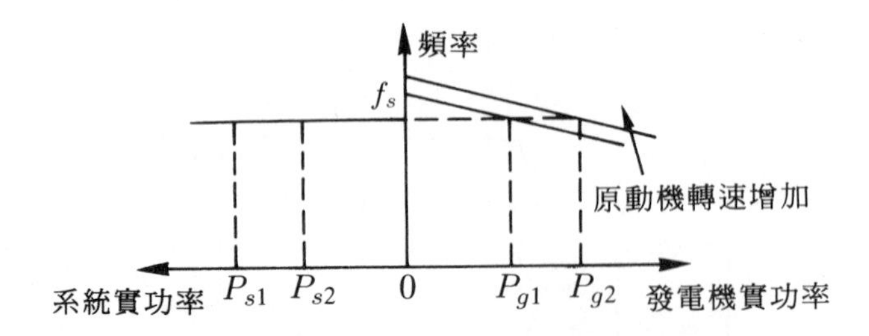

圖 4–22 則表示端電壓與虛功率之關係圖，橫軸表示輸出之虛功率，縱軸則為系統之端電壓，當發電機之激磁電流增加時，發電機輸出虛功率由 Q_{g1} 增至 Q_{g2}，由系統提供之虛功率則由 Q_{s1} 減至 Q_{s2}，且 $Q_{g2}-Q_{g1}=Q_{s1}-Q_{s2}$。由上述之結果可知，若改變發電機的原動機輸入功率與激磁電流大小，則系統與發電機的頻率與端電壓皆不變，但實功率及虛功率的輸出則會重新分配。

圖 4–22　一台發電機與電力系統並聯之虛功率分配圖

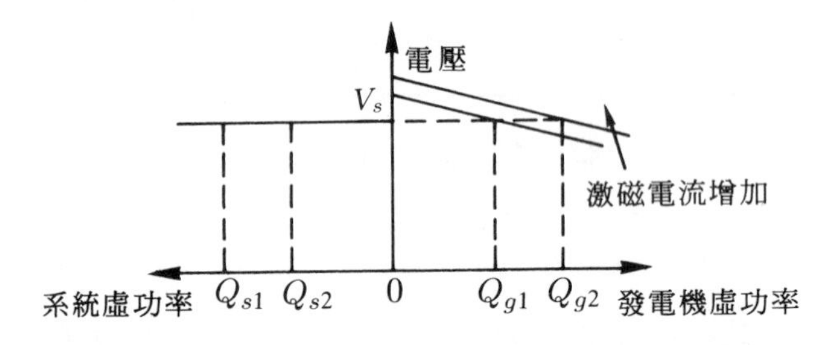

再者，當二台發電機並聯時，其狀況與前述類似，圖 4–23 表示其實功率分配圖，假設兩發電機提供之功率分別為 P_{a1}、P_{b1} 且頻率為 f_1，當發電機 a 之原動機輸入增加時，兩發電機之功率分別為 P_{a2}、P_{b2}，而頻率變為 f_2，且 $P_{a1}+P_{b1}=P_{a2}+P_{b2}$，$f_2>f_1$。圖 4–24 表示其虛功率分配圖，當發電機 a 之激磁電流增加，則輸出虛功率由 Q_{a1}、Q_{b1} 改變為 Q_{a2}、Q_{b2}，電壓由 V_1 增至 V_2，且 $Q_{a1}+Q_{b1}=Q_{a2}+Q_{b2}$ 且 $V_2>V_1$。

圖 4–23　兩台發電機並聯之實功率分配圖

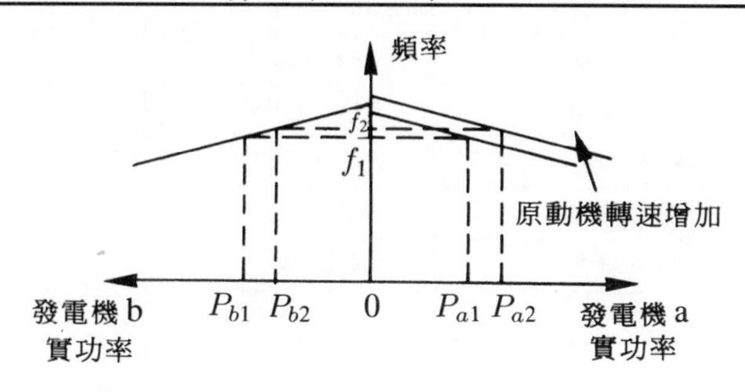

圖 4–24　兩台發電機並聯之虛功率分配圖

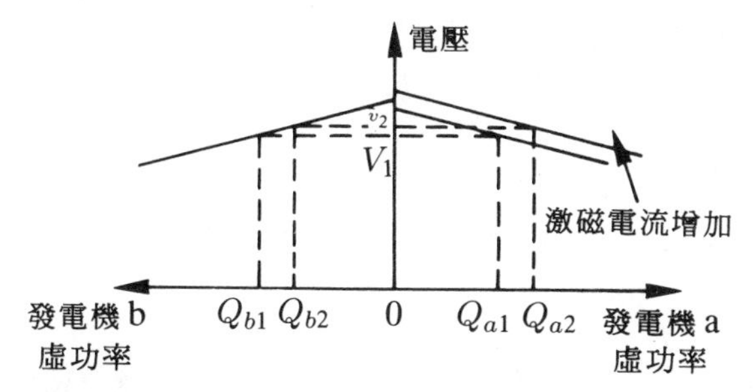

III. 儀器設備

名　稱	規　格	數　量	備　註
三相同步發電機	3ϕ 220V 2KW	1	
直流電動機	160V 3HP	1	
直流電壓表	0 – 300V	2	
直流電流表	0 – 5A	2	
直流電流表	0 – 10A	1	
交流電壓表	0 – 300V	1	
交流電流表	0 – 10A	3	
轉速發電機	3000rpm	1	
轉速計	3000rpm	1	
無熔絲開關 (NFB)	2P 30A	2	
無熔絲開關 (NFB)	3P 30A	1	

可變電阻器	100Ω 2A	2	
可變電阻器	10Ω 20A	1	
三相電阻箱	2KW 220V	1	
三相電容箱	2KVA 220V	1	
三相電感箱	2KVA 220V	1	
三相功因表	5A 220V	3	
頻率表	5 – 220V	1	
指示燈	220V	3	

Ⅳ. 實驗步驟

1.依圖 4–25 接線，並以電阻箱與電感箱為負載，且將阻抗值調至最大。

2.參考實驗三中第 2 ～第 3 步驟，啓動直流電動機，並將速度調至同步轉速附近。

3.調整同步發電機的激磁電流，使發電機電壓 V_t 與系統電壓 V_s 一致。

4.配合表 4–1，觀察三只同步燈的狀態，並適當調整轉速與激磁，使同步燈得以二明一滅達到同步，並隨時記錄調整時的端電壓、頻率及轉速等。

5.確定同步機與系統同步後，立即將開關 S_3 投入即完成並聯操作。

6.調整負載箱之電阻與電感值，使發電機電流約為額定值之半，且功因約為 0.7。

7.逐次改變同步發電機之轉速，同時觀察發電機及系統與負載電壓、電流、功因的變化並加以記錄，使發電機之電流可由最低值變化至最調值止。

8.將轉速調整為第 6 步驟之值，逐次改變發電機激磁電流，並記錄發電機及系統負載的電壓、電流、功因值，使發電機之電流可由最低值變化至最高值止。

9.去除電感箱，改爲電容箱，並重複第6～第8步驟。

10.計算發電機系統與負載於不同轉速與激磁電流下，實功率與虛功率之變化。

圖 4-25　三相同步發電機之並聯運轉接線圖

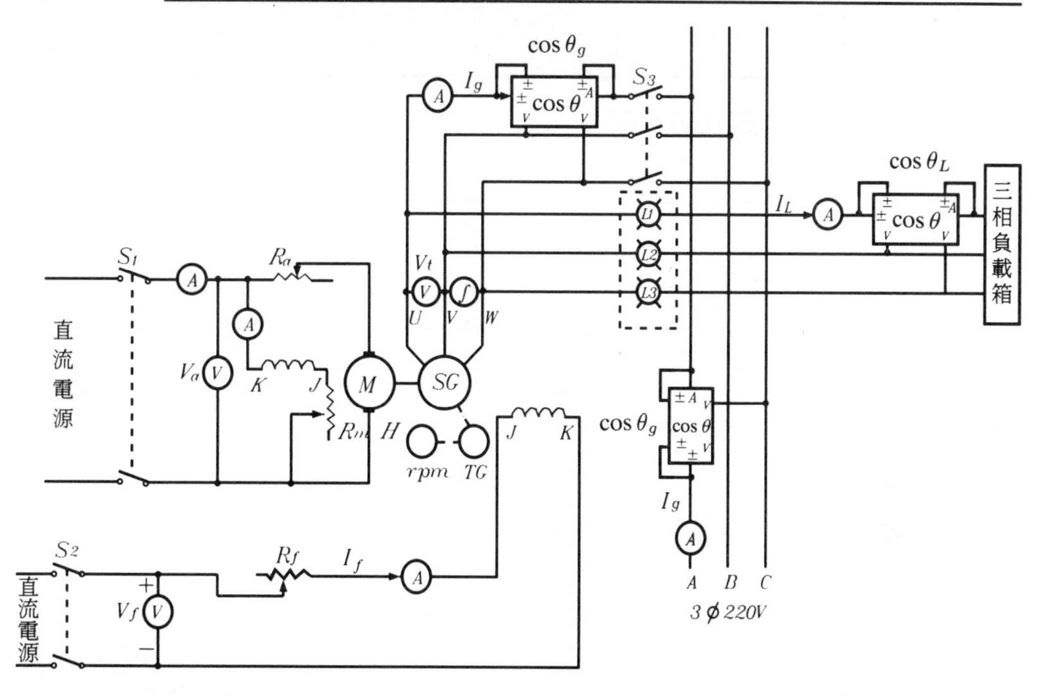

V. 注意事項

本實驗使用一台同步發電機與電力系統並聯，若教學設備充份時，亦可改用兩台同容量的同步發電機並聯運轉。

VI. 實驗結果

1.並聯運轉

同步燈狀態	V_t	f	rpm	備　　註

2.實功率分配

轉子轉速:　　　　rpm

次數		1	2	3	4	5	6	7	8
發電機	V_t								
	I_g								
	$\cos\theta_g$								
	P_g								
電源系統	V_t								
	I_s								
	$\cos\theta_s$								
	P_s								
負載	V_t								
	I_L								
	$\cos\theta_L$								
	P_L								

3.虛功率分配

轉子轉速: rpm

次 數		1	2	3	4	5	6	7	8
發電機	V_t								
	I_g								
	$\cos\theta_g$								
	Q_g								
電源系統	V_t								
	I_s								
	$\cos\theta_s$								
	Q_s								
負載	V_t								
	I_s								
	$\cos\theta_s$								
	Q_s								

註: $P_g=\sqrt{3}V_tI_g\cos\theta_g P_s=\sqrt{3}V_tI_s\cos\theta_s P_L=\sqrt{3}V_tI_L\cos\theta_L$

$Q_g=\sqrt{3}V_tI_g\sin\theta_g Q_s=\sqrt{3}V_tI_s\sin\theta_s Q_L=\sqrt{3}V_tI_L\sin\theta_L$

VII. 問題與討論

1.說明交流同步發電機並聯的條件。

2.說明交流發電機並聯至電力系統時，其電壓、頻率要稍高於系統的理由。

3.兩台交流同步發電機並聯時，若增加一台的激磁電流，則可改變虛功率的分配，試說明其理由。

4.同上題，若增加一台原動機的轉速，則可改變實功率的分配，試說明其理由。

5.說明二明一滅法判斷兩台同步發電機的同步狀態的方法。

6.兩台同步發電機並聯時，若相角稍有差異時，有何現象? 試說明之。

7.何謂無限匯流排？交流發電機與無限匯流排並聯時，應注意那些事項？試說明之。

8.使用同步燈測定並聯發電機的同步狀態時，同步燈的電壓規格應如何選定？

實驗五　三相同步電動機之負載特性實驗
load characteristics test of three-phase synchronous motors

I. 實驗目的

瞭解並測量同步電動機的激磁電流、負載電流與功率因數三者之關係。

II. 原理說明

同步電動機的構造與同步發電機相同，係將電源由定子側加入，於轉子產生轉矩，以驅動機械性負載的能量轉換設備，故負載大小與激磁電流多寡，將影響電動機之運轉特性；圖 4–26 爲其等效電路圖，電源 V_t 加入後，電動機於同步轉速運轉時，將產生電樞電流 I_a 及感應電勢 E_f；E_f 之大小受激磁電流 I_f 之影響，即 $E_f = 4.44fN\phi K_w$，若不考慮鐵心之飽和效應時，E_f 正比於 I_f。當端壓爲固定時，不同的激磁電流 I_f，將改變 V_t、E_f 與 I_a 之相量圖，茲分述如下：

圖 4–26　同步電動機每相等效電路圖

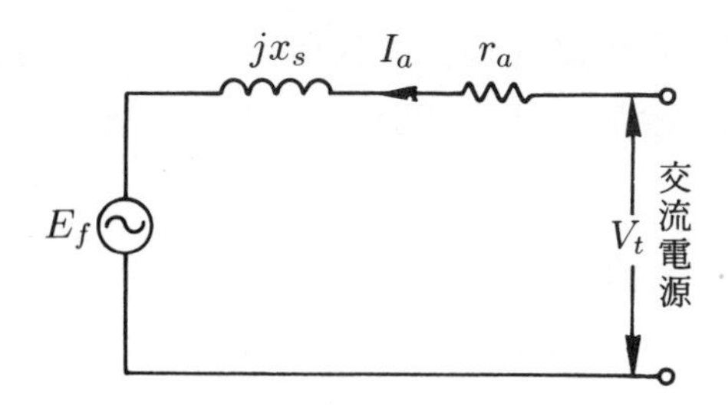

1.正常激磁 (Normal Excitation)

如圖 4–27 (a)所示，當激磁電流 I_f 之大小，恰使 V_t 與 E_f 大小相等時，謂之正常激磁，此時，電樞電流可能滯後或超前端電壓。

2.過激磁 (Over Excitation)

如圖 4–27 (b)所示，激磁電流較大，使得 E_f 之大小大於 V_t，電樞電流通常領先端電壓，故電動機具有提供虛功率，改善功率因數的作用。

3.欠激磁 (Under Excitation)

如圖 4–27 (c)所示，激磁電流較小，E_f 之絕對值小於 V_t，電樞電流落後端電壓，故電動機屬於電感性負載。

圖 4–27　同步電動機不同激磁之相量圖

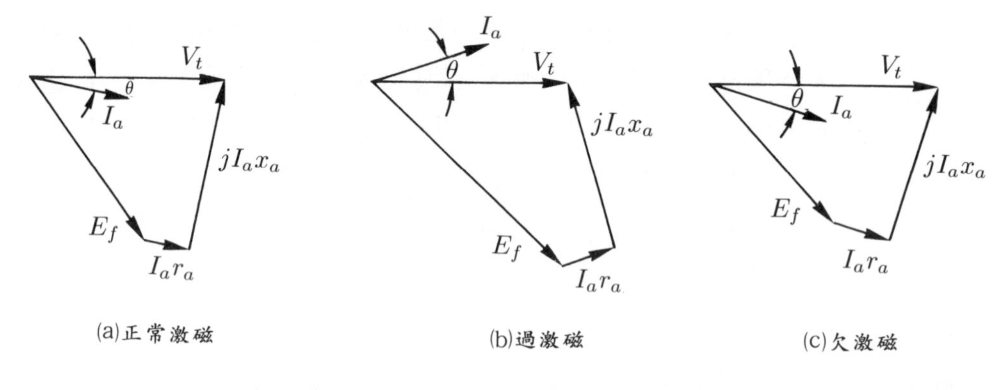

再者，當激磁電流固定不變時，電動機增加負載之效應爲:

1.於正常激磁時，比較圖 4–27(a)、4–28(a)可知負載增加將使電樞電流 I_a 增加，功率因數有愈落後之趨勢，負載增加愈大，則功率因數愈低。

2.於過激磁時，比較圖 4–27(b)、4–28(b)可得知負載增加時，電樞電流增加，而功率因數將更趨近於 1。

3.於欠激磁時，比較圖 4–27(c)、4–28(c)，當負載增加時，其效果與過激磁相同。

於本實驗中，爲測得電動機於負載下之各項特性，吾人以直流動力計測試之，其原理如第三單元實驗五所述。

令P_{in}：電動機定子輸入功率

V_t：定子輸入線電壓

I_1、I_2、I_3：定子輸入線電流

F：動力計彈簧秤之指示（公斤）

則電動機於負載實驗時之輸出、效率、轉矩、功率因數等，可經由下式求出:

定子平均電流：$I_a = (I_1 + I_2 + I_3)/3$　(4–16)

功率因數：$\cos\theta = \dfrac{P_{\text{in}}}{\sqrt{3}V_t I_a}$　(4–17)

轉矩：$T = 9.8FX$　(4–18)

輸出功率：$P_{\text{out}} = 1.026 n_s FX$

$$= 0.2656 n_s F \ (X = 0.25\text{m})$$　(4–19)

效率：$\eta = \dfrac{P_{\text{out}}}{P_{\text{in}}}$　(4–20)

圖 4–28　同步電動機負載電流增加的相量圖

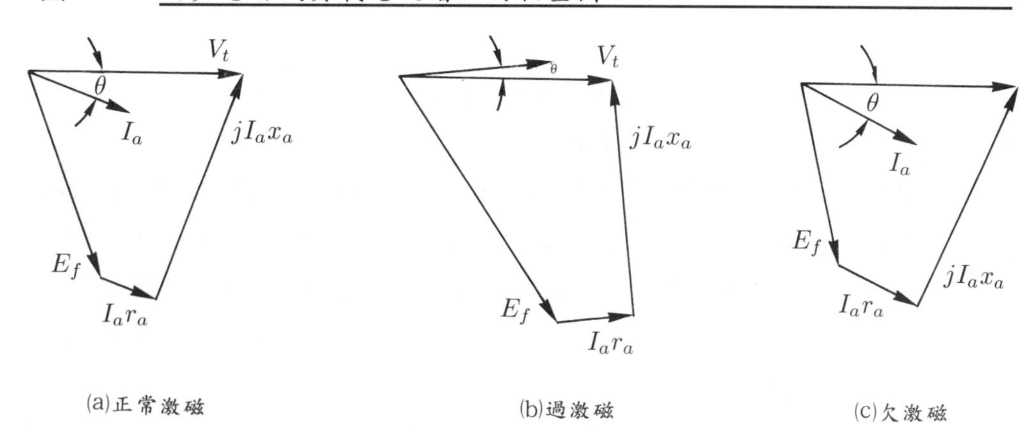

Ⅲ. 儀器設備

名　　稱	規　　格	數　量	備　　註
三相同步電動機	3ϕ 220V 3HP	1	
三相電壓調整器	5KVA 0 – 260V	1	
直流動力計付 動力計控制盤	160V 2KW 1800rpm	1	
直流電壓表	0 – 300V	2	
直流電流表	0 – 5A	2	
直流電流表	0 – 10A	1	
交流電壓表	0 – 300V	1	
交流電流表	0 – 10A	3	
單相瓦特表	120V/240V 0/5/10A	2	
轉速發電機	3000rpm	1	
轉速計	3000rpm	1	
無熔絲開關 (NFB)	2P 30A　雙投	2	
無熔絲開關 (NFB)	3P 30A	1	
可變電阻器	100Ω 2A	1	
電阻箱	2KW 220V	1	

Ⅳ. 實驗步驟

1.將同步電動機與直流動力計裝配完成，並依圖 4–29 接線，並將開關 S_1、S_2、S 開路。

2.電壓調整器之把手調至電壓最低位置，將開關 S_1 開路並加入電源。

3.調整電壓，並觀測電壓表，使電壓達電動機之額定值。

4.切離總電源，並將開關 S_1 投入，電流表及瓦特表之電流線圈以導線短路。

5.啓動同步電動機時，先將雙投閘刀開關 S_2 切換至 1 位置，使激磁繞組經可變電阻 R 後短路。

圖 4–29　同步電動機負載特性實驗接線圖

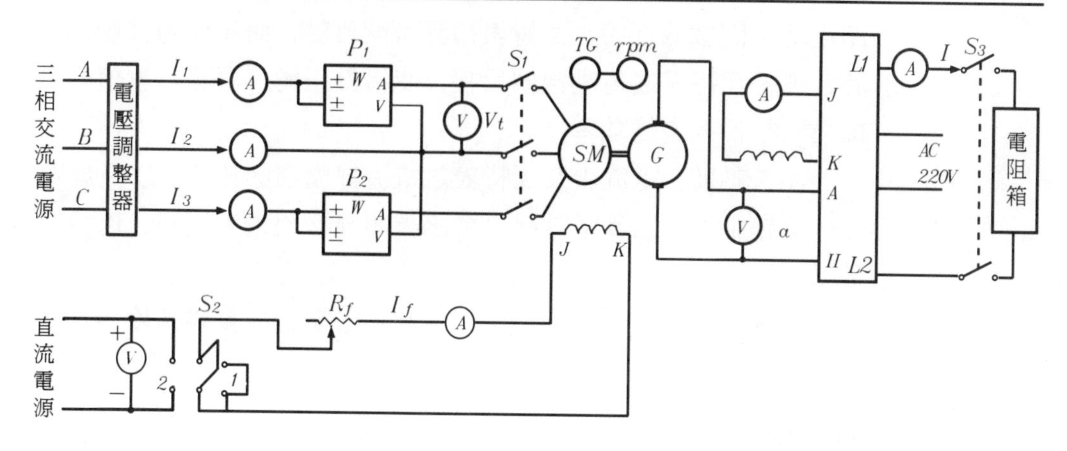

6.將三相交流電源加入，電動機啓動，待轉速穩定後，將 S_2 切換至 2 位置，並調整激磁電流 I_f 至額定值，是爲正常激磁條件，並記錄轉速，拆除短路導線。

7.投入開關 S_3，並逐漸增加負載至滿載，並記錄端電壓 V_t，電樞電流 I_1、 I_2、 I_3，功率 P_1、 P_2 及彈簧秤指示值 F 等。

8.將負載切離，並調整激磁電流爲額定值的 1.2 倍，重複第 6 步驟，可得過激磁資料。

9.將負載切離，並調整激磁電流爲額定值的 0.8 倍，重複第 6 步驟，可得欠激磁資料。

10.計算同步電動機之平均電樞電流、輸入功率、功率因數，轉矩及效率等。

V. 注意事項

1.瓦特表及電流表之額定值，必須配合負載的電流適當選用，以免燒毀電表或指針偏轉太小，造成誤差。

2.瓦特表及電流表之額定值，若遠小於負載的電流時，應加比流器 (CT) 以配合測定。

3.電動機消耗之總功率，爲二只單相瓦特表讀值之和，當電路之功率因數過低時，瓦特表指針可能反轉，而無法讀其數值，此時，應將瓦特表之電壓線圈反接，使指針正轉，再將二讀值相減，即爲三相消耗之總功率。

4.啓動前，電流表及瓦特表之電流線圈務必短路，以免燒毀。

5.啓動前，同步電動機之激磁繞組務必經電阻短路，以免絕緣破壞。

6.過激磁實驗時，因激磁電流超過額定，故實驗速度應加快，以免燒毀繞組。

VI. 實驗結果

1.負載特性

轉子轉速:　　　　rpm

次數		1	2	3	4	5	6	7	8
正常激磁 $I_f =$ 　A	V_t								
	I_1								
	I_2								
	I_3								
	P_1								
	P_2								
	F								
過激磁 $I_f =$ 　A	V_t								
	I_1								
	I_2								
	I_3								
	P_1								
	P_2								
	F								

次　　數		1	2	3	4	5	6	7	8
欠激磁 $I_f =$ 　A	V_t								
	I_1								
	I_2								
	I_3								
	P_1								
	P_2								
	F								

2.計算值

次　　數		1	2	3	4	5	6	7	8
正常激磁 $I_f =$ 　A	I_a								
	P_{in}								
	$\cos\theta$								
	T								
	P_{out}								
	η								
過激磁 $I_f =$ 　A	I_a								
	P_{in}								
	$\cos\theta$								
	T								
	P_{out}								
	η								
欠激磁 $I_f =$ 　A	I_a								
	P_{in}								
	$\cos\theta$								
	T								
	P_{out}								
	η								

註：$P_{in} = P_1 + P_2$

Ⅶ. 問題與討論

1.說明交流同步電動機正常激磁、過激磁與欠激磁之意義。

2.依據實驗數據，繪出同步電動機於額定負載時，正常激磁、過激磁及欠激磁之相量圖。

3.舉例說明同步電動機的用途。

4.以相量圖說明，同步電動機於負載不變時，若改變激磁電流大小，電動機電樞電流與功率因數的變化。

5.何謂阻尼繞組?同步電動機於啓動時，該繞組具有何種作用?

6.同步電動機於啓動期間，激磁繞組應如何處理?試說明其原因。

7.同步電動機的電源頻率若降低，其額定電壓應如何改變，試說明之。

實驗六　三相同步電動機之相位特性實驗
Phase characteristics test of three-phase synchronous motors

I. 實驗目的

1.瞭解同步電動機 V 型曲線及倒 V 型曲線的意義。
2.測量同步電動機於不同激磁電流下，電樞電流相位的變化。
3.瞭解同步調相機的意義。

II. 原理說明

同步電動機的等效電路已如實驗五中圖 4–26 所示，在實際應用上，因電樞電阻 r_a 遠小於同步電抗 x_s，圖 4–30(a)爲簡化後之等效電路，圖4–30(b)則表示電動機於某負載下，電樞電流爲 I_a 之相量圖，圖中 δ 爲感應電壓 E_f 與端電壓 v_t 之夾角，稱爲轉矩角。而 θ 爲 I_a 與 v_t 之夾角，是爲功因角。由電路理論，該電路之輸入功率 P 可寫成

$$P=\frac{V_tE_f}{x_s}\sin\delta$$

$$=V_tI_a\cos\theta \qquad (4-21)$$

當輸入端電壓 V_t 爲定值時，則 P 正比於 $E_f\sin\delta$ 或 $I_a\cos\theta$，換言之，若電動機損失忽略不計時，當負載一定時，而改變激磁電流 I_f 使 E_f 改變時，圖中 ab 及 cd 之大小不變。

當同步電動機之端電壓及負載保持不變，激磁電流 I_f 改變時，電樞電流之變化如圖 4–31 所示，當激磁電流使感應電壓爲 E_{f2} 時，功率因數爲 1，電樞電流 I_{a2} 最小；若增加激磁電流使感應電壓爲

圖 4–30 電動機簡化之等效電路圖

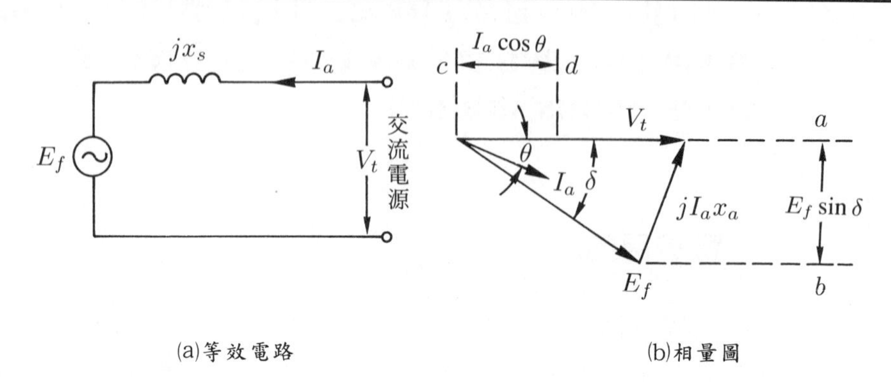

(a)等效電路　　　(b)相量圖

圖 4–31 不同激磁電流下，電樞電流變化相量圖

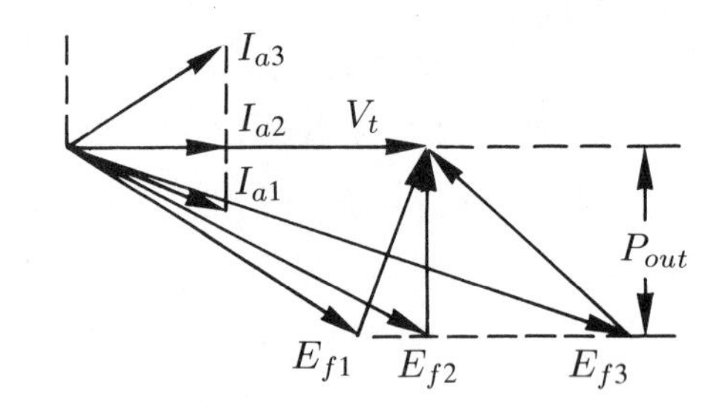

E_{f3} 時，則功率因數將變小且為超前，電樞電流則變大為 I_{a3}；反之，若激磁電流減少，感應電壓降為 E_{f1} 則功率因數亦減少但為滯後。換言之，若同步電動機於負擔機械負載，吾人可藉由激磁電流的增減，改變電動機之負載特性，圖 4–32 即表示於不同負載下激磁電流與電樞電流 I_a 之關係圖，此圖中，各不同負載之曲線呈 V 字形，故謂之 V 曲線。

圖 4–33 則表示同步電動機於不同負載下，激磁電流與功率因數之關係，無論於任何負載下，激磁電流增加則功率因數超前。此圖之曲線均呈倒 V 字形，故謂之倒 V 曲線。同步調相機或同步電容器 (Synchronous Condenser) 即利用此原理，將同步電動機於無負

載時，調整激磁電流使其功因超前，以改善配電系統的功率因數。

圖 4–32　不同負載下，激磁電流與電樞電流之關係

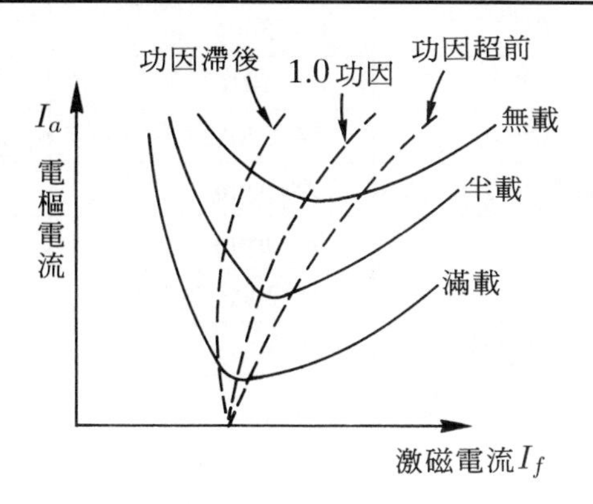

圖 4–33　不同負載下，激磁電流與功率因數關係圖

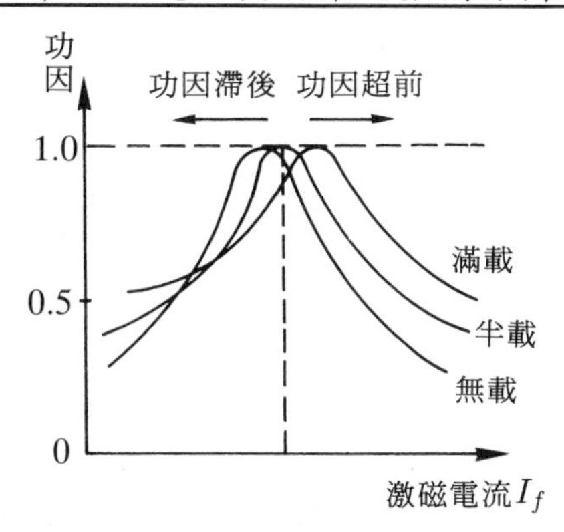

Ⅲ. 儀器設備

名　　　稱	規　　　格	數　量	備　　註
三相同步電動機	3ϕ 220V 3HP	1	
三相電壓調整器	5KVA 0 – 260V	1	
直流電動機	160V 3HP	1	
直流電壓表	0 – 300V	2	

直流電流表	0 – 5A	2	
直流電流表	0 – 10A	1	
交流電壓表	0 – 300V	1	
交流電流表	0 – 10A	3	
三相功因表	5A 220V	1	
轉速發電機	3000rpm	1	
轉速計	3000rpm	1	
閘刀開關	2P 20A 雙投	2	
無熔絲開關 (NFB)	2P 30A	1	
無熔絲開關 (NFB)	3P 30A	1	
可變電阻器	100Ω 2A	2	
電阻箱	5KW 220V	1	

Ⅳ. 實驗步驟

1.將同步電動機與直流發電機組合完成後，依圖 4–34 接線，將開關 S_1、S_2、S_3 開路。

2.將功因表之電流線圈及交流電流表短路後，參考實驗五，將同步電動機啓動等待轉速穩定後，拆除短路導線，記錄電動機轉速。

3.調整同步機之激磁電流約爲額定值的 40%，並調整直流發電機之激磁電流使其電壓達額定值。

4.將電阻箱保持切離狀態，記錄無載時同步電動機之端電壓 V_t、線電流 I_1、I_2、I_3 及功率因數等。

5.逐步增加電動機之激磁電流並重複第 4 步驟，使激磁電流達額定值的 120% 爲止。

6.將激磁電流調回 40%，調整電阻箱負載，使電動機之負載達額定值之一半，將保持不變。

圖 4–34　同步電動機相位特性實驗接線圖

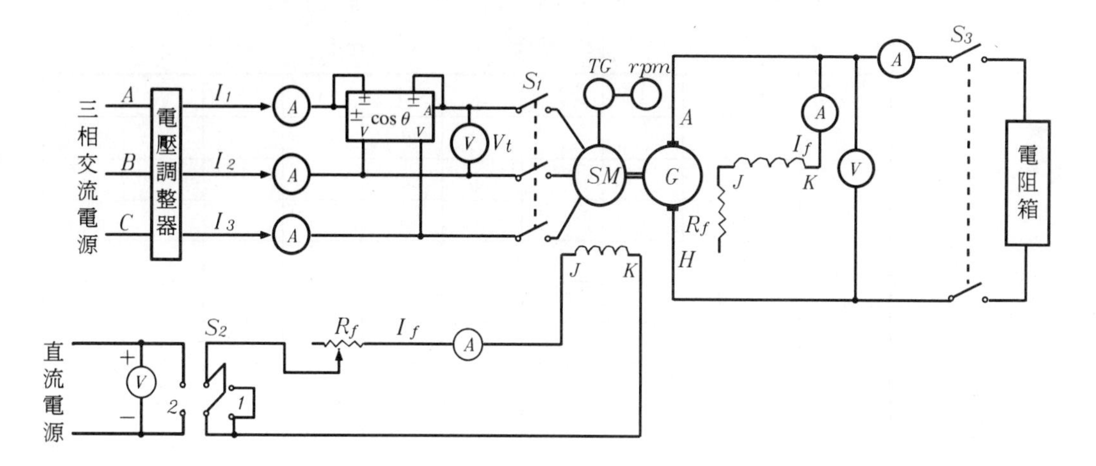

7.重複第 4、第 5 步驟，記錄電動機各項半載時數據。

8.將激磁電流調回 40%，調整電阻箱負載，使電動機之負載達額定值，並保持不變。

9.重複第 4、第 5 步驟，記錄電動機各項滿載之數據。

10.計算無載、半載、滿載時之電樞電流平均值，並繪出同步電動機之 V 曲線及倒 V 曲線。

V. 注意事項

1.啓動同步電動機前，交流電流表與功因表之電流線圈必須短路，以防止燒毀。

2.啓動同步電動機前，激磁繞組必須短路，以免繞組之絕緣破壞。

3.調整激磁電流超過額定值時，實驗速度應加快，以免繞組燒毀。

4.直流發電機的電壓及電流表係參考用，可不必記錄。

VI. 實驗結果

轉子轉速: rpm

次數		1	2	3	4	5	6	7	8
無載	V_t								
	I_1								
	I_2								
	I_3								
	$\cos\theta$								
	I_f								
	I_a								
半載	V_t								
	I_1								
	I_2								
	I_3								
	$\cos\theta$								
	I_f								
	I_a								
滿載	V_t								
	I_1								
	I_2								
	I_3								
	$\cos\theta$								
	I_f								
	I_a								

註: $I_a = \dfrac{I_1 + I_2 + I_3}{3}$

VII. 問題與討論

1.根據實驗之數據，繪出同步電動機於滿載、半載及無載時，激磁電流與功率因數關係圖。

2.何謂同步電容器？其功用為何？試說明之。

3.說明同步電動機 V 曲線與倒V 曲線之意義。

4.功率因數為 1 的同步電動機，若負載不變下，增加激磁電流，則功因之變化如何？試說明之。

5.說明同步電動機的啓動方法。

6.根據實驗之數據，判斷 V 曲線的谷底與倒 V 曲線的頂點的激磁電流與功率因數是否相同。

7.何謂同步電動機的轉矩角，當負載變動時，轉矩角會如何變化？

實驗七 三相同步電動機之損失分離實驗
Loss-separation test of three-phase synchronous motors

I. 實驗目的

1.瞭解同步電動機各項損失的意義。

2.於無負載下測量同步電動機各項損失並加以分離。

3.瞭解同步電動機規約效率之意義並計算之。

II. 原理說明

同步電動機之各項損失依發生原因的不同可區分為:

1.旋轉損失: 包括軸承摩擦、電刷摩擦、轉子通風散熱等損失。

2.鐵心損失: 指激磁電流產生之磁場, 在鐵心上造成之磁滯損與渦流損。

3.電樞銅損: 係由電樞電流在電樞電阻造成之 I^2R 損失。

4.激磁銅損: 由激磁電流通過激磁繞組所造成之 I^2R 損失。

5.雜散損失: 指集膚效應使交流電阻大於直流電阻之損失等。

為決定各項損失之大小, 如圖 4–35 所示, 本實驗係使用一直流電動機驅動待測之同步電動機, 此直流電動機為分激且容量應為同步電動機容量 1/4 以上, 足以供應本身及同步機之損失, 於實驗過程中直流電動機應保持定速, 且輸入與效率之關係曲線應先行測定。

1.旋轉損失測定

當同步電動機以同步轉速旋轉而不激磁且電樞各相開路時, 則直流電動機之輸入, 包括直流機之損失與同步機之旋轉損失。設直流機之輸入電壓、電流及效率分別為 V_0、 I_0 及 η_0, 則同步電動機之

圖 4–35 同步電動機損失分離實驗接線圖

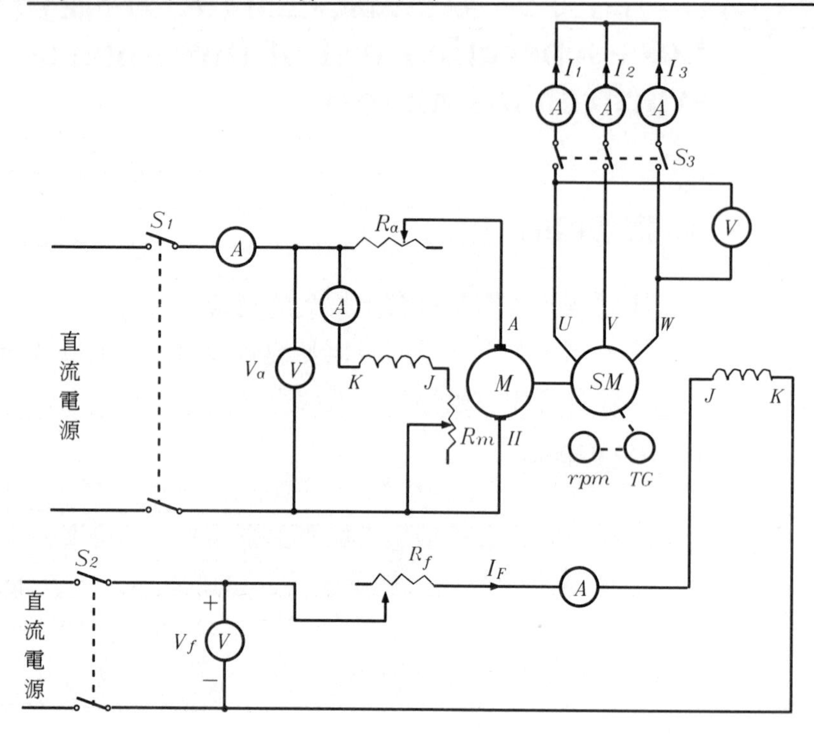

旋轉損失為 P_r，則

$$P_r = \eta_0 V_0 I_0 \tag{4–22}$$

2.鐵心損失

如前述之步驟，當同步電動機於同步轉速時，加入額定激磁電流於激磁繞組，並將三相電樞開路，則電樞將產生額定電壓並造成鐵心損失。設直流機此時之輸入電壓、電流及效率分別為 V_1、I_1 及 η_1，則同步電動機之鐵心損失 P_i 為

$$P_i = \eta_1 V_1 I_1 - P_r$$

$$= \eta_1 V_1 I_1 - \eta_0 V_0 I_0 \tag{4–23}$$

旋轉損失與鐵心損失因發生於同步電動機無負載時，故合稱爲無載旋轉損失 (No-Load Rotational Loss)。

3.電樞銅損

如實驗一所述，用直流壓降法求得電樞每相電阻 r_a，並將其換算至 75℃或 115℃之電阻 R_a，設電樞之額定值爲 I_a，則電樞總銅損 P_a 爲

$$P_a = 3I_a^2 R_a \tag{4–24}$$

4.激磁銅損

如實驗一所述，用直流壓降法求得激磁繞組之電阻 r_f 後，當外加激磁電壓產生激磁電流 I_f 時，激磁銅損 P_f 可表示爲

$$P_f = V_f I_f = I_f^2 r_f \tag{4–25}$$

5.雜散損失

圖4–35 中，使同步電動機旋轉於同步轉速，將開關 S_3 短路，並調整激磁電流由零逐漸增加，使電樞電流爲額定值，此時激磁電流甚小，鐵損可忽略，故同步電動機之損失包括旋轉損失P_r，電樞銅損P_a 及雜散損失 P_s，設直流電動機輸入電壓、電流及效率分別爲 V_2、I_2、及 η_2，則雜散損失 P_s 可表示爲

$$\begin{aligned} P_s &= \eta_2 V_2 I_2 - P_r - P_a \\ &= \eta_2 V_2 I_2 - \eta_0 V_0 I_0 - 3I_a^2 R_a \end{aligned} \tag{4–26}$$

電樞銅損及雜散損失因發生於同步電動機驅動機械負載時，故合稱爲負載損。

當各項損失經由實驗測得後，則規約效率 (Conventional Efficiency) η，可表示爲

$$\eta=\frac{\text{輸出}}{\text{輸入}}$$

$$=\frac{\text{輸出}}{\text{輸出}+\text{旋轉損失}+\text{鐵心損失}+\text{電樞銅損}+\text{激磁銅損}+\text{雜散損失}}$$

$$=\frac{P_{\text{out}}}{P_{\text{out}}+P_r+P_i+P_a+P_f+P_s} \qquad (4\text{–}27)$$

Ⅲ. 儀器設備

名　稱	規　格	數　量	備　註
三相同步電動機	3ϕ 220V 3HP	1	
直流電動機	160V 3HP	1	
直流電壓表	0 – 300V	2	
直流電流表	0 – 5A	2	
直流電流表	0 – 10A	1	
交流電壓表	0 – 300V	1	
交流電流表	0 – 10A	3	
轉速發電機	3000rpm	1	
轉速計	3000rpm	1	
無熔絲開關 (NFB)	2P 30A	2	
無熔絲開關 (NFB)	3P 30A	1	
可變電阻器	100Ω 2A	2	
可變電阻器	10Ω 20A	1	

Ⅳ. 實驗步驟

1.如圖 4–35 接線，並將開關S_1、S_2、S_3開路。

2.參考實驗二，將直流電動機啓動，並調整激磁電流，使同步電動機運轉於同步轉速，並於下列之各步驟中，將速度保持恆定。

3.記錄直流電動機之電壓，電流值 V_0，I_0，並計算同步電動機的旋轉損失 P_r。

4.將同步電動機的直流激磁電源開關 S_2 投入，並將激磁電流由額定值之0.7 倍逐漸增加至 1.2 倍，記錄直流電動機之電壓、電流 V_1、I_1，並由其效率 η_1，計算出鐵損 $P_c = \eta_1 V_1 I_1 - P_r$。

5.由步驟 4 中，激磁電流 I_f 之大小與激磁繞組電阻 r_f，計算出激磁銅損 $P_f = I_f^2 r_f$，其中 r_f 的求法，可參考實驗一。

6.將開關 S_3 投入，並調整激磁由零逐漸增大，使電樞電流增至額定值止，記錄同步電動機電流 I_1、I_2 及 I_3 及直流電動機輸入之電壓、電流及效率 V_2、I_2、η_2 等，並計算相對應之電樞損失及雜散損失。

V. 注意事項

1.本實驗前直流電動機效率之測定可參考第五單元實驗十。

2.當激磁電流超過額定值時，實驗速度應加快，以免燒毀繞組。

VI. 實驗結果

次　數		1	2	3	4
旋轉損失	V_0				
	I_0				
	η_0				
	P_r				
鐵心損失	V_1				
	I_1				
	η_1				
	P_c				

電樞損失	R_a				
	I_1				
	I_2				
	I_3				
	I_a				
	P_a				
激磁損失	V_f				
	I_f				
	r_f				
	P_f				
雜散損失	V_2				
	I_2				
	η_2				
	P_s				

註：$I_a = \dfrac{I_1 + I_2 + I_3}{3}$

VII. 問題與討論

1.說明同步電動機損失的種類及產生的原因。

2.同步電動機的規約效率及實測效率有何分別。

3.根據實驗之數據，繪出同步電動機於不同負載下，旋轉損失、電樞損與電樞電流的關係。

第四單元　綜合評量

I. 選擇題

1.（　）轉速爲600rpm之原動機帶動三相交流發電機，使該發電機發生60Hz之電壓，則交流機之極數爲(1)24　(2)12　(3)10　(4)8。

2.（　）以明燈法觀察兩發電機並聯情形時，三燈輪流明滅，其原因爲(1)相序稍異　(2)頻率稍異　(3)相位稍異　(4)以上皆是。

3.（　）同步電動機功率因數爲1且負載不變時，若增加激磁電流，則功率因數(1)增加　(2)降低　(3)增加或降低皆有可能　(4)不變。

4.（　）同上題，則電樞電流之變化爲(1)增加　(2)降低　(3)增加或降低皆有可能　(4)不變。

5.（　）電壓變動率較大的同步發電機，其短路比較(1)小　(2)大　(3)不變　(4)不一定。

6.（　）同上題，若以標么值表示，則其飽和同步阻抗較(1)小(2)大　(3)不變　(4)不一定。

7.（　）交流電動機裝設阻尼籠的目的是(1)幫助電機啓動　(2)防止過大突電流　(3)防止電機共振　(4)預防雷擊。

8.（　）兩並聯交流發電機調整其激磁電流，可改變(1)頻率(2)端電壓　(3)實功率分配　(4)虛功率分配。

9.（　）同上題，若調整原動機轉速，可改變(1)功率因數　(2)頻率　(3)實功率分配　(4)虛功率分配。

10.（　）同步電動機於啓動時，爲防止激磁繞組絕緣破壞，激磁繞組兩端應(1)加直流激磁　(2)加交流激磁　(3)開路

(4)串聯電阻後短路。

11. (　) 交流發電機於負載減小時，欲維持其電壓穩定，於滯後功率因數，應(1)增加激磁電流　(2)減小激磁電流　(3)提高轉速　(4)降低轉速。

12. (　) 同步電動機倒V形曲線中，不同負載的各曲線最高點所形成之線，其功率因數爲(1) 1　(2) 0.8 超前　(3) 0.8 滯後　(4)不一定。

13. (　) 同步電動機V形曲線中，不同負載的各曲線最低點所形成之線，其功率因數爲(1) 1　(2) 0.8超前　(3) 0.8滯後　(4)不一定。

14. (　) 同步電動機V形曲線是(1)功率因數與電樞電流的關係　(2)功率因數與激磁電流關係　(3)激磁電流與電樞電流的關係　(4)以上皆非。

15. (　) 無法自行啓動的電動機爲(1)感應電動機　(2)直流電動機　(3)同步電動機　(4)步進電動機。

16. (　) 同步發電機之定子大多爲(1)電樞　(2)磁場　(3)兩者皆有之　(4)不一定。

17. (　) 同步發電機轉速較低者，其轉子的構造爲(1)半徑小，長度短　(2)半徑小，長度長　(3)半徑大，長度短　(4)半徑大，長度長。

18. (　) 交流發電機之出線端，電樞繞組之標示爲(1) R, S, T　(2) A, B, C　(3) U, V, W　(4) X, Y, Z。

19. (　) 同上題，激磁繞組之標示爲(1) A, B　(2) A, H　(3) J, K　(4) X, Y。

20. (　) 同步發電機當負載降低時，電源之頻率將(1)增加　(2)減少　(3)不變　(4)依負載特性而定。

21. (　) 同上題，端電壓將(1)增加　(2)減少　(3)不變　(4)依負載特性而定。

22.(　)交流發電機之激磁繞組係加入(1)交流電源　(2)直流電源　(3)交直流均可　(4)不一定。

23.(　)同步發電機使用分佈繞組之目的爲(1)改變波形，增高電壓　(2)增高電壓，散熱　(3)改變波形，增加容量　(4)改善波形，散熱。

24.(　)同步發電機的複合曲線係指(1)激磁電流與負載電流　(2)激磁電流與端電壓　(3)負載電流與端電壓　(4)負載電流與功率因數　之關係。

25.(　)同步發電機若功率爲1時，當激磁電流不變，若負載增加，則端電壓(1)下降　(2)上升　(3)先上升後下降　(4)先下降後上升。

26.(　)若負載不變，欲使同步發電機功率因數由超前而落後，應使激磁電流(1)增加　(2)減少　(3)依負載特性而定　(4)與激磁電流無關。

27.(　)同步發電機之飽和同步阻抗值，若短路比愈大，則此阻抗值(1)愈小　(2)愈大　(3)不一定　(4)無關。

28.(　)同步發電機無載試驗時，若無激磁電流，則所測得損失爲(1)鐵損　(2)旋轉損　(3)銅損　(4)以上皆非。

29.(　)同步機之雜散損可由何種試驗測得(1)開路試驗　(2)短路試驗　(3)負載試驗　(4)耐壓試驗　測得。

30.(　)以二明一滅燈法，觀察兩發電機並聯情形時，若三燈皆滅，則其原因爲(1)頻率稍異　(2)相序不同　(3)電壓稍異　(4)無法判斷。

31.(　)同步交流發電機，功率因數超前時，其端電壓比感應電壓(1)高　(2)低　(3)相等　(4)依負載大小而定。

32.(　)在單相同步發電機並聯運轉時，可忽略之條件爲(1)相位　(2)相序　(3)電壓　(4)頻率。

33.(　)同步發電機並聯運轉，將兩發電機以暗燈法連接，如果兩發電機同步時(1)兩燈明亮，一燈滅 (2)兩燈暗，一燈明亮 (3)三燈皆滅 (4)三燈皆亮。

34. ( ) 同步發電機的頻率是由(1)轉子轉速 (2)極數 (3)轉子轉速與極數 (4)激磁電流 決定。

35. ( ) 同步電動機的輸出轉矩約與(1)端電壓平方成正比 (2)端電壓成正比 (3)端電壓平方成反比 (4)端電壓成反比。

36. ( ) 同步電動機於機械負載增加時，則(1)轉矩角變小 (2)轉矩角不變 (3)轉矩角變大 (4)與轉矩角無關。

37. ( ) 同步電動機，功率因數超前時，其感應電壓(1)小於端電壓 (2)大於端電壓 (3)等於端電壓 (4)不一定。

38. ( ) 同步調相機於系統中之作用，相當於(1)電阻 (2)電容 (3)電感 (4)整流器。

39. ( ) 供電頻率爲 60Hz 之 6 極同步電動機，其轉速爲 (1) 800rpm (2) 1200rpm (3) 1500rpm (4) 1800rpm。

40. ( ) 同步發電機的銅損由下列何者產生(1)負載電流 (2)激磁電流 (3)同步電抗 (4)激磁繞組電阻。

II. 計算題

1. 某三相Y 接同步發電機開路時，線電壓爲 2400 伏，當線電流 40 安培，功因爲 0.85 滯後時，發電機端線電壓爲 2320 伏，設此機電樞每相電阻爲 0.01 歐，試求(1)同步電抗 x_s (2)同步阻抗 Z_s (3)銅損 (4)輸出功率。

2. 200KW 之負載功率因數爲 0.65 滯後，今以 50 馬力同步調相機加入以改善功因，計算(1)系統 KVA 數 (2)系統之功率因數。

3. 三相同步電動機，Y 接線，400HP，2400V，6P，60Hz，電樞每相電阻爲 1Ω，同步電抗爲 10Ω，當轉矩角度 30°，而電動機每相感應電壓爲 1300V，試求(1)電樞電流　(2)功率因數 (3)輸出功率。

4.單相交流發電機，30KVA，440V，於激磁電流 10A 時，開路電壓爲 280V，短路電流爲 150A，設電樞電阻爲 0.2 Ω，試求此發電機的(1)同步電抗　(2)同步阻抗　(3)於滿載時功率因數爲 0.8 落後時的電壓調整率。

Ⅲ. 說明題

1.說明交流機旋轉磁場是如何產生？其功用又爲何？

2.說明交流發電機 SCC 線與 OCC 線的意義。

3.說明交流發電機複合特性曲線及伏安特性曲線的意義。

4.何謂同步電容器？其功用如何？試說明之。

第五單元

直流機實驗

實驗一　直流機之預備實驗
Basic test of D.C. machines

I. 實驗目的

1.測定直流機之繞組電阻。

2.測定直流機之絕緣電阻並判斷絕緣之優劣。

3.瞭解直流電動機啓動的方法。

4.瞭解直流電動機轉向控制的方法。

II. 原理說明

1.繞組電阻之測定

直流機繞組依其功能可區分爲:

(1)電樞繞組: 係裝置於轉子，並以原動機驅動，切割磁通感應電動勢。

(2)激磁繞組: 係裝置於定子，加入直流電源用以產生磁通，此繞組依電源供給方式之差異，分爲他激式、分激式、串激式及複激式等。

(3)補償繞組: 此繞組裝置於定子磁極表面，繞線方向與電樞繞組相反且兩者串聯，故可抵消電樞電流造成的電樞效應。

(4)中間極繞組: 此繞組位於定子，與激磁繞組位置相差90° 電工角，並與電樞繞組串聯，其目的在消除直流機的電樞效應。

上列四種繞組電阻測定，可參考第二單元實驗一，使用直流壓降法、惠斯登電橋、凱爾文電橋等，在此不再贅述。

2.絕緣電阻之測定

絕緣電阻之測定法亦可參考第二單元實驗一，其測定點應包含:

(1)各繞組與外殼間。

(2)各繞組間。

3.直流電動機之啓動

圖5-1 所示，爲直流電動機之等效電路，當輸入電壓V_t，轉速爲N時，電動機之反電勢E_b及電樞電流I_a分別爲

$$E_b = K\phi N \tag{5-1}$$

$$I_a = \frac{V_t - E_b}{r_a} \tag{5-2}$$

式中，r_a爲電樞電阻，當電動機於啓動時，速度爲零，E_b亦爲零，故電動機的啓動電流相當大。此大電流將造成線路較大壓降外亦可能損壞電氣設備，故限制啓動電流有其必要性。

圖 5-1　直流電動機等效電路圖

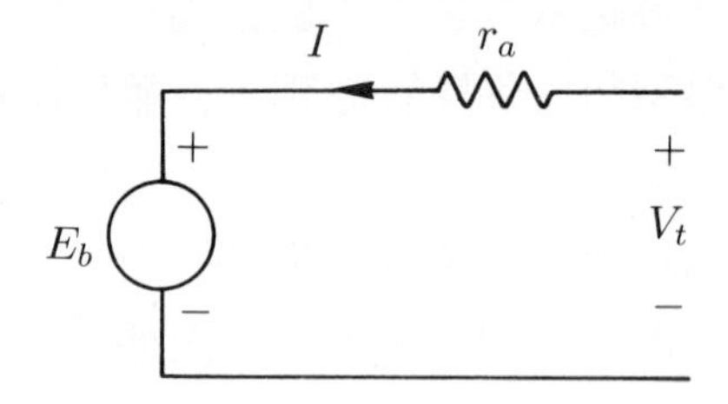

通常在啓動電動機前，均以電阻器串聯於電樞回路，而使電樞電流降低，當電動機速度增加，反電勢E_b亦增加時，電樞電流降至某一設定值後，再降低電阻器之歐姆值，如此反覆操作使電動機速度接近額定轉速時，反電勢亦接近額定，而外加電阻則全部移開。直流電動機之啓動方式極多，茲以最常用之手動四點式啓動器及自動反電勢啓動器說明如下:

(1)四點式啓動器

如圖 5-2 所示，爲四點式啓動器啓動複激式電動機的接線圖，當電動機不動時，啓動器把手如圖所示，於啓動時，當把手移至1

位置，此時電動機並激繞組與啓動電阻串聯後聯接至電源，因啓動電阻器之歐姆值遠小於並激繞組之歐姆值，故並激繞組經可變電阻之電流可調至額定值。電樞與串激繞組則經啓動電阻，限制其啓動電流，而啓動器內之把手保持器亦呈通電狀態。

當電動機轉速漸增後，可將把手逐漸依順時鐘轉動，使啓動電阻值漸小，待把手達最右邊時，電動機亦完成啓動，此時把手被保持器吸引，而一直固定於 6 位置，電動機則繼續運轉。

當外加電源切離時，保持器磁力消失，把手自動退回原位，而等待下一次啓動。保持器之另一項功能爲斷電保護，當電源突然中斷又自行恢復時，若無保持器，則把手將處於 6 位置，使電動機啓動電流過高而損毀設備。

圖 5–2　四點式啓動器動作原理圖

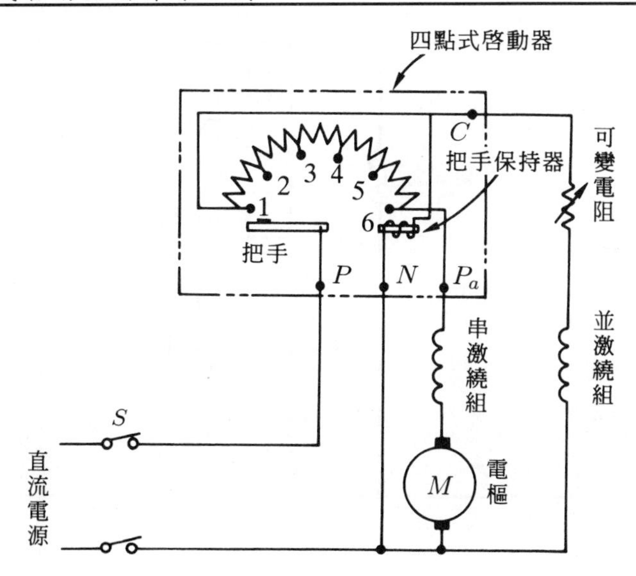

⑵反電勢啓動器

圖5–3 爲利用電壓感測電驛($M5$、$M6$ 及 $M7$) 判斷電動機之反電勢值，當 E_b 值上升至設定時，電壓電驛分別動作將啓動電阻短路，

而完成啓動程式。

於控制圖中，當按鈕開關 ON 押下時，電磁開關 $M4$ 激磁，故電動機經啓動電阻啓動，且啓動電流被限制爲額定電流之二倍，當電動機速度漸增，反電勢亦增加，啓動電流漸減，若 $M5$ 之動作電壓設定爲額定電流時之反電勢，則如圖 5–4 所示，經 t_1 時間後，電樞電流降低至額定值後，$M5$ 動作，使啓動電阻部份短路，將啓動電流提升至額定值之二倍，如此反覆切離電阻，直至啓動電阻完全切離，電動機啓動完成止。

此電路 $M1$、$M2$ 及 $M3$ 爲輔助接觸器，用以取代 $M5$、$M6$ 及 $M7$ 接點容量之不足。過載電驛，則爲防止電動機過載用。

圖 5–3　反電勢啓動器動作原理圖

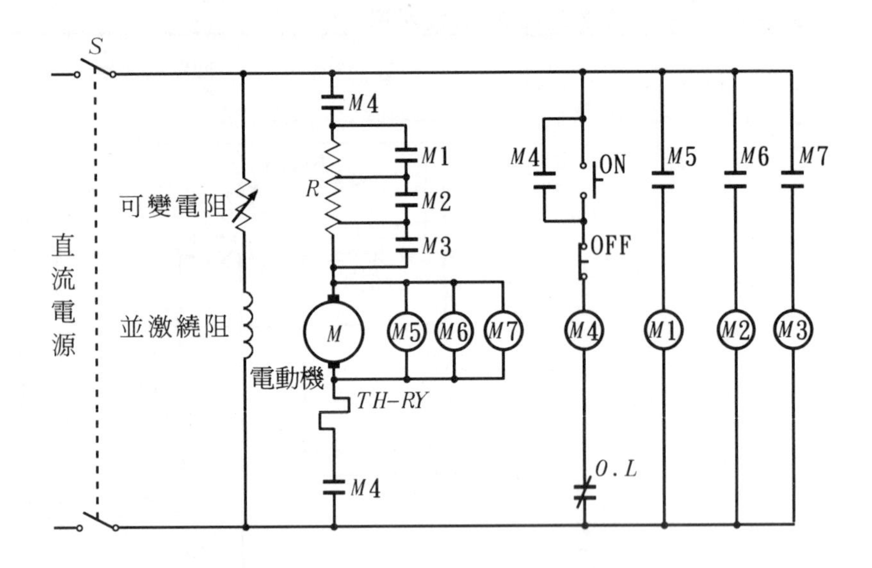

圖 5–4　直流電動機啓動期間電樞電流變化圖

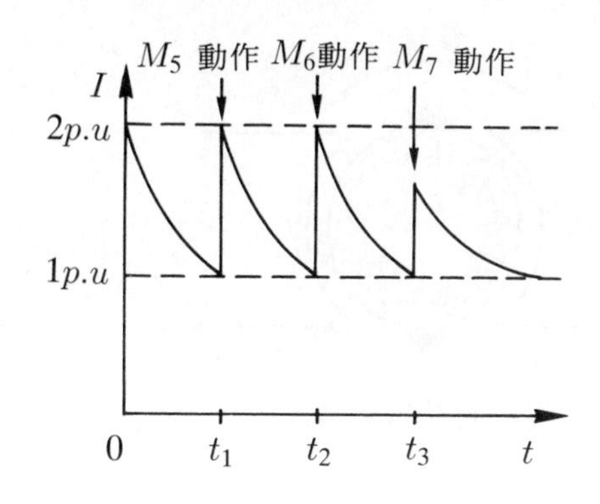

4.直流電動機之轉向控制

直流電動機轉向的決定，可利用佛萊明左手定則，或下列決定

$$F = i(l \times B) \tag{5-3}$$

式中，F：導線所受之力(N)

i：導體內電流大小(A)

l：導線之長度(m)

當電動機電樞電流與磁場方向如圖 5–5 (a)所示，則電動機將以逆時針方向旋轉，而 5–5 (b)為電樞電流反向，此時電動機以順時針旋轉。比較圖 5–5 (a)、(c)，兩者電樞電流相同，但磁場方向相反，電動機則以順時針方向旋轉，而圖5–5 (d)表示當電樞電流變換時，則電動機又以逆時針轉動。

由上述可知，欲改變電動機之轉向，僅需改變電樞電流方向或磁場電流方向，兩者之一即可，若兩者同時改變，則其轉向將不變。

圖 5-5　直流電動機旋轉方向示意圖

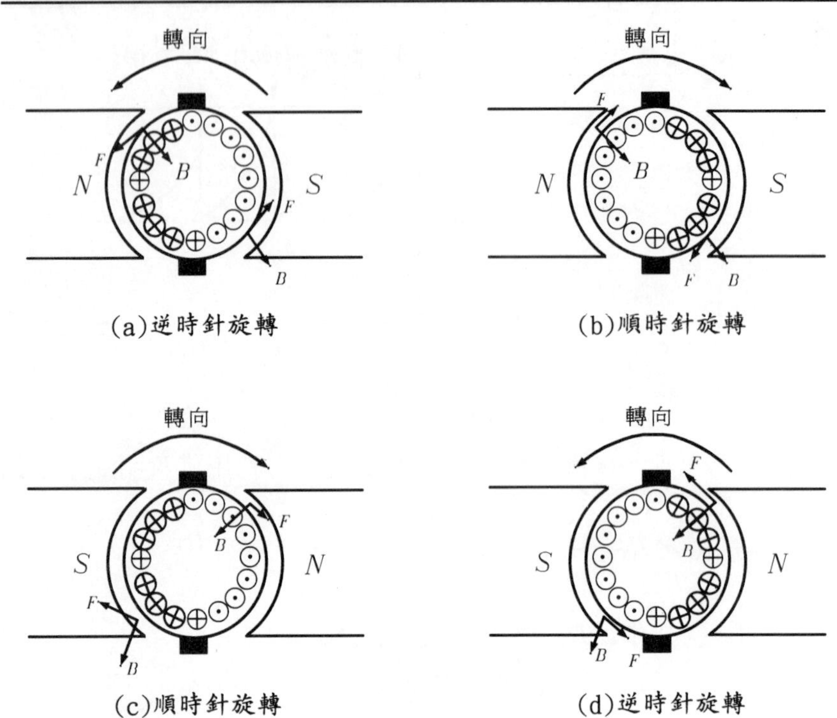

(a)逆時針旋轉　(b)順時針旋轉　(c)順時針旋轉　(d)逆時針旋轉

Ⅲ. 儀器設備

名　　稱	規　　格	數　量	備　　註
直流電動機	160V 3HP	3	分激、串激及複激各一台
惠斯登電橋		1	依設備而定
凱爾文電橋		1	
微電阻計		1	
直流電壓表	0 – 30V	1	
直流電流表	0 – 5A	1	
高阻計	500V 1000MΩ		
直流電流表	0 – 5A	2	
四點式啓動器		1	
閘刀開關	2P 20A　雙投	3	

無熔絲開關	2P 20A	1	
可變電阻器	100Ω 2A	2	

IV. 實驗步驟

1.繞組測定之方法，請參考第二單元實驗一中的各項步驟，根據直流電機之實際結構，測定電樞繞組、串激繞組、並激繞組、補償繞組、中間極繞組後，依不同絕緣種類，加以修正。

2.絕緣電阻之測定則包括各繞組間及各繞組對地間，其方法亦參考第二單元實驗一。

3.電動機啓動與轉向控制實驗，如圖 5–6 所示，配合電動機分激、串激及複激各型式完成接線。

圖 5–6　直流電動機啓動及轉向實驗接線圖

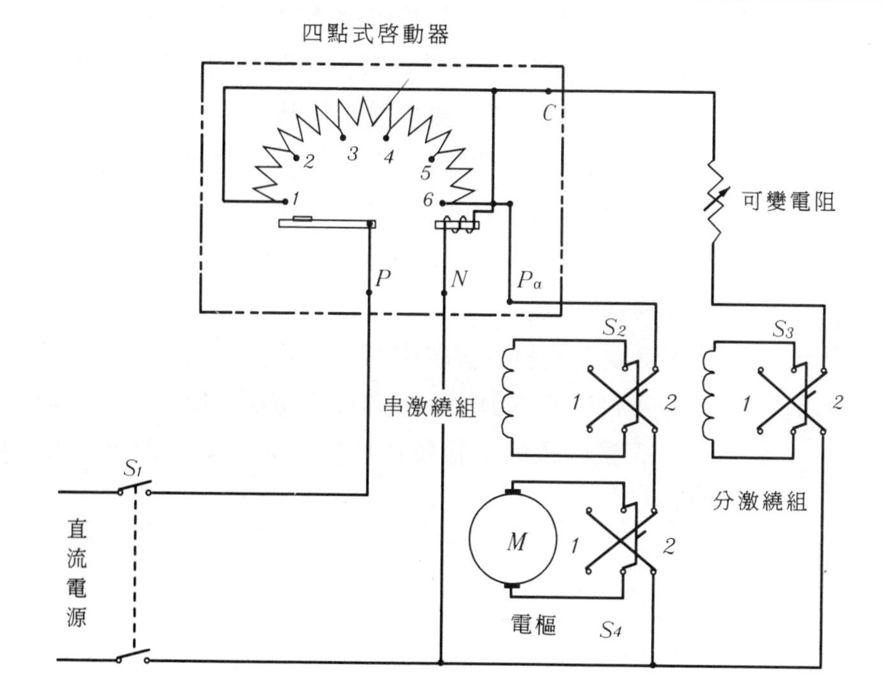

4.將開關 S_2，S_3，S_4 切換至1位置將電動機之額定電壓加入，扳動啓動器把手使其於1位置，以啓動電動機，待數秒後再逐次移動把手，直至最後位置，一般啓動時間約爲15秒至30秒，啓動期間，若有任何異常現象，應迅速切離電源，待啓動完成後記錄電動機轉向。

5.將電源切離，將 S_4 切換至2位置，並重複步驟4。

6.將電源切離，將 S_2、S_3 切換至2位置，並重複步驟4。

7.將電源切離，將 S_4 切換至1位置，並重複步驟4。

V. 注意事項

1.複激電動機具有二激磁繞組，欲分別時，可用三用表測量，電阻較大者爲分激繞組，較小者爲串激繞組。

2.複激電動機一般應接成積複激型，圖5-6中欲判斷接法是否正確，於實驗中，首先將串激繞組以導線在兩端短路，將分激繞組之開關 S_3 切換於1位置，電樞開關亦切換至1位置後，使電動機成爲分激型式，啓動電動機並記錄轉向。

再者，將 S_3 切離，S_2 切換至1位置，並啓動電動機，若轉向與前面相同，則可判斷爲開關 S_2、S_3 均切換至1或2位置時，屬於積複激型，若 S_2、S_3 兩開關一只在1位置，另一只在2位置，則屬於差複激型式。

3.爲安全計，實驗中勿使用差複激接線。

4.啓動前電動機之換向片與電刷之壓力應詳加檢查。

5.激磁繞組的接線應確實，如啓動後脫落，電動機將高速運轉。

VI. 實驗結果

1.繞組電阻

種　　類	次　數	V	I	R	修正值	平均值
電樞繞組	1					
	2					
	3					
	4					
串激繞組	1					
	2					
	3					
	4					
分激繞組	1					
	2					
	3					
	4					
補償繞組	1					
	2					
	3					
	4					
中間極繞組	1					
	2					
	3					
	4					

2.絕緣電阻

電樞繞組與串激繞組間	MΩ	電樞繞組與分激繞組間	MΩ
電樞繞組與補償繞組間	MΩ	電樞繞組與中間極繞組間	MΩ
串激繞組與分激繞組間	MΩ	串激繞組與補償繞組間	MΩ
串激繞組與中間極繞組間	MΩ	分激繞組與補償繞組間	MΩ
分激繞組與中間極繞組間	MΩ	補償繞組與中間極繞組間	MΩ
電樞繞組與外殼間	MΩ	串激繞組與外殼間	MΩ
分激繞組與外殼間	MΩ	補償繞組與外殼間	MΩ
中間極繞組與外殼間	MΩ		

3.電動機啓動與轉向控制

種　　類	閘刀開關	位置	電動機轉向	備註
串激電動機	S_4	1		
		2		
	S_2	1		
		2		
分激電動機	S_4	1		
		2		
	S_3	1		
		2		
複激電動機	S_4	1		
		2		
	S_2	1		
	S_3	2		

Ⅶ. 問題與討論

1.直流機的繞組有電樞繞組、激磁繞組、補償繞組及中間極繞組等，吾人應如何分別其差異?

2.直流電動機的啓動電流爲何遠大於額定電流?應如何解決?

3.溫度與溼度的變化，對絕緣電阻與繞組電阻有何影響？試說明之。

4.直流電動機之轉向如何控制？試以電樞電流與磁場電流的方向說明之。

5.何謂積複激與差複激電動機？

6.爲何直流電動機啓動時，要加入啓動電阻？該電阻如何適時的切離電路？

7.他激電動機與分激電動機之差異爲何？

8.直流電動機若啓動電流過大時，對系統與電動機之影響爲何？

9.試說明直流機補償繞組及中間極繞組之功用。

實驗二　他激式直流發電機之無載特性實驗
No-load characteristics test of separately excited D.C. generators

I. 實驗目的

1.瞭解他激式直流發電機激磁電流與感應電壓之關係。

2.瞭解他激式直流發電機轉速與感應電壓之關係。

3.瞭解磁滯現象並繪出其圖形。

II. 原理說明

直流發電機於轉子速度爲 N，其感應電壓 E_b 可表示爲

$$E_b = \frac{PZ\phi N}{60a} = K\phi N \tag{5-4}$$

此式中，P 表示發電機磁極總數。

Z 表示電樞導體總數。

ϕ 表示每極之磁通量。

a 表示電樞導體並聯數。

由於此式中 $K = \dfrac{PZ}{60a}$ 係決定發電機之結構，對某一發電機而言，其值必爲常數，換言之，感應電壓 E_b 正比於 ϕ 及 N。再者，磁通量又由激磁電流 I_f 所產生，如第四單元實驗二所述，鐵心磁路之飽和現象，於電機轉速一定時，將使 E_b 與 I_f 之關係並非線性。此外，鐵心的磁滯現象將使兩者之關係如圖 5–7 所示，當 I_f 爲零時，因剩磁作用，發電機將產生剩磁電壓 Oe，I_f 漸增，$E_b - I_f$ 之曲線爲 eA 且隨 I_f 之增加，E_b 逐漸飽和，當激磁電流達 I_{f1} 後逐漸降低至零，則曲線將由 A 點降至 B 點，此處之剩磁電壓 OB 大於 Oe，而

後，激磁電流由零反向增至 I_{f2}，再由 I_{f2} 逐次遞減至零後，反向將電流增大至 I_{f1}，則 $E_b - I_f$ 之曲線，將循 $e - A - B - C - D - A$ 方向移動，而構成完整的磁滯曲線。

其次，當激磁電流 I_f 保持一定時，磁通量亦為定值，由式(5–4)可知，感應電壓 E_b 與轉速 N 成正比，故兩者之關係曲線如圖5–8所示。

圖 5–7　直流發電機之磁滯曲線

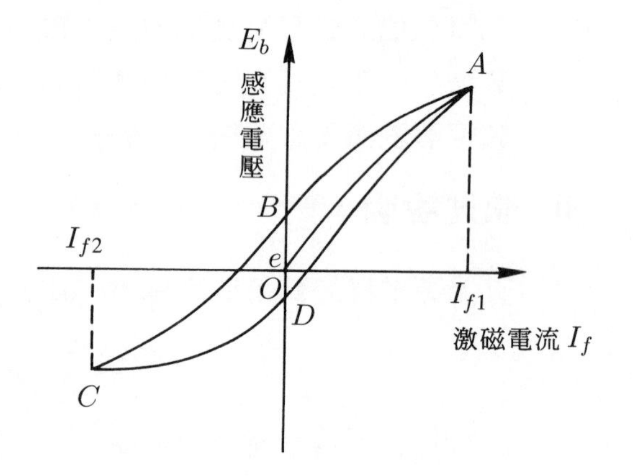

圖 5–8　直流發電機之 $E_b - N$ 曲線圖

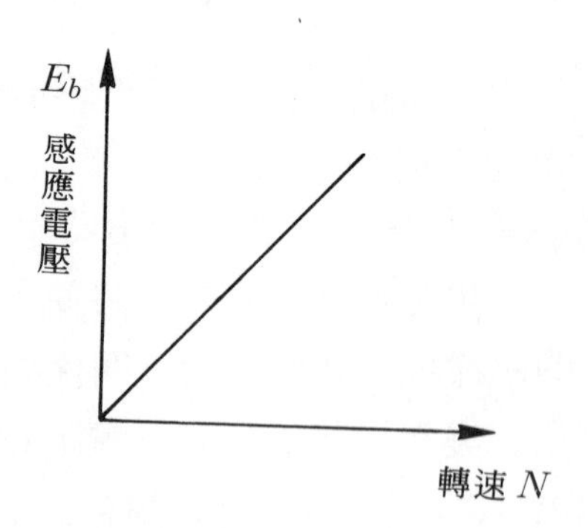

III. 儀器設備

名　稱	規　格	數　量	備　註
直流發電機	160V 2KW 他激	1	
直流電動機	160V 3HP 分激	1	
直流電壓表	0 – 300V	3	
直流電流表	0 – 5A	2	
直流電流表	0 – 10A	1	
閘刀開關	2P 20A 雙投	1	
無熔絲開關 (NFB)	2P 20A	2	
轉速發電機	3000rpm	1	
轉速計	3000rpm	1	
可變電阻器	100Ω 2A	2	
可變電阻器	10Ω 20A	1	

IV. 實驗步驟

1.按圖 5–9 接線，將閘刀開關 S_1、 S_2 及 S_3 開路。

2.將直流電動機電樞上電阻調至最大值，投入開關調整 R_m 使激磁電流爲額定值。

3.逐漸降低 R_a 之電阻值，以啓動直流電動機至額定轉速並保持不變，記錄直流發電機於激磁電流 I_f 爲零之剩磁電壓值。

4.將 R_f 值調整爲最大，將 S_3 切換至1 位置，投入 S_2 後，觀察發電機是否增加，若該電壓降低，則表示外加磁場與剩磁方向不同，此時應將電動機電源開關切離，並將 S_3 切換至2 位置後重複步驟 3。若該電壓增加，則表示外加磁場與剩磁方向相同，此時則逐漸增加激磁，再記錄 I_f 與 E_b，直至 I_f 達額定值之1.2 倍止，是爲 e 至 A 曲線。

5.逐次降低激磁電流由額定值的1.2 倍減少至零，記錄 I_f、 E_b 值，是爲 A 至 B 曲線。

6.將 S_3 切換至另一側，以改變激磁電流之方向，並逐漸增加至額定值之1.2 倍，記錄 I_f、 E_b，是為 B 至 C 曲線。

7.重複第 5 步驟可得 C 至 D 曲線。

8.重複第 6 步驟可得 D 至 A 曲線。

9.將 S_1、 S_2 及 S_3 切離，使電動機停止後，重複第 2、第 3 步驟，以啓動電動機。

10.投入開關 S_2 後調整激磁電流為額定值之 25% 後，改變 R_a，R_m 等使電動機之轉速由額定值的 50% 增至 120%，記錄轉速 N 及感應電壓 E_b 等。

11.分別調整激磁電流為額定值的 50%，75%， 100% 後，重複第 10 步驟。

12.繪出直流發電機的 $E_b - I_f$ 及 $E_b - N$ 曲線圖。

圖 5–9 直流發電機無載實驗接線圖

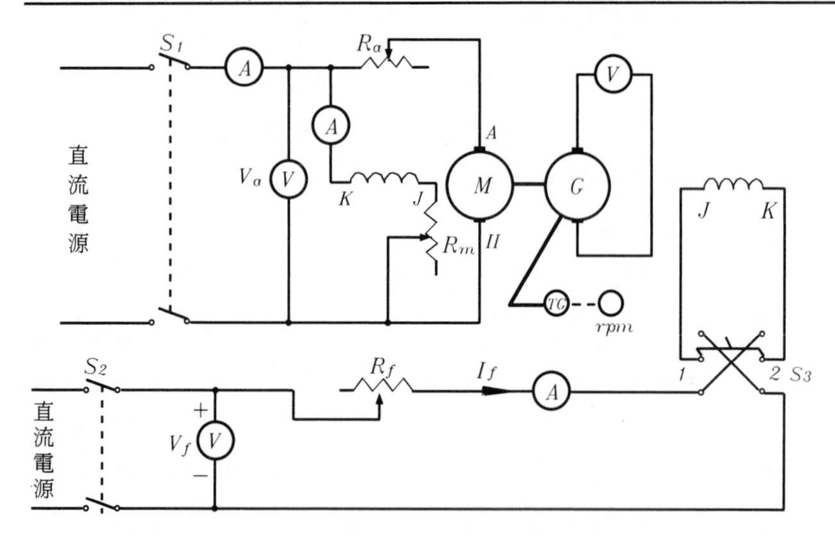

V. 注意事項

1.測定磁滯特性 $E_b - I_f$ 曲線時，激磁電流 I_f 不可忽增忽減，否則結果將不準確。

2.本實驗中，原動機使用直流電動機，啓動電路僅供參考，教學者可配合實際設備更改之。

VI. 實驗結果

1.$E_b - I_f$ 曲線

轉速: rpm

次數		1	2	3	4	5	6	7	8
上升曲線	I_f								
e 至 A	E_b								
下降曲線	I_f								
A 至 B	E_b								
下降曲線	I_f								
B 至 C	E_b								
上升曲線	I_f								
C 至 D	E_b								
上升曲線	I_f								
D 至 A	E_b								

2.$E_b - N$ 曲線

次數		1	2	3	4	5	6	7	8
$I_f =$ A	N								
	E_b								
$I_f =$ A	N								
	E_b								
$I_f =$ A	N								
	E_b								
$I_f =$ A	N								
	E_b								

Ⅶ. 問題與討論

1.何謂磁滯現象？試以直流發電機爲例說明之。

2.他激發電機若激磁電流爲零時，當轉子轉動時，感應電壓不爲零，其原因爲何？試說明之。

3.利用實驗之結果，繪出他激發電機的 $E_b - I_f$ 及 $E_b - N$ 曲線。

4.測量磁滯現象，爲何激磁電流不可忽增忽減？試解釋其原因。

5.直流發電機之感應電壓 E_b 與激磁電流 I_f 的關係，並不成正比，說明其理由。

6.發電機剩磁方向如何改變？試敘述其方法。

實驗三　分激式直流發電機之無載特性實驗
No-load characteristics test of shunt D.C. generators

I. 實驗目的

1.瞭解分激式直流發電機電壓建立之原理。

2.瞭解並測定電壓建立與電樞連接方式，剩磁方向之關係。

3.瞭解並測定電壓建立與激磁電阻、轉速之關係。

II. 原理說明

如圖 5–10 所示爲分激式直流發電機接線圖，激磁繞組由電樞繞組提供電壓，而電樞繞組則切割激磁繞組產生之磁場生成電壓，兩者互爲因果，爲達成電壓的建立，分激式直流發電機必須具備下列條件:

1.磁極本身應有剩磁，發電機若無剩磁，當轉子轉動時，則由 $E_b = K\phi N$ 知，感應電壓 $E_b = 0$，故無法提供激磁電壓，使發電機之電壓始終無法建立。

2.激磁繞組之總電阻 R_f 必須小於臨界電阻，如圖 5–11 所示的 $E_f - I_f$ 曲線中， R_f 爲磁場電阻之斜率，由 $I_f = E_b/R_f$ 知， R_f 愈大時，該線愈傾斜。當發電機於某定速運轉時，由於剩磁存在使電樞產生 Oa 之感應電勢，此電勢加於激磁繞組上，將產生 Ob 之激磁電流，該電流產生之磁場與剩磁相加使電樞再產生 Oc 之電勢， Oc 進而產生 Od 的激磁電流，依此類推，感應電壓與激磁電流升至 A 點，使發電機於感應電壓 E_b 與激磁電流 I_f 下穩定運轉。

如圖 5–12 所示，當激磁繞組的總電阻變化時，電樞建立之電壓亦隨之改變，圖中之電阻 $R_{f1} < R_{f2} < R_{f3} < R_{f4}$， R_{f1}、 R_{f2} 分別建

立電壓 E_{b1}、E_{b2}，R_{f3} 之電阻線恰切於 $E_b - I_f$ 曲線，此電阻謂之臨界電阻，由此圖中可知當激磁電阻若大於臨界電阻時，電壓將無法建立（如 R_{f4}）。

3.激磁繞組建立之磁場方向與剩磁電壓必須同方向，其理由已於 2.中說明。

圖 5–10　分激式直流發電機接線圖

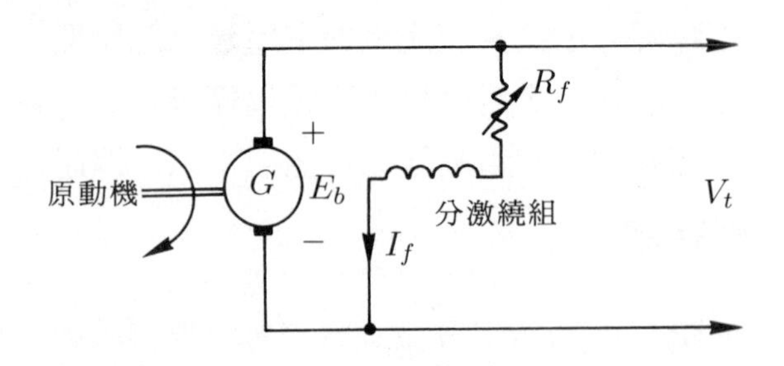

圖 5–11　分激式直流發電機電壓之建立

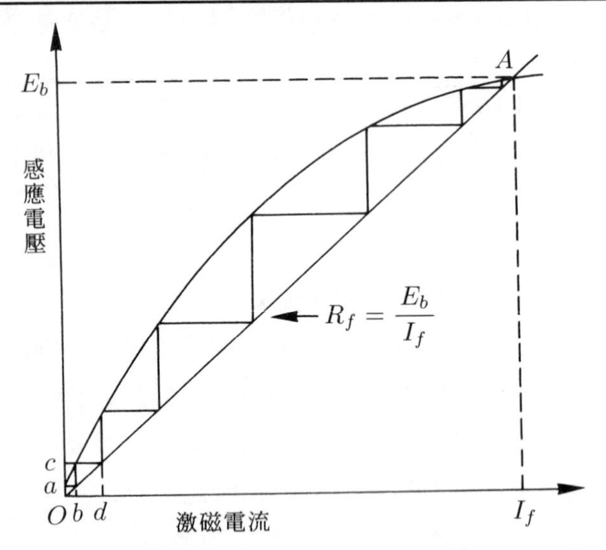

圖 5–12　不同激磁電阻下電壓建立之變化

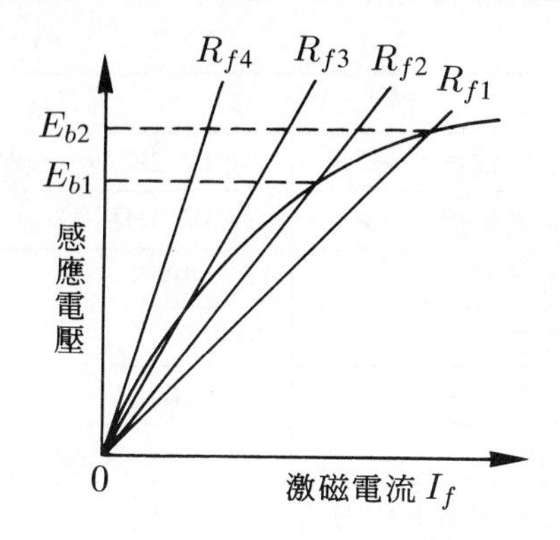

4.當激磁繞組之總電阻 R_f 不變時，轉子的轉速必須大於臨界轉速，如圖 5–13 所示，N_1、N_2、N_3 表示於不同轉速下的 E_b-I_f 曲線圖。此圖中 $N_1 > N_2 > N_3$， N_1與N_2 轉速時，產生感應電壓分別爲 E_{b1}， E_{b2}，而轉速爲 N_3 時，則電樞電壓無法建立。換言之，對任一磁場電阻而言均有臨界轉速存在，轉子轉速必須高於此速度，發電機始可建立電壓。

圖 5–13　不同轉速下電壓建立之變化

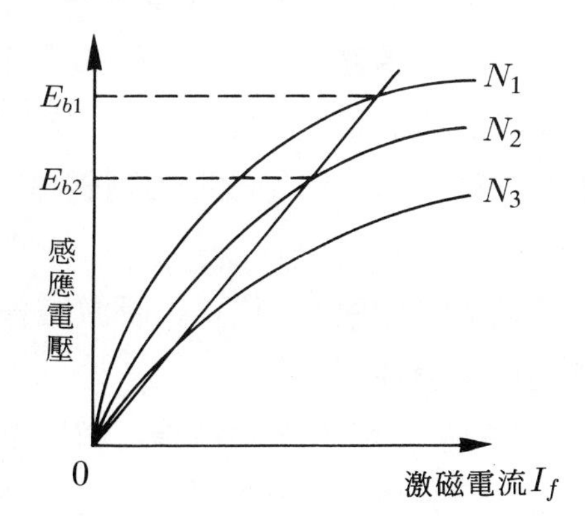

Ⅲ. 儀器設備

名　稱	規　格	數　量	備　註
直流發電機	160V 2KW 分激	1	
直流電動機	160V 3HP 分激	1	
直流電壓表	0 – 300V	2	
直流電流表	0 – 5A	2	
直流電流表	0 – 10A	1	
閘刀開關	2P 20A 雙投	1	
無熔絲開關 (NFB)	2P 20A	1	
轉速發電機	3000rpm	1	
轉速計	3000rpm	1	
可變電阻器	100Ω 2A	2	
可變電阻器	10Ω 20A	1	

Ⅳ. 實驗步驟

1.按圖 5–14 接線，將閘刀開關 S_1、S_2 開路。

2.參考實驗二，將直流電動機啓動後，並維持額定轉速。

3.將發電機激磁繞組之可變電阻器調至中間位置。

4.做發電機電壓，轉子轉向與磁場方向之關係實驗時，依記錄表上的各種分類，首先讀取由剩磁建立的發電機電壓及極性並記錄之。

5.將 S_2 切換至 1 位置，將激磁繞組並聯至發電機電樞上，並記錄電壓、極性等。

6.將 S_2 切離電路數秒後，切換至 2 位置，使激磁繞組反接於電樞後，記錄電壓、極性等。

7.將 S_2 切離電路數秒後，將 S_1 切離，使直流電動機停止運轉。

8.對調電動接電機激磁繞組兩接線端，並重新啓動，使電動機

圖 5–14　分激式直流發電機之無載特性實驗接線圖

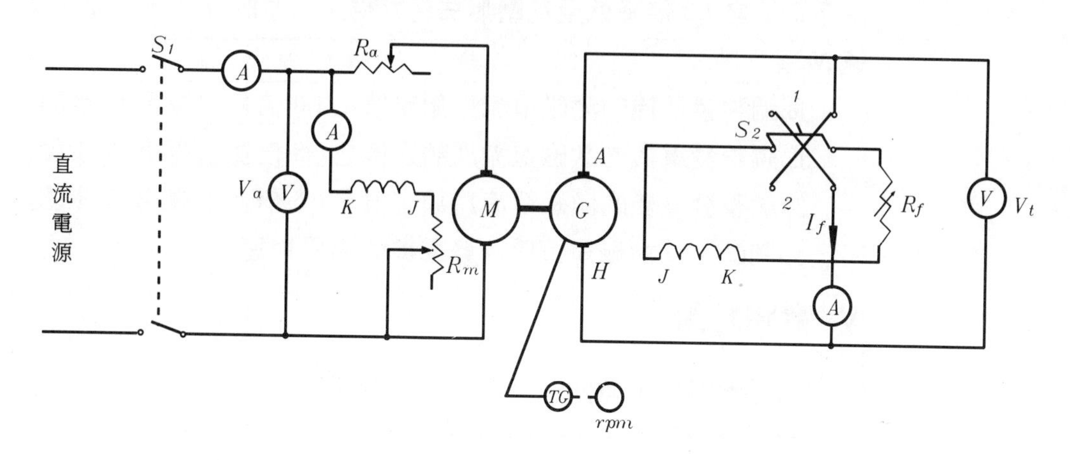

反轉。

9.重複第 4 至第 7 步驟並記錄發電機電壓極性等。

10.依據記錄表中電壓之大小，判斷開關 S_2 於何種位置時，發電機可建立電壓。

11.測定 $E_b - I_f$ 曲線與臨界電阻值時，先啓動電動機並保持轉速爲額定值之 1.2 倍。

12.依前述實驗之判斷，將開關 S_2 投入可建立電壓之方向，並使 R_f 由最大值逐次降低電阻值，並記錄 I_f 及對應之 E_b 值，直至激磁電流 I_f 達額定之值 1.2 倍止。

13.調整電動機之轉速爲額定值之 1.0 倍，並重複第 12 步驟。

14.調整電動機之轉速爲額定值之 0.8 倍，並重複第 12 步驟。

15.計算轉速爲額定值之 1.2、 1.0、 0.8倍時，對應之臨界電阻值。

16.測定 $E_b - N$ 曲線與臨界轉速關係時，先啓動電動機並保持轉速爲額定值。

17.依前述之實驗的判斷，將開關 S_2 投入可建立電壓之方向，

並調整 R_f 使激磁電流爲額定值之 1.2 倍，逐次調整電動機之轉速由額定值之 1.2 倍降低至電壓無法建立爲止，並記錄各次之 E_b 與轉速 N 值。

18.調整發電機的激磁電流爲額定值之 1.0 倍並重複第 17 步驟。

19.調整發電機的激磁電流爲額定值之 0.8 倍並重複第 17 步驟。

20.調整發電機的激磁電流爲額定值之 0.6 倍並重複第 17 步驟。

21.判斷不同激磁電流時，發電機的臨界轉速值。

V. 實驗結果

1.電壓與轉子轉向、磁場方向之關係

旋轉方向	接　線	極性(+或−)	可否電壓建立	電壓(V)	備　註
順時針轉（剩磁）	A H	A(　) H(　)			S_2 開路
順時針轉	$J-A$ $K-H$	A(　) H(　)			S_2-1
順時針轉	$J-H$ $K-A$	A(　) H(　)			S_2-2
逆時針轉（剩磁）	A H	A(　) H(　)			S_2 開路
逆時針轉	$J-A$ $K-H$	A(　) H(　)			S_2-1
逆時針轉	$J-H$ $K-A$	A(　) H(　)			S_2-2

2. $E_b - I_f$ 曲線與臨界電阻

次 數		1	2	3	4	5	6	7	8
$N =$ rpm	I_f								
	E_b								
	臨界電阻								
$N =$ rpm	I_f								
	E_b								
	臨界電阻								
$N =$ rpm	I_f								
	E_b								
	臨界電阻								

3. $E_b - N$ 曲線與臨界轉速

次 數		1	2	3	4	5	6	7	8
$I_f =$ A	N								
	E_b								
	臨界轉速								
$I_f =$ A	N								
	E_b								
	臨界轉速								
$I_f =$ A	N								
	E_b								
	臨界轉速								
$I_f =$ A	N								
	E_b								
	臨界轉速								

VI. 問題與討論

1.分激式發電機於建立電壓時，應滿足那些條件？試說明之。

2.分激式發電機的剩磁電壓如何測量，試說明之。

3.何謂分激式發電機的臨界電阻，其數值與感應電壓之關係為何?

4.何謂臨界轉速?試說明之。

5.分激式發電機欲改變輸出電壓之極性，其方法為何，試詳述之。

6.由實驗之結果，繪出 $E_b - I_f$ 及 $E_b - N$ 之曲線，並計算發電機之臨界電阻及臨界轉速值。

7.分激式發電機於建立電壓時，若發現無剩磁電壓時，應如何處理?

實驗四 他激式直流發電機之負載特性實驗
Load characteristics test of separately excited D.C. generators

I. 實驗目的

1.瞭解他激式直流發電機外部特性曲線之意義並測定之。
2.瞭解他激式直流發電機內部特性曲線之意義並計算之。
3.瞭解他激式直流發電機電樞特性曲線之意義並測定之。
4.計算他激式直流發電機之電壓調整率。

II. 原理說明

他激式直流發電機於接上負載後之等效電路如圖5–15 所示。感應電壓 $E_b = K\phi N$，對他激式發電機而言，ϕ 可視爲常數。當負載電流逐漸增加時，端電壓 V_t 將漸減，其原因有二:

圖 5–15 他激式直流發電機之等效電路圖

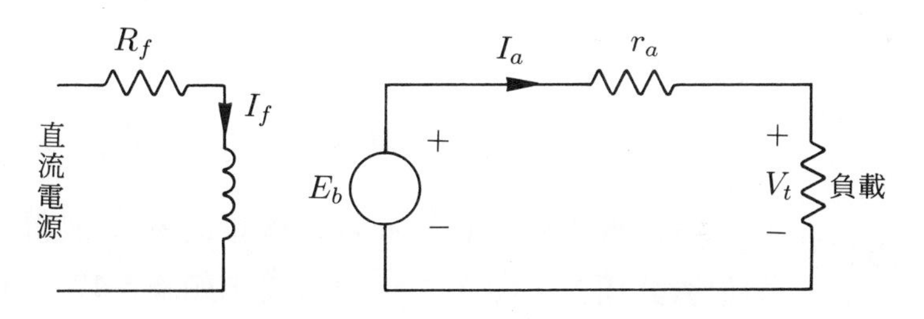

(1)電樞繞組之電阻 r_a，於負載電流 I_a 通過時，所造成的 $I_a r_a$ 壓降。

(2)當負載電流 I_a 通過電樞時，所造成的電樞反應（ Armature Reaction ），使有效磁通量減少，進而使 E_b 降低；如圖 5–16(a)所示，當負載電流I_a 存在時，利用佛萊明右手定則知存在正比於 I_a 之磁通 ϕ_a，此磁通與原磁通ϕ 將合成 ϕ_s 之總磁通，如此將使磁場中性面偏移並減弱磁場，故感應電壓 E_b 降低而影響端電壓 V_t 值，磁通之合成相量圖如圖 5–16(b)所示。

圖 5–16　直流發電機之電樞效應

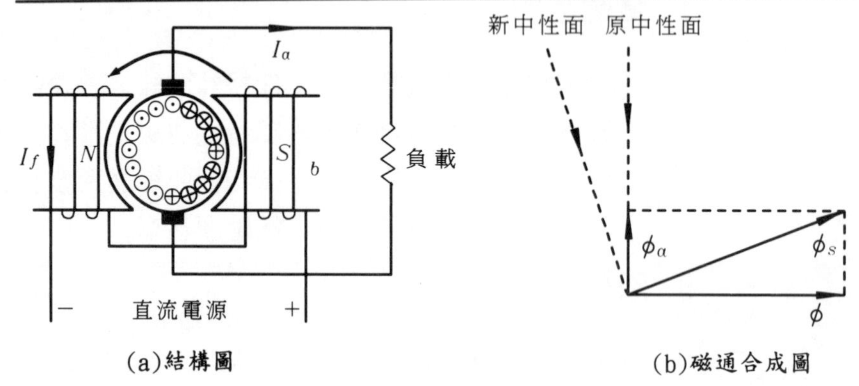

(a)結構圖　(b)磁通合成圖

設 E_{bo} 表示發電壓無載時端電壓，綜合上述關係，可得知端電壓 V_t 爲

$$V_t = E_{bo} - I_a r_a - \text{電樞效應所造成之壓降} \tag{5–5}$$

而有效磁通 ϕ_s 爲

$$\phi_s = \phi - \text{電樞效應所造成之去磁作用} \tag{5–6}$$

直流機之外部特性曲線是指端電壓 V_t 與電樞電流 I_a 之關係，對他激式而言，由式 (5–4) 可繪出如圖 5–17 所示之曲線。

而內部特性曲線是指感應電壓 E_b 與電樞電流I_a 之關係，由於電樞效應不易直接測量，故 E_b、 I_a 之關係可由下式求出:

$$E_b = E_{bo} - \text{電樞效應所造成之壓降}$$

$$= V_t - I_a r_a \tag{5–7}$$

圖 5–18 表示內部特性曲線圖，若發電機具有中間極繞組或補償繞組，此線應接近水平。

圖 5–17　他激式直流發電機外部特性曲線

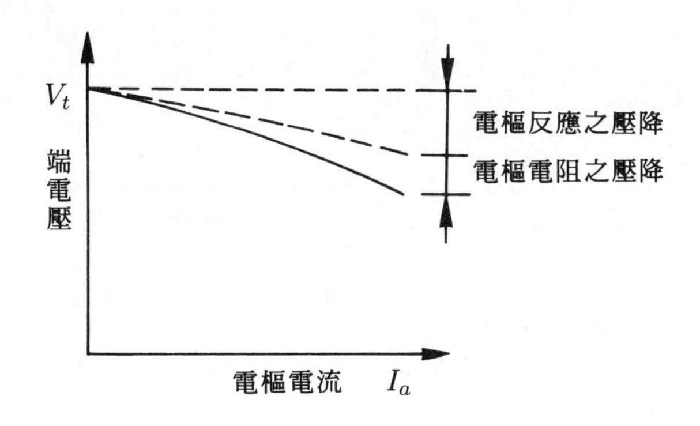

圖 5–18　他激式直流發電機內部特性曲線

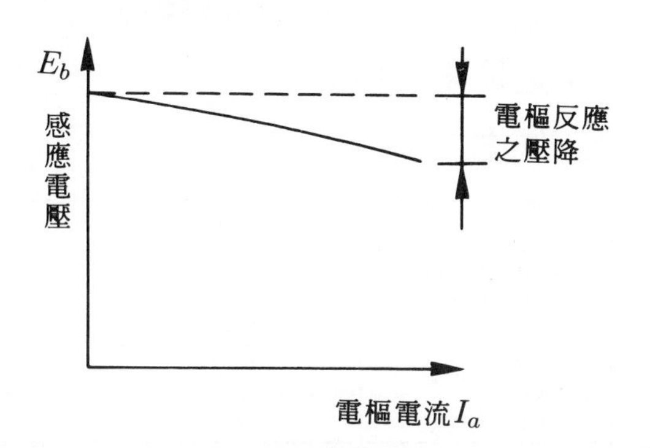

由前述之理由，吾人可得知電樞電流愈大，則端電壓愈低，欲維持端電壓一定時，激磁電流I_f 則必須增加，以補償電樞電阻與電樞效應造成的壓降。電樞特性曲線即爲端電壓與轉子轉速一定時，電樞電流I_a 與激磁電流之關係，圖 5–19 爲其典型之曲線圖。

圖 5–19 他激式直流發電機電樞特性曲線

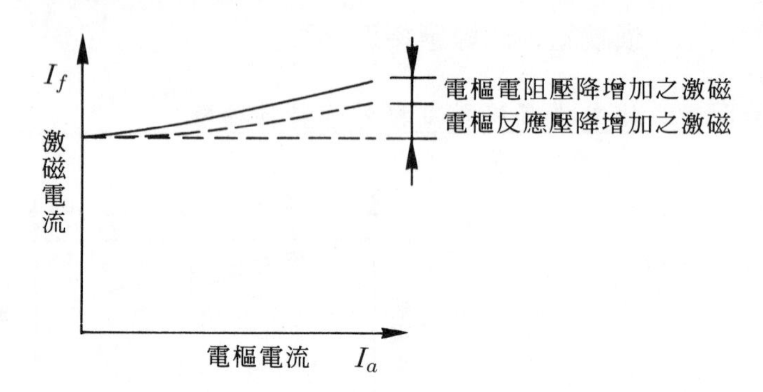

再者，電壓調整率係指發電機於滿載時之端電壓對無載時之端電壓之變化比，依定義電壓調整率 ϵ 可寫爲

$$\epsilon = \frac{E_{bo} - V_{tf}}{V_{tf}} \times 100\% \qquad (5\text{–}8)$$

式中，E_{bo}，V_{tf} 分別爲無載與滿載時之端電壓，對他激式發電機而言，該值應爲正數。

III. 儀器設備

名稱	規格	數量	備註
直流發電機	160V 2KW 他激	1	
直流電動機	160V 3HP 分激	1	
直流電壓表	0 – 300V	3	
直流電流表	0 – 5A	2	
直流電流表	0 – 10A	2	
閘刀開關	2P 20A	3	
轉速發電機	3000rpm	1	
轉速計	3000rpm	1	
可變電阻器	100Ω 2A	2	
可變電阻器	10Ω 20A	1	
電阻箱	2KW 220V	1	

IV. 實驗步驟

1.依圖 5–20 接線，將開關 S_1、 S_2、 S_3 開路。

2.參考實驗二，將直流電動機啓動後，於實驗過程中，將其轉速維持爲額定值。

3.將開關 S_2 投入，並調整 R_f 使發電機之激磁電流爲額定值，並記錄無載時發電機之轉速、激磁電流與端電壓。

4.投入開關 S_3，並逐次調整電阻箱，使電樞電流由零增加至額定值之 1.2 倍止，並記錄電流與相對應之端電壓，是爲外部特性資料。

5.參考實驗一，求得電樞電阻 r_a 後，利用式 (5–7) 計算發電機之內部特性資料。

6.重新調整發電機的激磁電流 I_f，使其在額定電樞電流 I_a 時，端電壓亦爲額定值。

7.逐漸降低電樞電流，當端電壓升高，則降低 I_f，使端電壓維

圖 5–20　他激式直流發電機之負載特性實驗接線圖

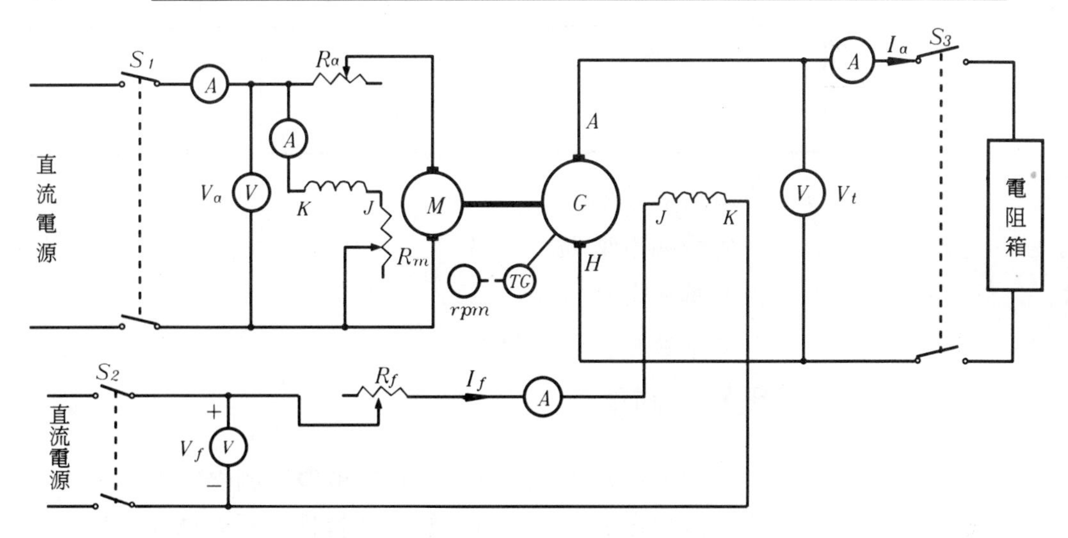

持額定值並記錄相對應之 I_f 與 I_a 值，直至電樞電流為零止，是為電樞特性資料。

8.由測試之相關資料，計算出發電機之電壓調整率。

9.繪出外部特性曲線、內部特性曲線及電樞特性曲線等圖形。

V. 實驗結果

1.外部特性

次　　數		1	2	3	4	5	6	7	8
$I_f =$ 　A	I_a								
$N =$ 　rpm	V_t								

2.內部特性

次　　數		1	2	3	4	5	6	7	8
$I_f =$ 　A	I_a								
$N =$ 　rpm	E_b								

3.電樞特性

次　　數		1	2	3	4	5	6	7	8
$V_t =$ 　V	I_a								
$N =$ 　rpm	l_f								

4.電壓調整率

無載端電壓 $E_{bo} =$ 　V

滿載端電壓 $V_{tf} =$ 　V

電壓調整率 $=$ 　%

VI. 問題與討論

1.何謂電樞效應，試以他激式發電機為例說明之。

2.直流發電機之外部特性與內部特性之意義為何?

3.說明電樞效應對他激式發電機外部特性與內部特性之影響。

4.他激式發電機之負載增加時，端電壓下降，其原因為何？欲保持端電壓為一定時，應如何改善？

5.直流發電機電樞特性曲線之意義為何？對端電壓之控制又有何影響？

6.由實驗之數據，繪出發電機的外部特性曲線、內部特性曲線及電樞特性曲線。

7.試舉例說明他激式直流發電機的用途。

8.依實驗之數據，計算出他激式發電機的電壓調整率。

實驗五　分激式直流發電機之負載特性實驗

Load characteristics test of shunt D.C. generators

I. 實驗目的

1.瞭解分激式直流發電機外部特性曲線之意義並測定之。
2.瞭解分激式直流發電機內部特性曲線之意義並計算之。
3.瞭解分激式直流發電機電樞特性曲線之意義並測定之。
4.計算分激式直流發電機之電壓調整率。

II. 原理說明

分激式直流發電機於接上負載後之等效電路如圖 5–21 所示，激磁電路係並聯於電樞回路上，當發電機利用剩磁建立端電壓後，因端電壓於負載變動之過程中變化不致太大，故其特性與他激式類似。

圖 5–21　分激式直流發電機等效電路圖

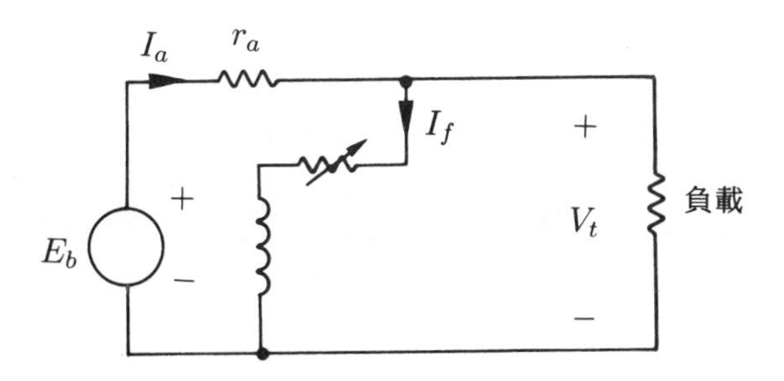

對外部特性曲線而言，端電壓V_t之壓降，除電樞繞組電阻、電樞效應外，尚包括激磁電流的變動，此項變化乃因端電壓之降低引

起，換言之，端電壓降低之因數較他激式多且下降關係亦較明顯，其關係可表示爲

$$V_t=E_{bo}-I_ar_a-\text{電樞效應所造成之壓降}$$

$$-\text{激磁電流減少所造成之壓降} \quad (5\text{–}9)$$

圖 5–22 所示即爲分激直流發電機之外部特性曲線。由此圖可看出該曲線之下降較快，當電樞電流較大時，使端電壓降低，進而使激磁電流減少，感應電壓降低，此一連鎖效應，將使負載電流無限制增加時，端電壓趨近於零，而避免設備之毀損。

圖 5–22 分激式直流發電機外部特性曲線

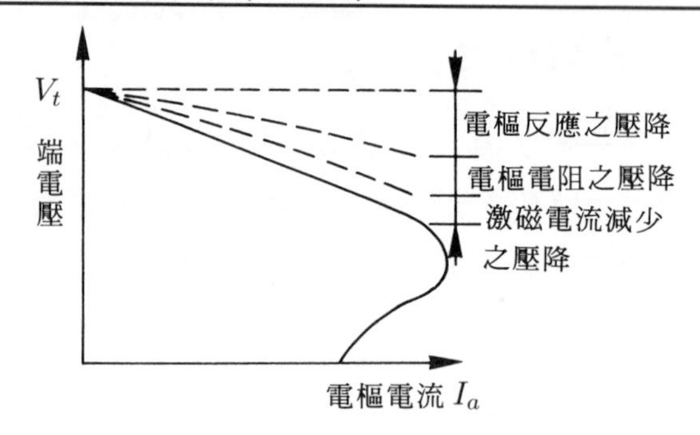

在內部特性曲線方面，則可利用下式計算出感應電壓 E_b 與電樞電流 I_a 之關係

$$E_b=E_{bo}-\text{電樞效應所造成之壓降}-\text{激磁電流減少所造成之壓降}$$

$$=V_t-I_ar_a \quad (5\text{–}10)$$

式中，E_{bo} 表示發電機於無載時端電壓，圖 5–24 則表示典型的內部特性曲線圖。

對電樞特性而言，因電樞電流增加時，端電壓降低趨勢較大，故欲維持端電壓一定，所增加之激磁電流亦較大，其特性曲線如圖

5–24 所示。電壓調整率可參考實驗四式 (5–8)，其數值爲正且大於他激式直流發電機。

圖 5–23　分激式直流發電機內部特性曲線

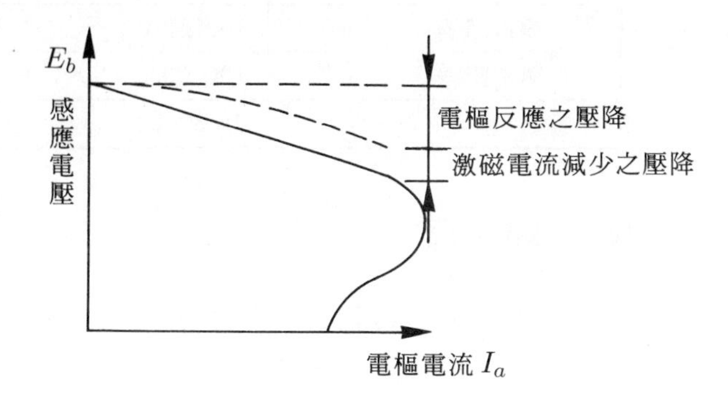

圖 5–24　分激式直流發電機電樞特性曲線

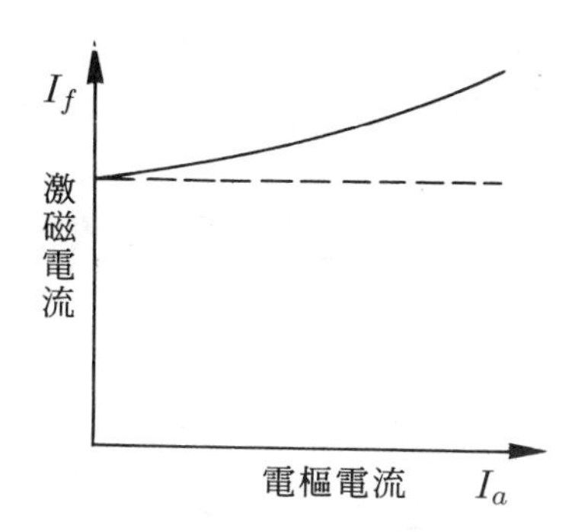

III. 儀器設備

名　稱	規　格	數　量	備　註
直流發電機	160V 2KW　分激	1	
直流電動機	160V 3HP　分激	1	
直流電壓表	0 – 300V	2	
直流電流表	0 – 5A	2	

直流電流表	0 – 10A	2	
無熔絲開關 (NFB)	2P 20A	2	
轉速發電機	3000rpm	1	
轉速計	3000rpm	1	
可變電阻器	100Ω 2A	2	
可變電阻器	10Ω 20A	1	
電阻箱	2KW 220V	1	

Ⅳ. 實驗步驟

1.依圖 5–25 接線，將開關 S_1、 S_2 開路。

2.參考實驗二，啓動直流電動機，並調整激磁電流之可變電阻器，使發電機電壓爲額定值。

3.記錄無載時發電機之轉速、激磁電流與端電壓。

4.投入開關 S_2，並逐次調整電阻箱，使電樞電流由零增加至額定值之 1.2 倍止，並記電流與相對應之端電壓，是爲外部特性資料。

圖 5–25 分激式直流發電機之負載特性實驗接線圖

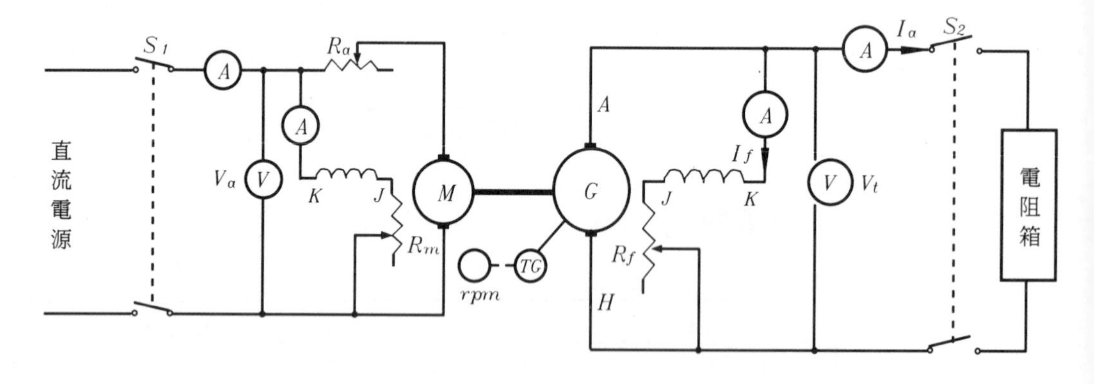

5.參考實驗一，求得電樞電阻 r_a 後，利用式(5–10) 計算發電機之內部特性資料。

6.重新調整發電機的激磁電流 I_f，使其在額定電樞電流 I_a 時，端電壓亦爲額定值。

7.逐漸降低電樞電流，當端電壓升高，則降低 I_f，使端電壓維持額定並記錄相對應之 I_f 與 I_a 值，直至電樞電流爲零止，是爲電樞特性資料。

8.由測試之相關資料，計算出發電機之電壓調整率。

9.繪出外部特性曲線，內部特性曲線及電樞特性曲線等圖形。

V. 實驗結果

1.外部特性

次　　數		1	2	3	4	5	6	7	8
$I_f =$ 　A	I_a								
$N =$ rpm	V_t								

2.內部特性

次　　數		1	2	3	4	5	6	7	8
$I_f =$ 　A	I_a								
$N =$ rpm	E_b								

3.電樞特性

次　　數		1	2	3	4	5	6	7	8
$V_t =$ 　V	I_a								
$N =$ rpm	I_f								

4.電壓調整率

無載端電壓 $E_{bo} =$ 　V

滿載端電壓 $V_{tf} =$ 　V

電壓調整率＝　　%

VI. 問題與討論

1.試比較他激式與分激式直流發電機，於負載變化時，外部特性曲線與內部特性曲線之差異。

2.試比較他激式與分激式直流發電機於負載發生短路時，兩者之差異爲何?

3.試舉例說明分激式發電機的用途。

4.依實驗數據，繪出發電機的外部特性曲線、內部特性曲線及電樞特性曲線。

5.依實驗數據，計算出分激式發電機的電壓調整率並與他激式之結果比較。

6.分激式直流發電機於啓動前與啓動後，將其電樞短路，其結果有何不同?

實驗六　串激式直流發電機之負載特性實驗
Load characteristics test of series D.C. generators

I. 實驗目的

1.瞭解串激式直流發電機外部特性曲線之意義並測定之。
2.瞭解串激式直流發電機內部特性曲線之意義並計算之。
3.計算串激式直流發電機之電壓調整率。

II. 原理說明

串激式直流發電機於接上負載後之等效電路如圖5–26所示，激磁繞組與電樞繞組串聯，磁通量的大小隨電樞電流的增加而增加至飽和爲止，若不考慮鐵心飽和現象，因 $E_b = K\phi N$，故感應電流隨電樞電流變化。

圖 5–26　串激式直流發電機等效電路圖

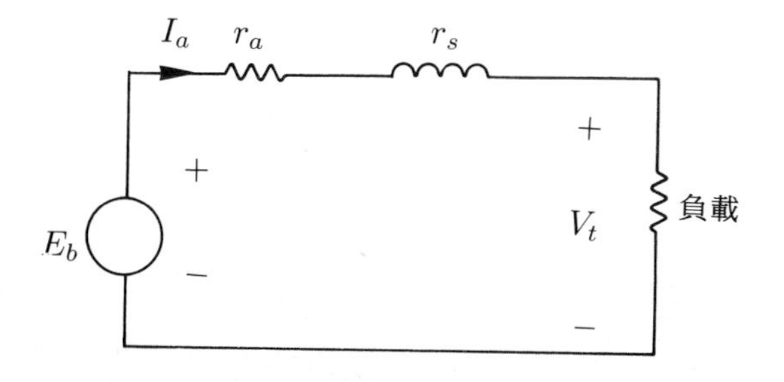

當發電機轉速固定於N時，於無負載狀況下，電樞電流爲零，感應電壓僅可依靠剩磁建立極小的電壓，當負載投入時，此電壓將通過電樞繞組與激磁繞組而建立磁場，若磁場方向與剩磁方向相

同，則感應電壓增加，將使電樞電流增加，進而使磁通量增加，如此週而復始，將使發電機之感應電壓達某一穩定值為止。

若負載電阻逐漸減少，電樞電流增加，磁通量續增，感應電壓亦增加，惟上升之趨勢將隨電樞效應之增加而趨於緩和，若電樞電流繼續增加，則電樞效應更加顯著，終使電壓不但無法增加，反而急速降低，圖 5–27 所示為感應電壓 E_b 之電樞電流 I_a 之內部曲線，同理，在實驗過程中由於 E_b 不易測量，故可利用下式求得:

$$E_b = V_t - I_a(r_a + r_s) \tag{5–11}$$

式中 V_t 為發電機之端電壓，r_a、r_s 則分別為電樞電阻與激磁繞組電阻。再者，串激發電機因磁通量大小隨電樞電流變化，因此電樞反應亦特別嚴重，故應使用中間極繞組或補償繞組以緩和電壓的激烈變動。

圖 5–27　串激式直流發電機內部特性曲線

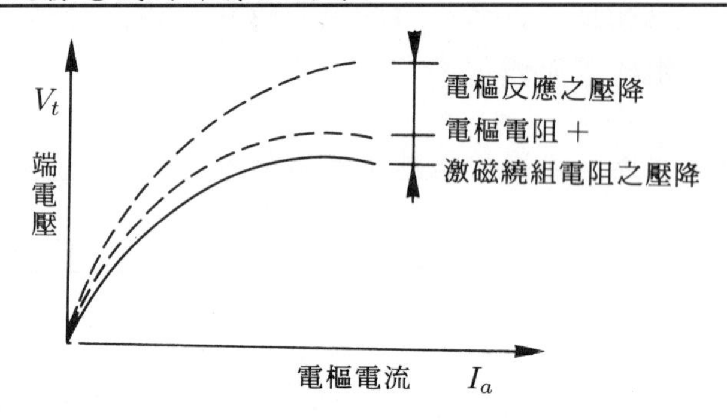

對外部特性曲線而言，由式 (5–10) 可知，端電壓 V_t 與感應電壓 E_b 之差異為 $I_a(r_a + r_s)$，故其電壓之變化更大，圖 5–28 為典型的外部特性曲線圖。

圖 5–28　串激式直流發電機外部特性曲線

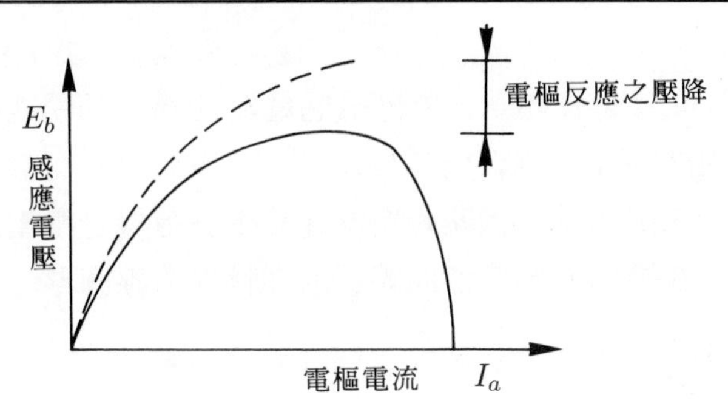

III. 儀器設備

名　稱	規　格	數　量	備　註
直流發電機	160V 2KW　串激	1	
直流電動機	160V 3HP　分激	1	
直流電壓表	0 – 300V	2	
直流電流表	0 – 5A	2	
直流電流表	0 – 10A	1	
無熔絲開關 (NFB)	2P 20A	2	
轉速發電機	3000rpm	1	
轉速計	3000rpm	1	
可變電阻器	100Ω 2A	1	
可變電阻器	10Ω 20A	1	
電阻箱	2KW 220V	1	

IV. 實驗步驟

1.依圖 5–29 接線，將開關 S_1， S_2 開路。

2.參考實驗二，將直流電動機啓動後，於實驗過程中，將其轉速維持為額定並記錄無載時發電機之轉速、激磁電流與端電壓。

3.投入開關 S_2 並逐次調整電阻箱，使電樞電流由零增加至額定值之 1.2 倍止，並記錄電流與相對應之端電壓，是為外部特性資料。

4.參考實驗一，求得電樞電阻 r_a 後，利用式(5–10) 計算發電機之內部特性資料。

5.由測試之相關資料，計算出發電機之電壓調整率。

6.繪出外部特性曲線、內部特性曲線圖形。

圖 5–29　串激式直流發電機之負載特性實驗接線圖

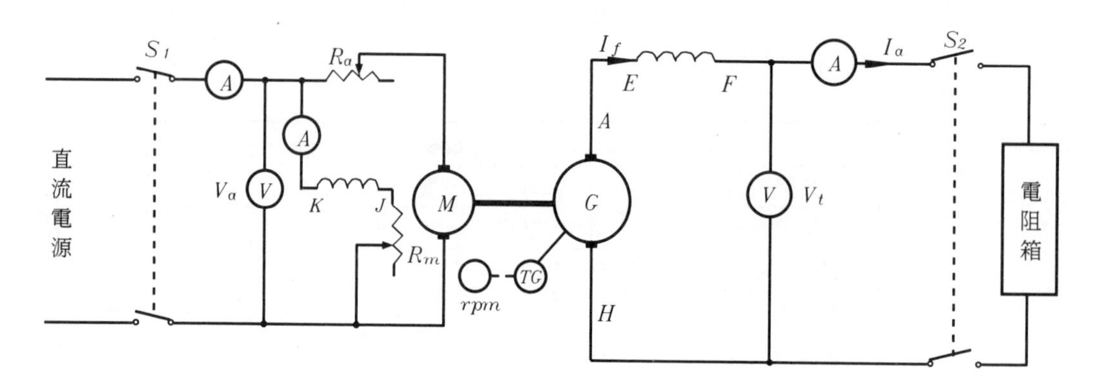

V. 實驗結果

1.外部特性

次　　數		1	2	3	4	5	6	7	8
$I_f =$　　A	I_a								
$N =$　rpm	V_t								

2.內部特性

次　　數		1	2	3	4	5	6	7	8
$I_f =$　　A	I_a								
$N =$　rpm	E								

3.電壓調整率

無載端電壓$E_{bo}=$ 　V

滿載端電壓$=$ 　V

電壓調整率$=$ 　$\%$

VI. 問題與討論

1.依據實驗之結果，繪出串激式發電機的外部及內部特性曲線圖。

2.說明串激直流發電機外部特性曲線中，電樞電流較小時，端電壓上升之原因。

3.同上題，說明電樞電流較大時，端電壓下降之原因。

4.試舉例說明串激式發電機的用途。

5.依實驗數據，計算串激式發電機之電壓調整率並與他激式、分激式之結果比較。

6.分析補償繞組或中間極繞組對串激式直流發電機之影響。

7.當串激式發電機於轉速及負載皆不變時，應如何調整其端電壓。

8.欲改變串激式發電機端電壓之極性，應如何處理?

實驗七 複激式直流發電機之負載特性實驗 Load characteristics test of compound D.C. generators

I. 實驗目的

1.瞭解複激式直流發電機之接線方式。

2.瞭解複激式直流發電機外部特性曲線之意義並測定之。

3.比較各類直流發電機之優缺點及用途。

II. 原理說明

複激式直流發電係包含分激繞組及串激繞組，兩繞組之磁通若同方向，則爲積複激式，反之，若兩繞組之磁通方向若相反，則謂之差複激式；再者，若根據接線方式之不同，則有長並聯與短並聯之分。如圖5–30所示即爲長並聯，該發電機是指電樞繞組及串激繞組串聯後，再與分激繞組並聯。若電樞繞組先與分激繞組並聯後，再與串聯繞組串聯，則屬於短並聯，圖 5–31即爲此型式。

圖 5–30 長並聯複激式直流發電機等效電路圖

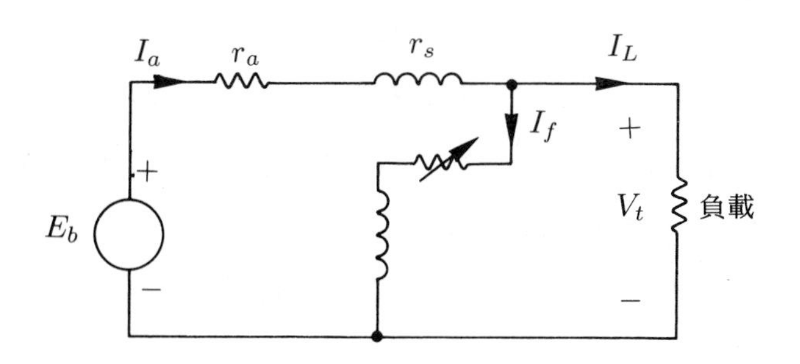

圖 5–31 短並聯複激式直流發電機等效電路圖

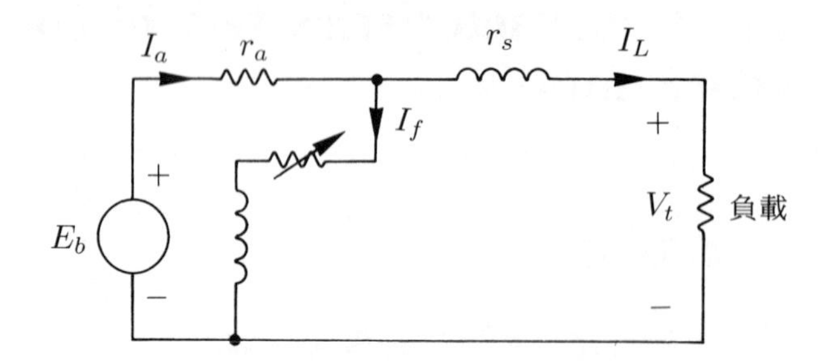

茲說明各類複激發電機之磁通與電氣回路表示式如下:

1.長並聯積複激

令並激繞組產生之磁通量為 ϕ_f，串激繞組產生之磁通量為 ϕ_s，則總磁通量 ϕ 為

$$\phi = \phi_f + \phi_s = \frac{N_f I_f}{R} + \frac{N_s I_s}{R} \tag{5–12}$$

$$E_b = K\phi N = K\phi_f N + K\phi_s N \tag{5–13}$$

此式中 N_f、N_s 分別為並激繞組與串激繞組之匝數，I_f、I_s 則分別為其電流，E_b 為發電機感應電壓，N 為轉子轉速，R 為磁路之磁阻。

再者，由圖 5–30 之電氣回路，吾人可得下列關係:

$$I_s = I_a \tag{5–14}$$

$$I_L = I_a + I_f \tag{5–15}$$

$$E_b = V_t - I_a r_a = V_t - (I_L - I_f) r_a \tag{5–16}$$

2.長並聯差複激式

本型式磁路與感應電壓之關係式為:

$$\phi = \phi_f - \phi_s = \frac{N_f I_f}{R} - \frac{N_s I_s}{R} \tag{5–17}$$

$$E_b = K\phi N = K\phi_f N + K\phi_s N \tag{5-18}$$

而電氣回路，對本型式而言，式(5–13)至式(5–15)之關係亦成立。

3.短並聯積複激式

本型式之磁路與感應電壓之關係，亦可利用式(5–12)及(5–13)表示。而電氣回路，則由圖5–31可得

$$I_s = I_L \tag{5-19}$$

$$I_L = I_a + I_f \tag{5-20}$$

$$\begin{aligned} E_b &= V_t - I_L r_s - I_a r_a \\ &= V_t - I_L r_s - (I_L - I_f) r_a \end{aligned} \tag{5-21}$$

4.短並聯差複激式

本型式之磁路與感應電壓之關係亦可表示爲式(5–17)，(5–18)，而電氣回路之關係，亦可使用式(5–19)至(5–21)表示之。

對發電機的內部或外部特性而言，複激式可依串激繞組的安匝數之多寡與方向區分爲:

1.過複激：屬於積複激型式，串激之安匝數較多，在額定負載內，串激磁通隨負載之增加而加大，該磁通除補償電樞效應與繞組壓降外，尙可使磁通增加，故端電壓將負載加大而提高，換言之其電壓調整率爲負值。

2.平複激：屬於積激型式，串激之安匝數較過複激稍小，於額定負載內，串激磁通的增加使端電壓高於無載電壓；額定負載時，端電壓等於無載電壓；換言之，此型式發電機之電壓調整率爲零。

3.欠複激：亦屬積激型式，串激之安匝最少，串激磁通不足以抵消全部的電樞效應與繞組壓降，但已抵消部份，故於額定負載時端電壓小於無載電壓，其電壓調整率爲正值。

4.差複激：串激磁通，與並激磁通相反，於負載增加時，由於電樞反應，繞組壓降及串激磁通反向之結果，將使發電機之端電壓

急速降低，故其電壓調整率爲正值且較欠複激爲大。

圖5–32爲各型複激式發電機的外部特性曲線圖，綜合實驗四、五、六與本實驗，不同激磁方式之發電機，其電壓調整率可歸類如下:

1.他激式發電機，分激式發電機，欠複激發電機，差複激發電機均爲正值，且

差複激 > 分激 > 他激 > 欠複激

2.平複激發電機爲零。

3.串激發電機，過複激發電機均爲負值，且過複激 > 串激。

圖 5–32 複激式直流發電機外部特性曲線

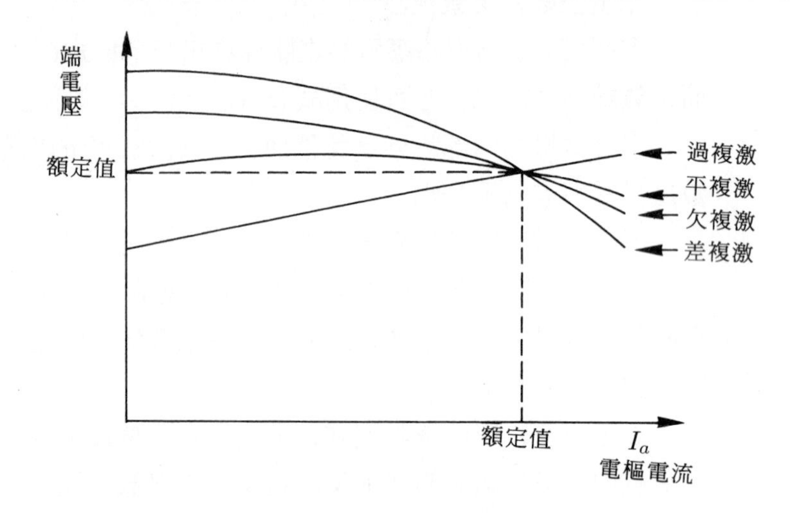

Ⅲ. 儀器設備

名　稱	規　　格	數 量	備　　註
直流發電機	160V 2KW　複激	1	
直流電動機	160V 3HP　分激	1	
直流電壓表	0 – 300V	2	
直流電流表	0 – 5A	2	
直流電流表	0 – 10A	2	
閘刀開關	2P 20A	2	
轉速發電機	3000rpm	1	
轉速計	3000rpm	1	
可變電阻器	100Ω 2A	2	
可變電阻器	10Ω 20A	1	
電阻箱	5KW 220V	1	

Ⅳ. 實驗步驟

1.測定長並聯積複激外部特性曲線時，依圖 5–33 接線，將開關 S_1、S_2 開路。

2.參考實驗二，將直流電動機啓動後，於實驗過程中，將其轉速維持額定值。

3.將開關 S_2 投入，並調整 R_f 使發電機之激磁電流爲額定值，且負載電流亦爲額定值。

4.逐次調整電阻箱，使負載電流由零增至額定值的 1.2 倍止，並記錄相對應之負載電流與端電壓。

5.參考實驗一，求得電樞電阻後，利用式 (5–16) 計算發電機之內部特性。

6.測定長並聯差複激外部特性曲線時，依圖 5–34 接線並重複步驟 2～4。

7.測定短並聯積複激外部特性曲線時，依圖 5–35 接線並重複步驟 2～5。

8.測定短並聯差複激外部特性曲線時，依圖 5–36 接線並重複步驟 2～ 4。

9.對差複激發電機，以式 (5–21) 計算其內部特性。

圖 5–33 長並聯積複激發電機負載實驗接線圖

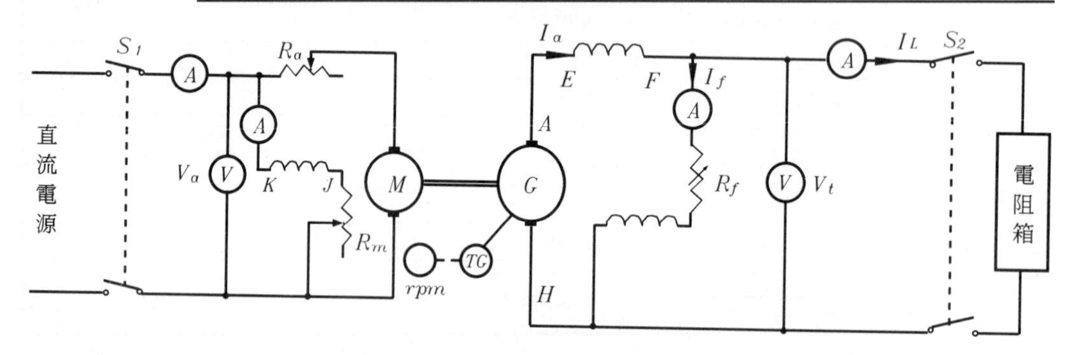

圖 5–34 長並聯差複激發電機負載實驗接線圖

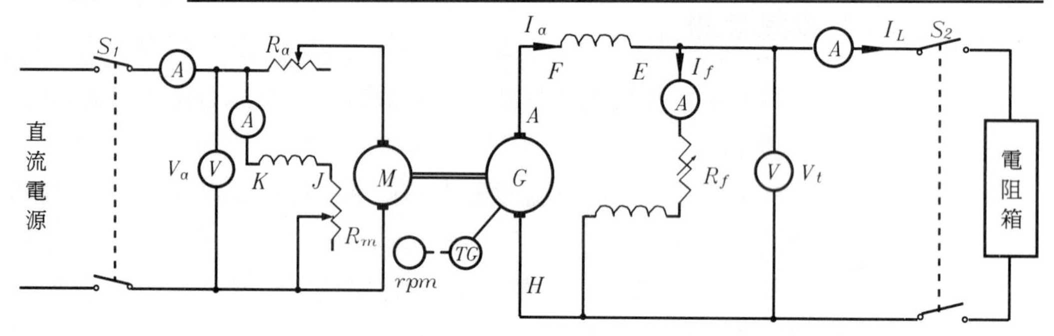

圖 5–35 短並聯積複激發電機負載實驗接線圖

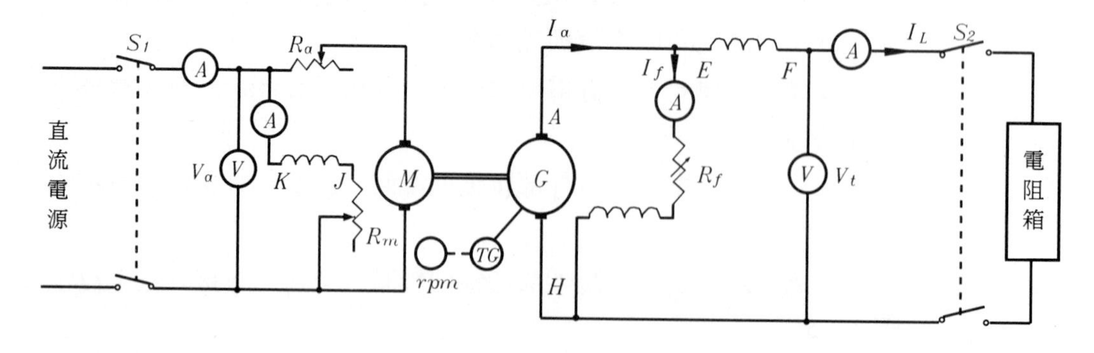

圖 5-36　短並聯差複激發電機負載實驗接線圖

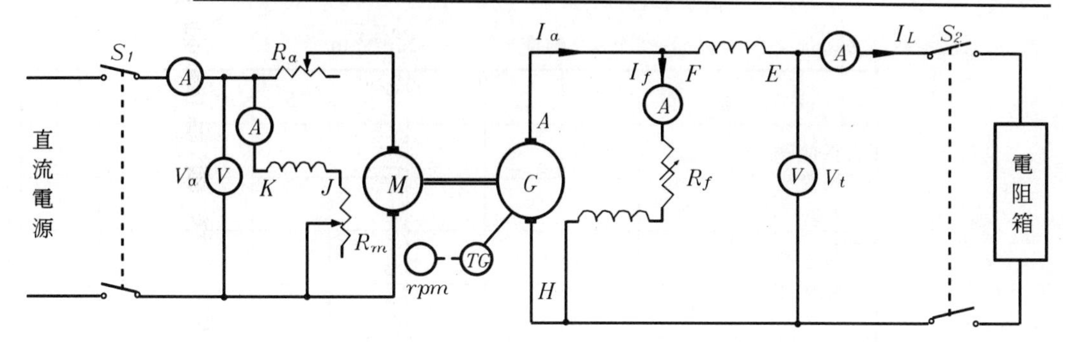

V. 實驗結果

1.外部特性

轉速＝　　　　rpm

次　　數		1	2	3	4	5	6	7	8
長並聯積複激 $I=$　A	I_L								
	V_t								
長並聯差複激 $I=$　A	I_L								
	V_t								
短並聯積複激 $I=$　A	I_L								
	V_t								
短並聯差複激 $I=$　A	I_L								
	V_t								

2.內部特性

轉速＝　　　　rpm

次　　數		1	2	3	4	5	6	7	8
長並聯積複激 $I=$ A	I_L								
	E_b								
長並聯差複激 $I=$ A	I_L								
	E_b								
短並聯積複激 $I=$ A	I_L								
	E_b								
短並聯差複激 $I=$ A	I_L								
	E_b								

3.電壓調整率

項　　目	長並聯積複激	長並聯差複激	短並聯積複激	短並聯差複激
無載端電壓				
滿載端電壓 電壓調整率				

VI. 問題與討論

1.根據實驗數據，繪出複激式發電機的外部特性曲線。

2.試比較各類型直流發電機的電壓調整率。

3.當原動機轉速變化時，複激式發電機的外部特性曲線變化如何？試說明之。

4.試舉例說明複激式發電機的用途。

5.根據實驗數據，判斷長並聯及短並聯外部特性曲線之差異。

6.差複激的直流發電機，負載增加時，電壓迅速下降之原因爲何？試說明之。

7.說明直流發電機中，過複激、平複激、欠複激及差複激之意義。

8.一直流發電機具有分激與串激繞組時，應如何判定其接線爲積複激或差複激？

9.若負載爲電焊機時，應使用何種型式之直流發電機？其原因又爲何？

實驗八　直流電動機之負載特性實驗
Load characteristics test of D.C. motors

I. 實驗目的

1.瞭解直流電動機轉速特性與轉矩特性之意義。

2.測定他激式、分激式、串激式、複激式之轉速特性曲線。

3.測定他激式、分激式、串激式、複激式之轉矩特性曲線。

II. 原理說明

直流電動機於轉速 N、磁通量 ϕ、電樞電流 I_a 時，其反電動勢 E_b 及轉矩 T 可表示爲:

$$E_b=\frac{PZ\phi}{60a}=K\phi N \tag{5-22}$$

$$T=\frac{PZ}{2\pi a}\phi I_a=K'\phi I_a \tag{5-23}$$

此式中，P 表示電動機磁極總數。

Z 表示電樞導體總數。

ϕ 表示每極之磁通量。

a 表示電樞繞組並聯數。

由於此式中 K 與 K' 係決定電動機之結構，對某一電動機而言，其值必爲常數，換言之，感應電壓 E_b 正比於 ϕ 及 N，轉矩 T 則正比於 ϕ 及 I_a。電動機之轉速特性是指電樞電流與轉速之關係曲線；而轉矩特性則指電樞電流與轉矩之關係曲線，對於不同型式之激磁，其特性有相當之差異，茲說明如下:

1.他激式直流電動機

如圖 5–37所示的等效電路，因激磁電流 I_f 爲常數，則磁通量 ϕ

爲常數，故轉速特性可用下式描述:

$$N = \frac{E_b}{K\phi} = \frac{V_t - I_a r_a}{K\phi} \tag{5-24}$$

當輸入電壓V_t 一定時，轉速將隨負載電流之增加而降低。然一般 $I_a r_a$ 較 V_t 小許多（約 5% 以內），故其轉速之變化不致太大；此外，當電流較大，因電樞效應使有效磁通降低，轉速反而有升高的趨勢，而轉矩 $T = K'\phi I_a$ 於電樞電流增加，轉矩亦增，而電樞效應使得電樞電流較大時，轉矩則稍有下降情況，圖 5–38 (a)、(b)分別表示其轉矩及轉矩特性曲線圖。

圖 5–37　他激式直流電動機等效電路圖

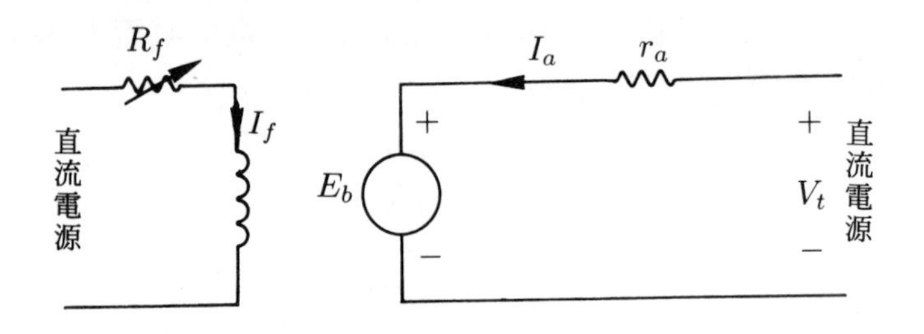

圖 5–38　他激式直流電動機特性曲線

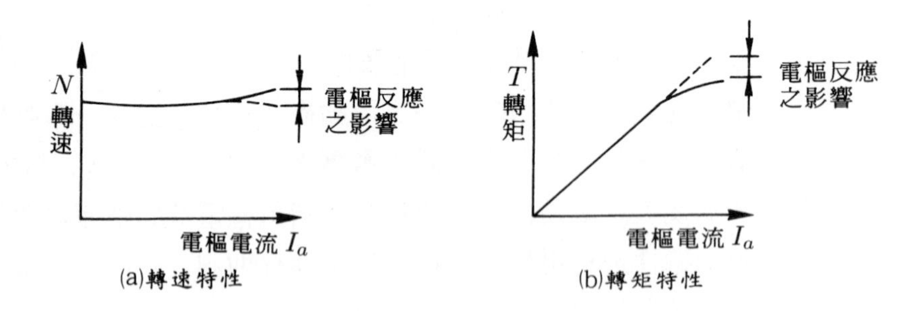

2.分激式直流電動機

由圖 5–39 之等效電路圖可知分激式直流電動機，係將分激繞組跨接於電源上，故轉速 N 與電樞電流 I_a 之關係，亦可使用式 (5–23) 表示，而轉矩 $T = K'\phi I_a$ 亦成立，因此轉速與轉矩特性與他激式類似，最適合於定速之負載，如車床、銑床、紡織機等。

圖 5–39　分激式直流電動機等效電路圖

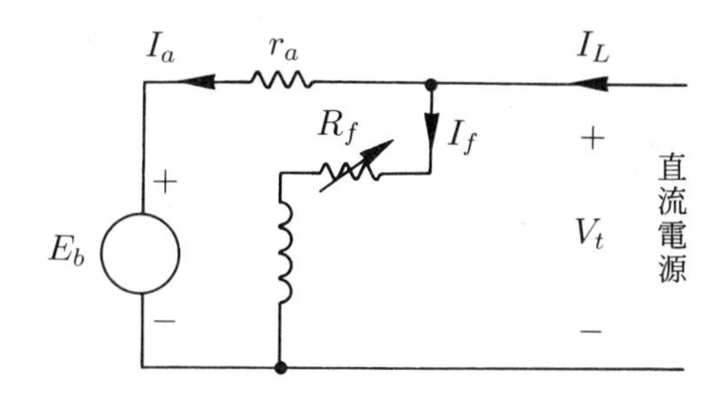

3.串激式直流電動機

如圖 5–40 所示等效電路圖，因激磁繞組串接於電樞電路上，故轉速特性可用下式描述:

$$N = \frac{E_b}{K\phi} = \frac{V_t - I_a(r_a + r_s)}{K\phi} \tag{5–25}$$

當電樞電流較小磁路未飽和時，磁通 ϕ 正比於 I_a，且 $I_a(r_a + r_s)$ 遠小於端電壓 V_t，故轉速約與電樞電流成反比，於無載或輕載時，轉子速度極高，使用時應極爲注意。而電樞電流較大時，則因電樞效應之故，磁通降低故轉速有增加之現象。

至於轉矩特性上，因 $T = K'\phi I_a$，當磁通未飽和時，T 正比於 I_a 平方，是爲一拋物線，而磁路極度飽和時，ϕ 約爲一定，故轉矩約正比於 I_a，爲一條直線。一般而言，因直流電機啓動電流較額定電流大，故此類型電動機之啓動轉矩較高，適用於電車、起重機、捲揚機等，圖 5–41 爲其特性圖。

圖 5–40 串激式直流電動機等效電路圖

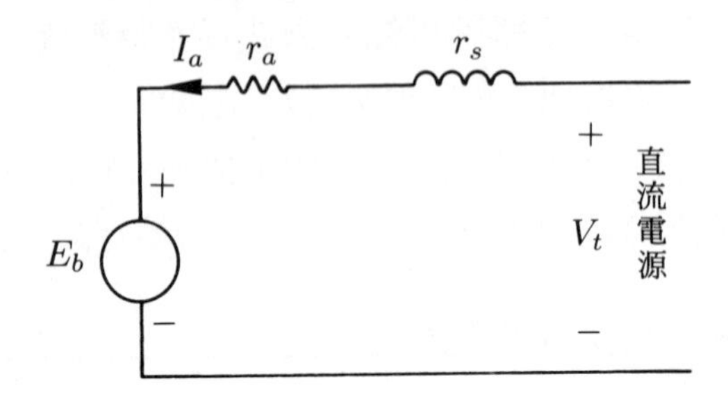

圖 5–41 串激式直流電動機特性曲線

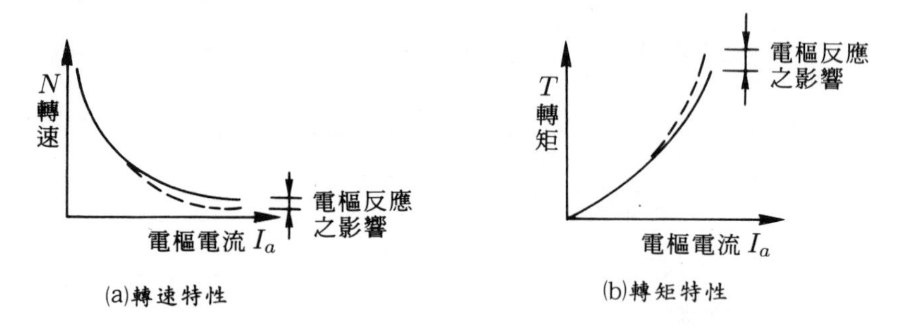

4.複激式直流電動機

如圖 5–42 爲長並聯積複激電動機，因分激繞組跨接於電源端，串激繞組則串聯於電樞繞組上，故其轉速特性可用下式描述:

$$N=\frac{E_b}{K\phi}=\frac{V_t-I_a(r_a+r_s)}{K\phi}$$

$$=\frac{V_t-I_a(r_a+r_s)}{K(\phi_f\pm\phi_s)} \tag{5-26}$$

上式中ϕ_f、ϕ_s 分別爲分激磁通與串激磁通，+ 號表示積複激型，− 號則爲差複激型，如前述，ϕ_f 約爲定值，ϕ_s 隨電樞電流之增加而增加，故轉速將因電樞電流增加而漸降低，而差複激型則隨電樞電流之增加，轉速將逐漸提高。

至於轉矩特性上，因 $T = K'\phi I_a = K'(\phi_f \pm \phi_s)I_a$，當電樞電流增加時，$\phi_s$ 亦增加，對積複激而言，轉矩將上升，而差複激電動機，轉矩將下降。

積複激電動機因具有分激的轉速平穩與串激式大啓動轉矩之特性，故適用於負載變化較劇烈之處，如滾壓機、鑽孔機、升降機等。

差複激電動機，若於某電樞電流下，使$\phi_f = \phi_s$ 時，總磁通將變爲零，故轉速將極高，若電樞電流過大，$\phi_f < \phi_s$，總磁通爲負，轉矩變爲負值，因此，一般很少使用。

而短並聯積複電動機，除分激繞組與串激繞組之接線與長並聯者，稍有差異，於轉速及轉矩特性上，兩者大致相同，用途也類似，圖 5–43 分別表示其轉速與轉矩特性曲線。

圖 5–42　長並聯複激式直流電動機等效電路圖

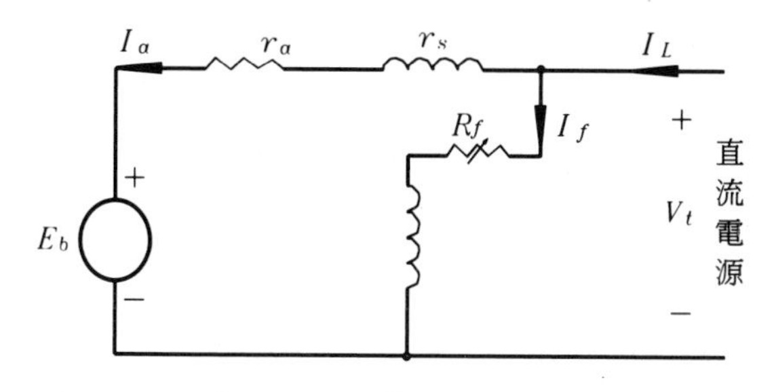

圖 5–43　複激式直流電動機特性曲線

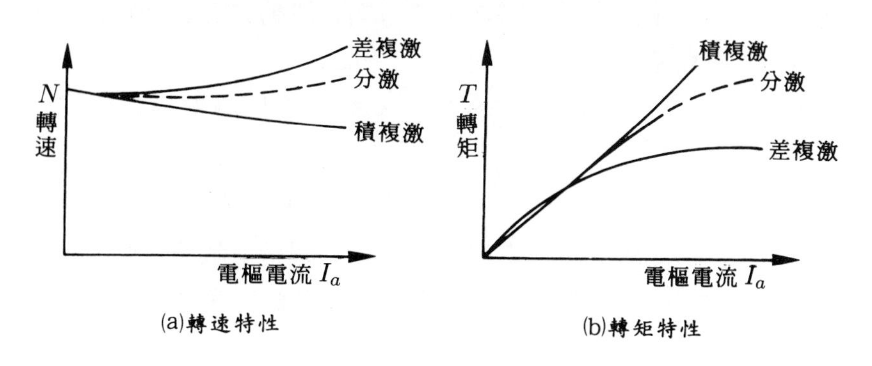

(a)轉速特性　(b)轉矩特性

III. 儀器設備

名　　稱	規　　格	數　量	備　　註
直流電動機	160V 3HP	4	他激、分激、串激、複激各一
四點式啓動器		1	
直流動力計付動力計控制盤	160V 2KW 1800rpm	1	
直流電壓表	0 – 300V	2	
直流電流表	0 – 5A	2	
直流電流表	0 – 10A	2	
閘刀開關	2P 20A	3	
轉速發電機	3000rpm	1	
轉速計	3000rpm	1	
可變電阻器	100Ω 2A	2	
電阻箱	5KW 220V	1	

IV. 實驗步驟

1.測量他激式負載特性時，按圖 5–44 接線，將閘刀開關 S_1、S_2 及 S_3 開路。

2.將開關 S_2 投入，並調整 R_f 使電動機之激磁達額定電流值，於實驗中應保持固定值。

3.參考實驗二，將直流電動機啓動後，並維持額定轉速。

4.核對電動機之旋轉方向，使動力計之旋轉，由電動機方向觀看爲順時針。

5.將動力計旋鈕歸零，並切換於發電機位置，並將其電源加入。

6.調整動力計之激磁電流，使動力計之輸出電壓爲額定值。

7.將負載箱之開關投入，並調整電阻使電動機之電流爲額定值 20%，記錄各電表之指示值及彈簧秤之讀值。

8.逐漸降低負載箱之電阻值，使電流逐漸升高，由額定電值之20% 開始升高至 120%爲止，分八點記錄各項讀值。

9.計算電動機之轉矩，並繪出轉速與轉矩特性曲線。

10.測量分激式直流電動機負載特性時，按圖 5–45 接線並將開關 S_1、S_2 開路，並重複第 3 ～第9 步驟。

11.測量串激式直流電動機負載特性時，按圖 5–46 接線並將開關 S_1、S_2 開路，並重複第 3 ～第 9 步驟。

12.測量複激式直流電動機負載特性時，按圖 5–47 接線並將開關 S_1、S_2 開路，並重複第 3 ～第 9 步驟。

圖 5–44　他激式直流電動機負載特性實驗接線圖

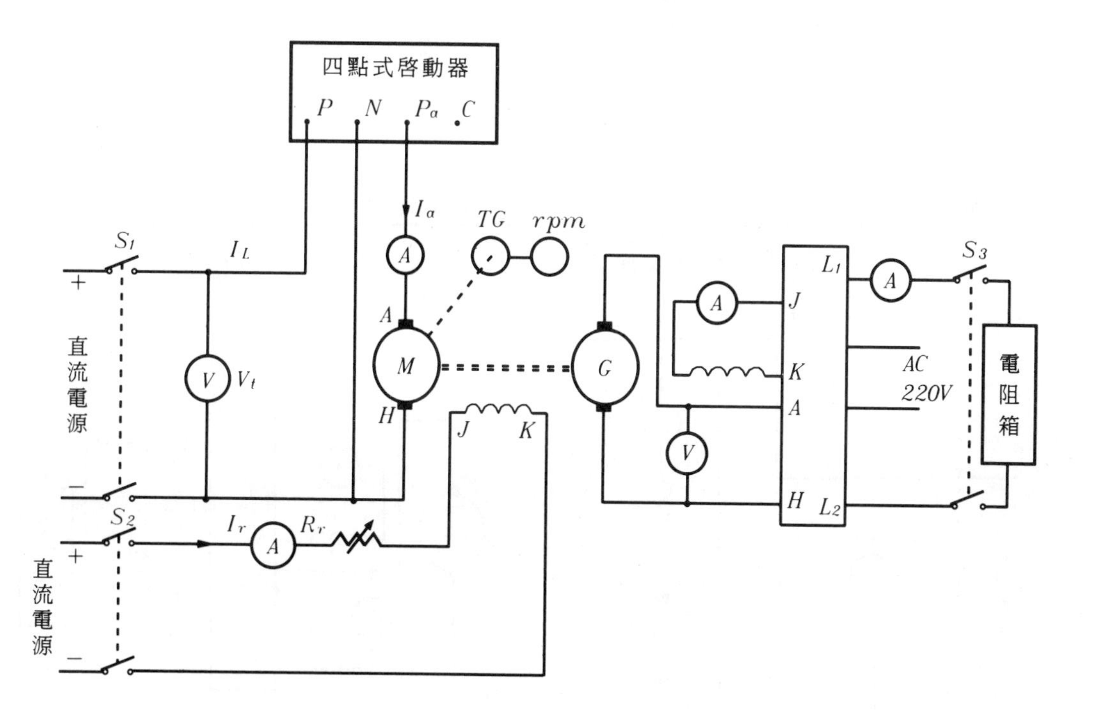

圖 5–45 分激式直流電動機負載特性實驗接線圖

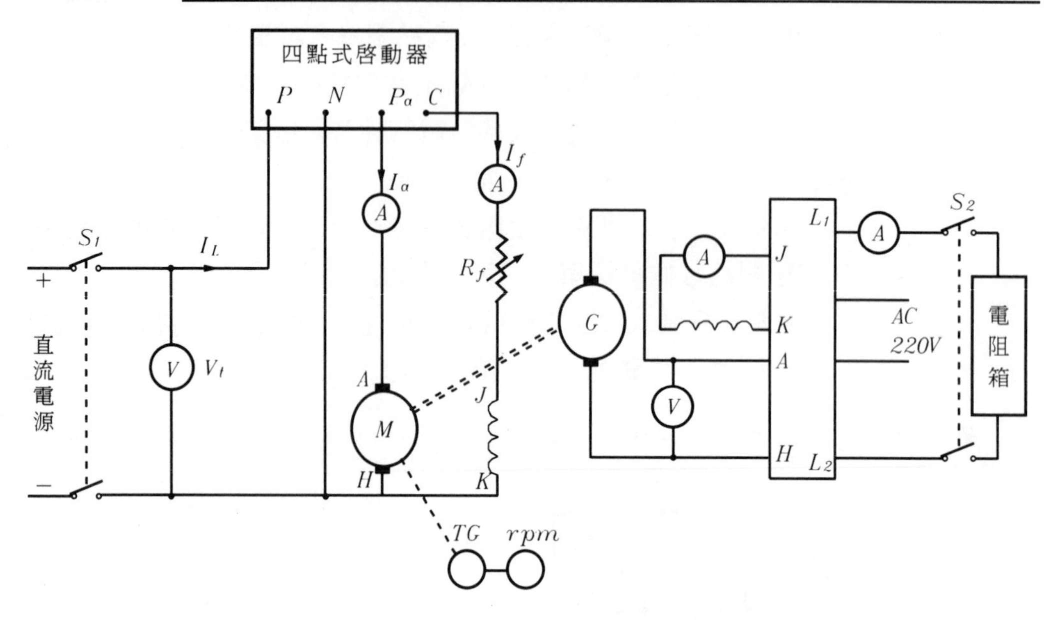

圖 5–46 串激式直流電動機負載特性實驗接線圖

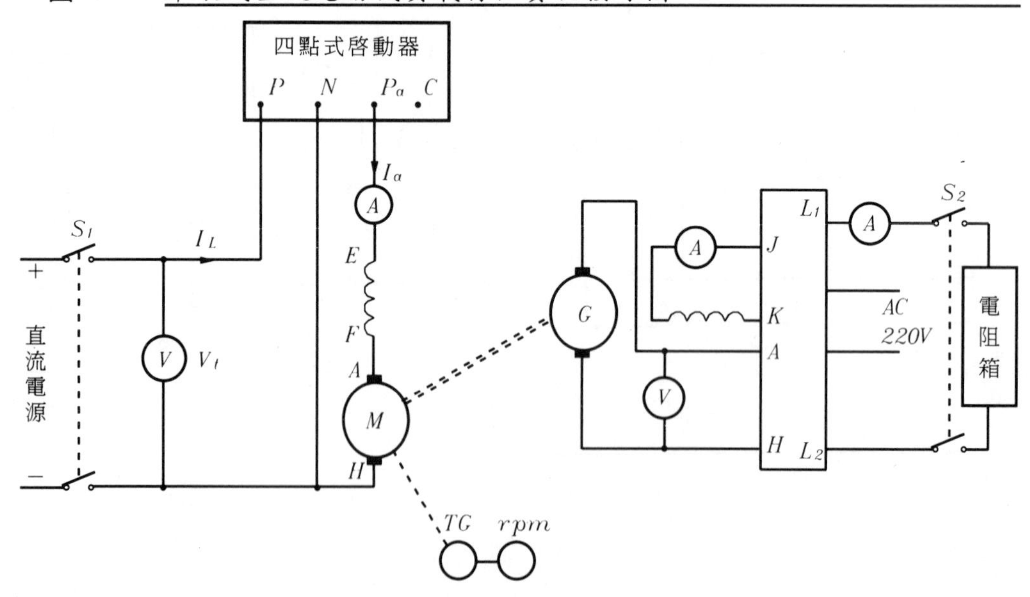

圖 5–47 複激式直流電動機負載特性實驗接線圖

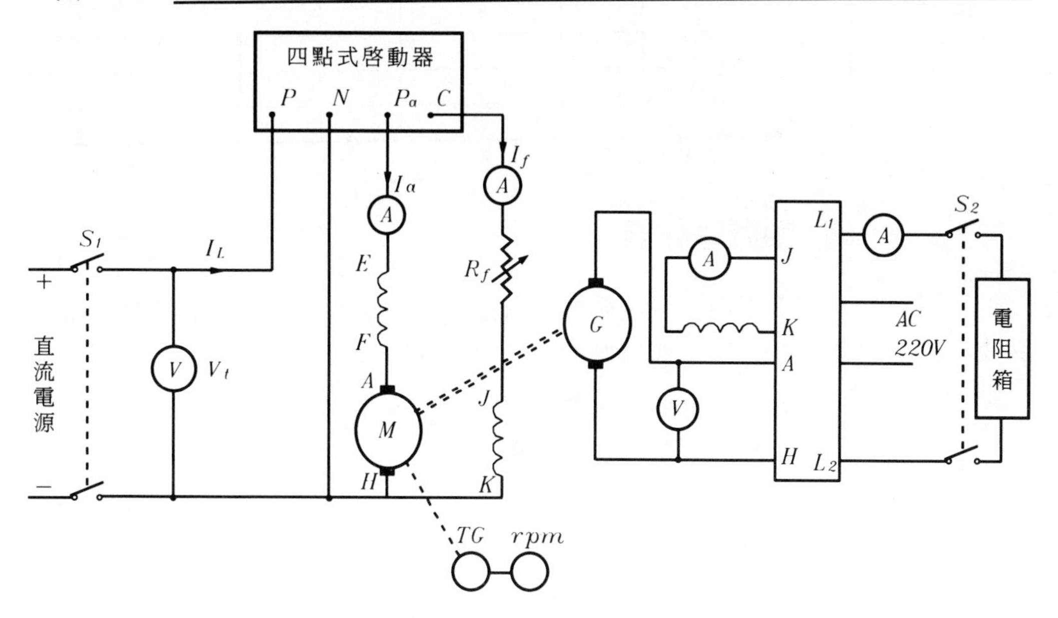

V. 實驗結果

次	數	1	2	3	4	5	6	7	8
他激電動機	V_t								
	I_a								
	F								
	N								
	T								
分激電動機	V_t								
	I_a								
	F								
	N								
	T								
串激電動機	V_t								
	I_a								
	F								
	N								
	T								

複激電動機	V_t								
	I_a								
	F								
	N								
	T								

註: $T = 9.8FX = 2.45F$

VI. 問題與討論

1.利用實驗之數據，繪出各式電動機之轉速與轉矩特性曲線。

2.說明電樞效應對直流電動機轉速之影響。

3.說明電樞效應對直流電動機轉矩之影響。

4.舉例說明各類直流電動機的用途。

5.解釋積複激及差複激直流電動機轉矩之轉速差異之原因。

6.說明差複激電動機於實用上的一些問題。

7.分激或他激電動機於運轉過程中，若激磁回路突然開路，會產生那些問題？應如何改善？

8.何謂電動機的速率調整率？根據實驗之結果，計算各類電動機的速率調整率。

9.對啓動轉矩需求較大者，最適用何種電動機？試說明其理由。

10.對轉速平穩要求較大者，最適用何種電動機？試說明其理由。

實驗九　直流電動機之速率控制
Speed control of D.C. motors

I. 實驗目的

1.瞭解直流電動機速率控制的基本原理。

2.測量各類型電動機與磁通量與電樞電壓之關係。

II. 原理說明

直流電動機之速度，可由轉速公式描述，即

$$N=\frac{E_b}{K\phi}=\frac{V_t-I_a(r_a+r_s)}{K\phi} \tag{5-27}$$

式中 r_a，r_s 分別爲電樞繞組與串激繞組之電阻，若該電動機未使用串激繞組，則 $r_s=0$，因此，轉速的控制可由 V_t，ϕ 及 r_a+r_s 三項中加以變化而控制。茲說明如下:

1.端電壓控制法

此法乃保持磁通量中與電樞上之電阻爲定值，而改變外加之電壓而改變轉速，由於 $I_a(r_a+r_s)$ 遠小於端電壓，故速度約與外加電壓成正比，但於低速時，因端電壓較低，$I_a(r_a+r_s)$ 之作用較爲顯著，將使轉速之變化較大。再者，因直流電壓變化可經由下列三種方式取得。

(1)將交流電源以閘流體控制其導通角度，使端電壓之平均值改變。

(2)將交流電源經由自耦變壓器或多接頭之變壓器改變電壓後，再以整流方式得直流電壓。

(3)利用華德一里歐德 (Ward Leonard System) 系統，取得直流電壓的調整。如圖 5–48 所示，本系統係以原動機（如感應機）驅動他激式直流發電機，並以該直流電壓供給直流電動機，調節發電機之激磁，即可改變直流電壓值，改變直流電動機之激磁，亦可改變其轉速。

圖 5–48 華德—里歐德系統接線圖

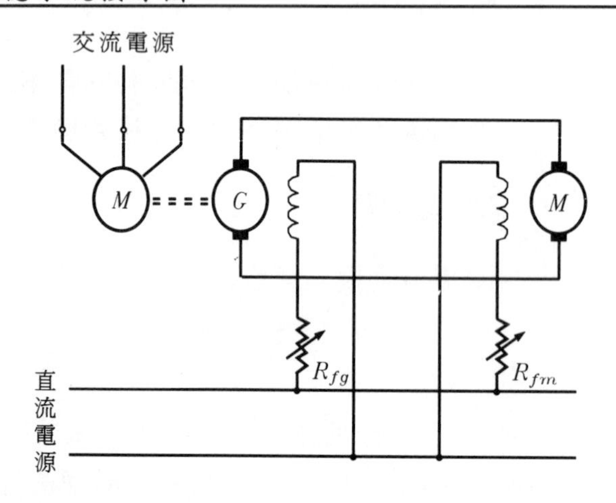

2.電樞電阻控制法

此法乃保持端電壓 V_t 與磁通量 ϕ 爲定值，而外加電阻於電樞回路上，改變 (r_a+r_s) 值進而調整轉速。若外加電阻爲 R_m 於電樞回路，則轉速將降爲 $N=\dfrac{V_t-I_a(r_a+r_s+R_m)}{K\phi}$，當電樞電流 I_a 相同時，若電阻 R_m 增大，則轉速降低，此時輸入相率 V_tI_a 相同，轉矩 $T=K\phi I_a$ 相同，但損失 $I_a^2R_m$ 增加，使輸出功率下降，效率亦減低，故實際應用極少採用。圖 5–49 即爲不同 R_m 下，轉速與電樞電流之關係圖。

3.磁通量控制法

此法乃保持端電壓及電樞上之電阻爲定值，利用激磁電流的變化，改變主磁極的磁通量進而調整轉速。若減少激磁電流，磁通量降低，則轉速升高。用此法可將速度調高於額定轉速，圖 5–50 即爲不同之磁通量 ϕ 下，轉速與電樞電流之關係圖。

圖 5–49 不同 R_m 下，轉速與電樞電流關係圖

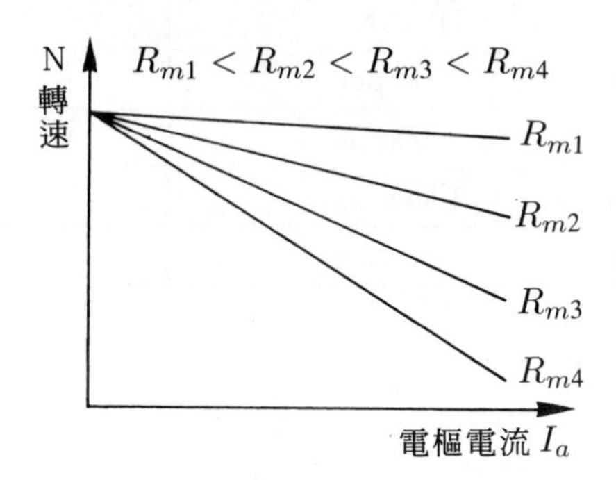

圖 5–50 不同磁通量 ϕ 下，轉速與電樞電流關係圖

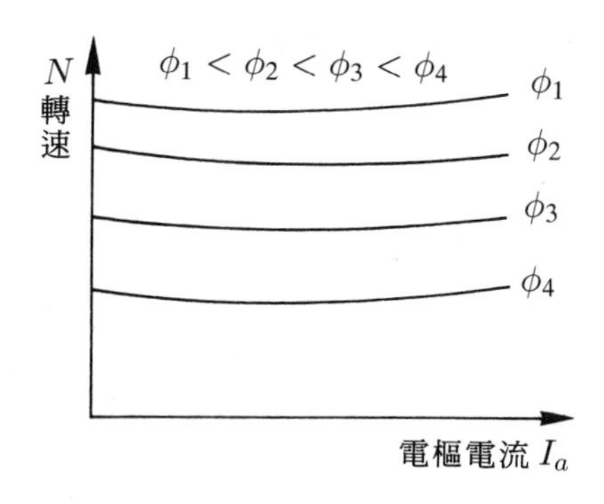

Ⅲ. 儀器設備

名　　稱	規　　格	數　量	備　　註
直流電動機	160V 3HP	4	他激、分激、串激、複激各一
電壓調整器	3KVA 0 – 260V	2	
全波整流器	20A 400V	2	
四點式啓動器		1	
直流電壓表	0 – 300V	1	
直流電流表	0 – 5A	3	

直流電流表	0 – 10A	1	
閘刀開關	2P 20A	2	
轉速發電機	3000rpm	1	
轉速計	3000rpm	1	
可變電阻器	100Ω 2A	2	
可變電阻器	10Ω 20A	1	

IV. 實驗步驟

1.他激式電動機速率控制實驗時，依圖 5–51 接線，將閘刀開關 S_1、S_2 開路。

2.將開關 S_2 投入，並調整 R_f 使電動機之激磁達額定值。

3.投入開關 S_1，調整電壓調整器使電動機端電壓為額定值後再調整 $R_m = 0$。

4.參考實驗一，利用四點式啓動器將電動機啓動，使其轉速為額定。

5.調整電壓調整器，使電動機之端電壓由額定值之 100% 逐次降至 50%，並分八點記錄相對應之 V_t、I_a、I_f、N 等數值。

6.將端電壓恢復至額定值，待電動機轉速穩定後，改變外加電樞電阻，使電樞電流由額定值之 100% 降至 50%，並分八點記錄相對應之 V_t、I_a、I_f、N 等數值。

7.將 R_m 調回零值，調整激磁電阻，使激磁電流由額定值之 100% 逐次降低至 50%，並分八點記錄相對應之 V_t、I_a、I_f、N 等數值。

8.分激式電動機速率控制實驗時，按圖5–52 接線並將開關 S_1 開路，並重複第3 至第 7 步驟。

9.串激式電動機速率控制實驗時，按圖5–53 接線並將開關 S_1 開路，並重複第3 至第 7 步驟。

圖 5–51　他激式電動機速率控制實驗接線圖

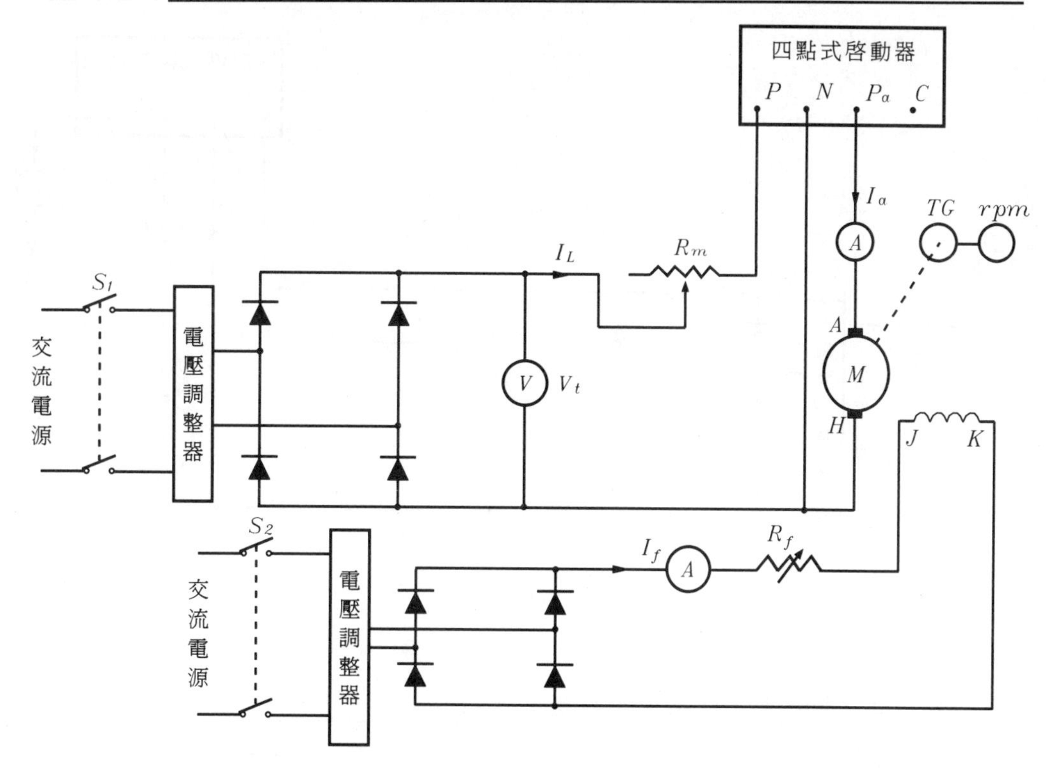

10.複激式電動機速率控制實驗時，按圖5–54 接線並將開關 S_1 開路，並重複第3 至第 6 步驟，但此時應記錄值爲 V_t、I_a、I_{f1}、I_{f2}、N 等數值。

11.將 R_m 調回零值，調整激磁電阻 R_{f1}、R_{f2}、使激磁電流 I_{f1}，I_{f2} 分別由額定值的 100% 逐次降至50%，並分八點記錄相對應之 V_t、I_a、I_{f1}、I_{f2}、N 等數值。

12.繪出各類型電動機 $N-V_t$、$N-R_m$、$N-\phi$ 之關係圖。

圖 5–52 分激式電動機速率控制實驗接線圖

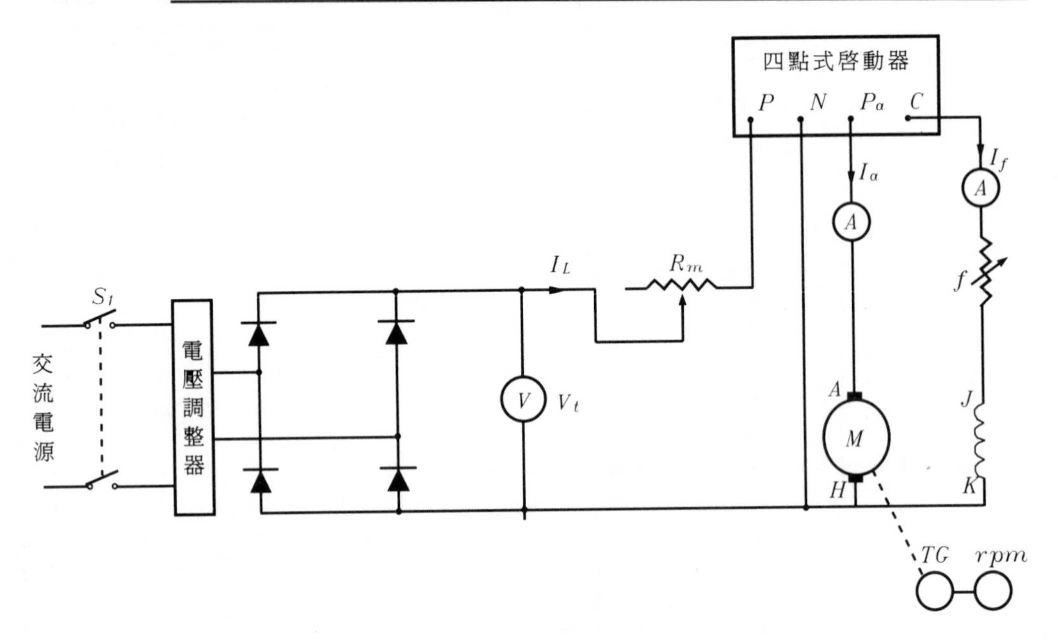

圖 5–53 串激式電動機速率控制實驗接線圖

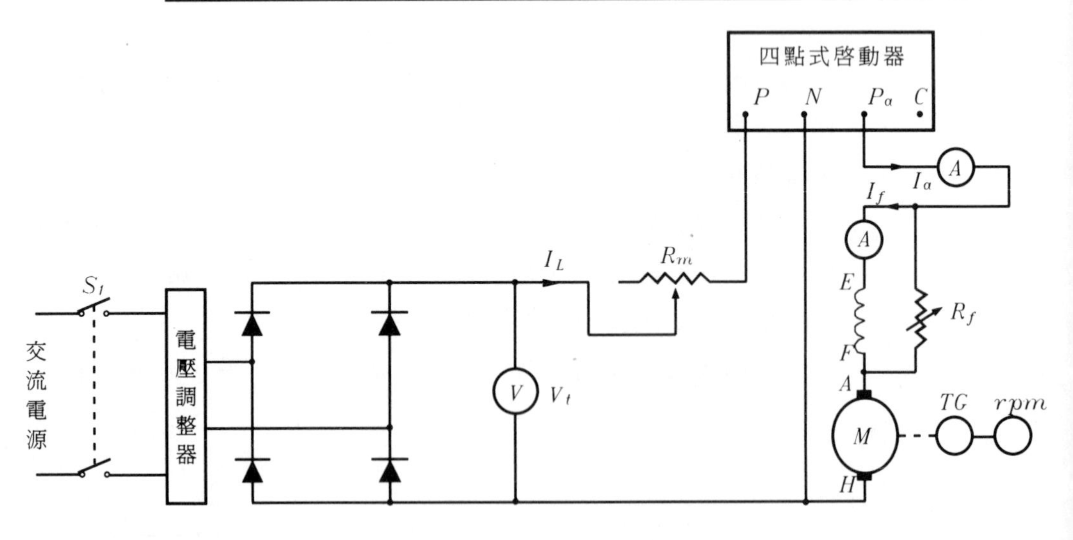

圖 5–54 複激式電動機速率控制實驗接線圖

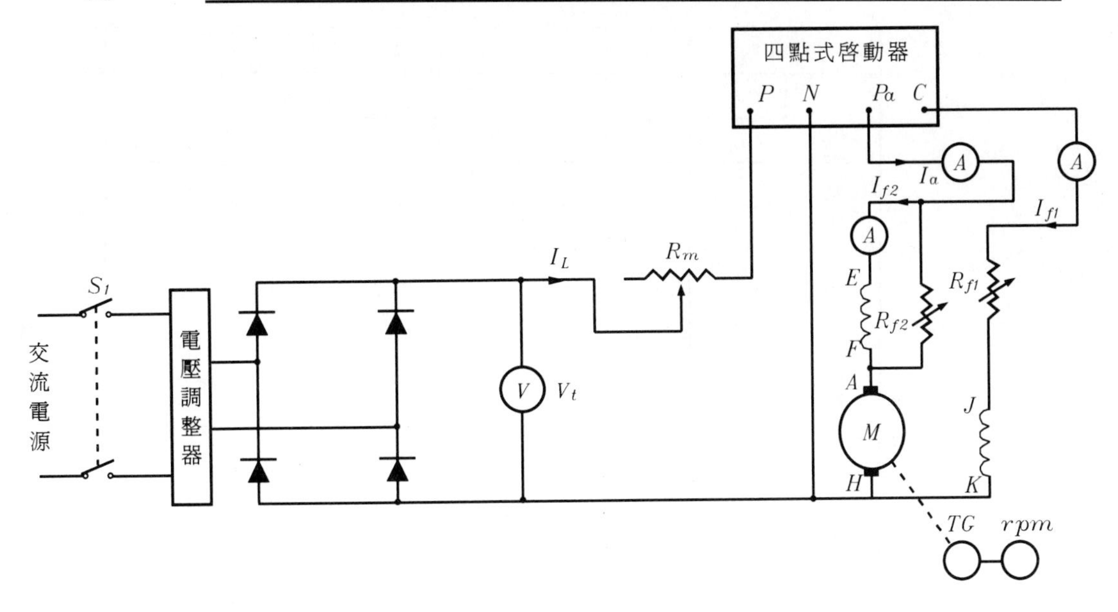

VI. 實驗結果

1.他激式電動機

次	數	1	2	3	4	5	6	7	8
改變端電壓	V_t								
	I_a								
	I_f								
	N								
改變電樞電阻	V_t								
	I_a								
	I_f								
	N								
改變磁通量	V_t								
	I_a								
	I_f								
	N								

2.分激式電動機

次　數		1	2	3	4	5	6	7	8
改變端電壓	V_t								
	I_a								
	I_f								
	N								
改變電樞電阻	V_t								
	I_a								
	I_f								
	N								
改變磁通量	V_t								
	I_a								
	I_f								
	N								

3.串激式電動機

次　數		1	2	3	4	5	6	7	8
改變端電壓	V_t								
	I_a								
	I_f								
	N								
改變電樞電阻	V_t								
	I_a								
	I_f								
	N								
改變磁通量	V_t								
	I_a								
	I_f								
	N								

4.複激式電動機

次	數	1	2	3	4	5	6	7	8
改變端電壓	V_t								
	I_a								
	I_{f1}								
	l_{f2}								
	N								
改變電樞電阻	V_t								
	I_a								
	I_{f1}								
	I_{f2}								
	N								
改變磁通量	V_t								
	I_a								
	I_{f1}								
	I_{f2}								
	N								

VII. 問題與討論

1.說明華德—里歐德控制直流電動機之原理。

2.何謂電動機的定轉矩與定馬力的控制方式?

3.改變直流電動機的電樞電壓，具有定轉矩特性，其理由爲何?

4.改變直流電動機的激磁電流，具有定馬力特性，其理由爲何?

5.根據實驗數據，繪出分激、串激、複激、電動機轉速 N 與電樞電壓的關係曲線。

6.說明電動機各種速率控制方式的優缺點。

實驗十　直流電動機之效率測試
Efficiency test of D.C. motors

I. 實驗目的

1.瞭解動力計之基本原理及控制方法。

2.利用動力計測試直流電動機於不同負載下之效率。

II. 原理說明

本實驗係以直流電動機驅動直流動力計，於求得輸出與輸入功率後，進而計算其效率，動力計之原理，可參考第三單元實驗五，當彈簧秤測出之力爲F，彈簧秤至動力計軸距離爲0.25 米時，則直流電動機的輸出功率可表示爲：

$$P_{\text{out}}=\frac{2\pi N}{60}T=\frac{2\pi N}{60}9.8F\cdot 0.25$$

$$=0.2656NF \tag{5–28}$$

式中N表電動機轉速，設電動機之輸入電壓爲V_t，輸入電流I_L，則輸入功率 P_{in} 及效率η分別爲

$$P_{\text{in}}=V_tI_L \tag{5–29}$$

$$\eta=P_{\text{in}}/P_{\text{out}} \tag{5–30}$$

III. 儀器設備

名　　稱	規　　格	數　量	備　　註
直流電動機	160V 3HP	3	分激、串激、複激各一
四點式啓動器		1	

直流動力計付 動力計控制盤	160V 2KW 1800 rpm	1	
直流電壓表	0 – 300V	2	
直流電流表	0 – 5A	2	
直流電流表	0 – 10A	2	
閘刀開關	2P 20A	3	
轉速發電機	3000 rpm	1	
轉　速　計	3000 rpm	1	
可變電阻器	100Ω 2A	2	
電　阻　箱	5KW 220V	1	

IV. 實驗步驟

1.測量分激式電動機效率時，按圖 5–55 接線並將閘刀開關 S_1、S_2 開路。

2.參考實驗二，將開關 S_1 投入後，以四點式啓動器，將電動機啓動後，調整激磁電流使轉速爲額定，於實驗過程中應保持轉速爲固定。

3.參考實驗八，調整動力計於適當之轉向，並使動力計輸出電壓爲額定值。

4.將負載箱開關 S_2 投入，並調整負載使電動機電流爲額定值之 20%，記錄各電表及彈簧秤之讀值。

5.逐次調高負載電流，使其電流由額定值的 20% 開始升高至 120% 爲止，分八點記錄各項讀值。

6.計算電動機之輸出、輸入功率及效率等。

7.測量串激式電動機效率時，按圖 5–56 接線，將開關 S_1、S_2 開路並重複第2 至第 6 步驟。

8.測量複激式電動機效率時，按圖 5–57 接線，將開關 S_1、S_2 開路並重複第2 至第 6 步驟。

圖 5–55　分激式電動機效率實驗接線圖

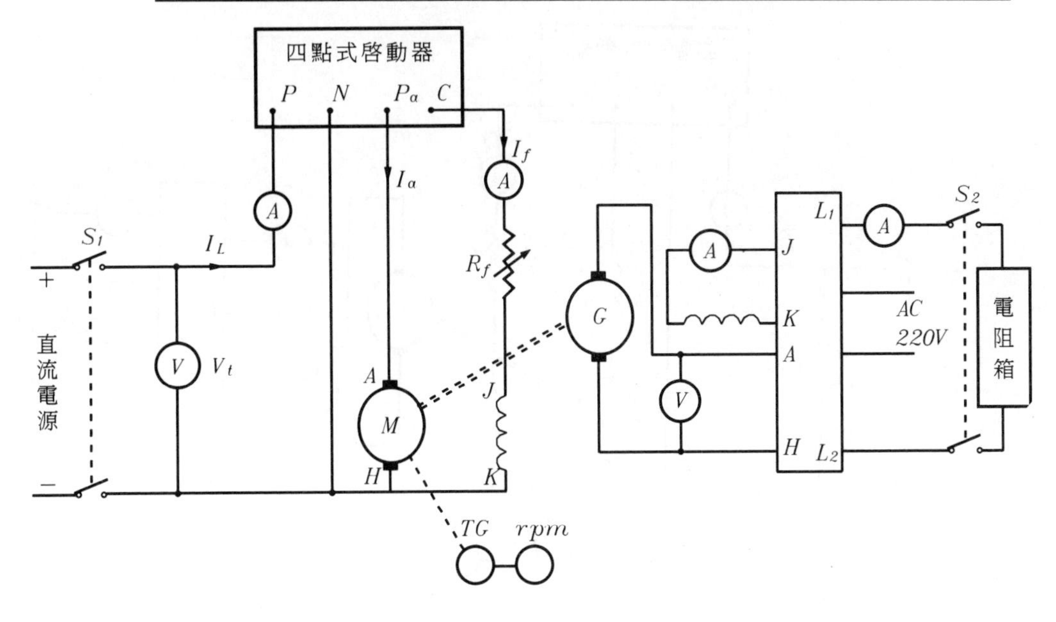

圖 5–56　串激式電動機效率實驗接線圖

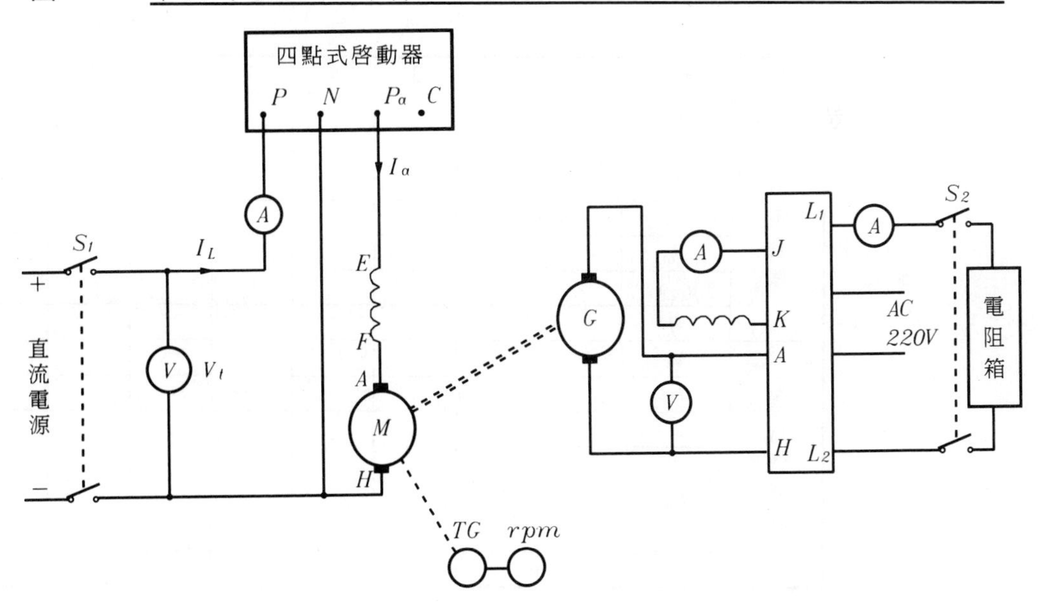

圖 5–57 複激式電動機效率實驗接線圖

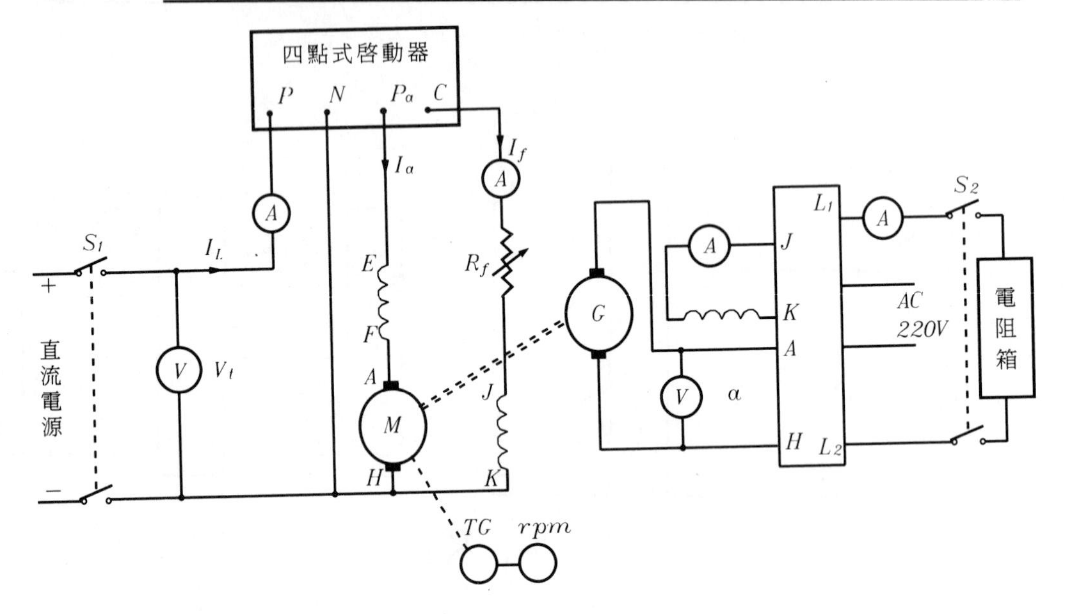

V. 實驗結果

次	數	1	2	3	4	5	6	7	8
分激電動機	V_t								
	I_L								
	F								
	N								
	P_{in}								
	P_{out}								
	η								
串激電動機	V_t								
	I_L								
	F								
	N								
	P_{in}								
	P_{out}								
	η								

複激電動機	V_t								
	I_L								
	F								
	N								
	P_{in}								
	P_{out}								
	η								

VI. 問題與討論

1.試說明直流動力計的基本原理。

2.依據實驗之結果，繪出分激、串激、複激電動機於不同負載下，負載電流與效率之關係曲線圖。

3.直流電動機之損失可區分爲幾種？與負載電流之關係如何？試說明之。

4.一台分激式直流電動機 20HP，200V，1200rpm，電樞電流與激磁電流之額定值分別爲85A 及 4A，若電樞電阻爲0.2Ω，無載時之旋轉損失爲1000W，試求電動機的滿載效率爲若干？

第五單元 綜合評量

I. 選擇題

1.( ) 當負載電流增加時，直流分激式發電機之端電壓會(1)上升 (2)下降 (3)不一定 (4)視負載特性而定。

2.( ) 轉速與轉矩常變動的機械負載，適合使用下列何種型式的電動機(1)分激 (2)差複激 (3)串激 (4)積複激。

3.( ) 直流機中間極繞組之電流爲(1)電樞電流 (2)複激激磁電流 (3)分激激磁電流 (4)串激激磁電流。

4.( ) 直流電動機於啓動時，電樞串聯電阻的目的爲(1)限制激磁電流 (2)限制電樞電流 (3)限制轉矩 (4)限制轉速。

5.( ) 串激發電機的磁通量，係以下列何種方式調節(1)改變分激電阻 (2)改變電樞電阻 (3)改變電樞轉速 (4)改變分流器電阻。

6.( ) 串激發電機可使用於(1)定電流配電系統 (2)定電壓配電系統 (3)定功率配電系統 (4)以上皆可。

7.( ) 分激發電機於建立電壓過程中，如果激磁電阻超過臨界電阻時(1)感應電壓無法建立 (2)產生相當高的感應電壓 (3)感應電壓正比於激磁電阻 (4)不一定。

8.( ) 直流發電機電樞的感應電壓與下列何者成反比(1)磁通量 (2)轉子轉速 (3)磁極數 (4)電流路徑數。

9.( ) 若將直流發電機的轉速增加1.2 倍，則電樞之感應電勢(1)增加 1.2 倍 (2)增加 1.44 倍 (3)減爲 0.833 倍 (4)減爲 0.694 倍。

10.( ) 直流機補償繞組之功用爲(1)增加感應電壓 (2)減少感

應電壓 (3)增加電樞效應 (4)減少電樞效應。

11.( ) 有一台四極分激式直流發電機，若感應電勢爲100V，電樞電阻爲 0.1Ω，當電樞電流爲40A 時，發電機的端電壓爲(1) 102V (2) 104V (3) 98V (4) 96V。

12.( ) 分激發電機若無剩磁，則建立電壓必須(1)提高轉子轉速 (2)減少激磁電阻 (3)重新充磁 (4)將激磁繞組反接。

13.( ) 積複激電動機當成發電機使用時，若接線方式不變，將成爲(1)分激發電機 (2)串激發電機 (3)積複激發電機 (4)差複激發電機。

14.( ) 電壓調整率爲零的發電機是(1)他激式 (2)分激式 (3)過複激式 (4)平複激式。

15.( ) 一他激發電機，已知電壓調整率爲 3%，若無載端電壓爲 160V，滿載電流爲 32A，若不考慮電樞效應，則其電樞電阻爲(1) 0.2Ω (2) 0.15Ω (3) 0.12Ω (4) 0.1Ω。

16.( ) 直流分激式電動機，當電源之極性對調時，則電動機的轉向(1)不變 (2)反轉 (3)不轉 (4)不一定。

17.( ) 下列各式直流電動機中，何者的速率調整率最小(1)串激式 (2)他激式 (3)分激式 (4)複激式。

18.( ) 直流電動機於運轉中，若激磁回路突然開路，則轉速(1)變爲零 (2)不變 (3)變爲極高 (4)不一定。

19.( ) 下列何者控制法，不適用於直流電動機的轉速控制(1)電壓控制法 (2)激磁控制法 (3)華德—里歐納控制法 (4)電抗控制法。

20.( ) 直流發電機電樞電流與激磁電流之關係曲線，謂之(1)外部特性曲線 (2)內部特性曲線 (3)電樞特性曲線 (4)無載特性曲線。

21.( ) 下列何種直流發電機，於無載時無法建立電壓(1)串激

式　(2)複激式　(3)他激式　(4)分激式。

22.(　)下列何種直流電動機的啓動轉矩最大(1)串激式　(2)複激式　(3)他激式　(4)分激式。

23.(　)改變直流電動機的磁通量，以改變轉速，其運轉特性爲(1)定馬力　(2)定轉矩　(3)定功因　(4)以上皆非。

24.(　)已正常運轉之他激式發電機，若更改激磁電壓之極性，則電樞電壓將(1)極性相反　(2)極性不變　(3)電壓變大　(4)電壓變小。

25.(　)已知一直流電動機之感應電勢爲 100V，電樞電流爲 20A，轉速爲 1500rpm，則該電動機之轉矩爲(1) 18　(2) 15.2　(3)12.7　(4) 10.8　N-m。

26.(　) 10KW，200V 直流他激發電機，若電樞繞組及補償繞組之電阻分別爲 0.1Ω 及0.05Ω，忽略電樞效應時，則該發電機的電壓調整率爲(1) 4.2%　(2) 3.75%　(3) 2.25%　(4)1.85%。

27.(　)他激發電機中，若轉速爲 N，磁通量爲 ϕ，則感應電壓可表示爲(1) $E = K\phi/N$　(2) $E = K\phi N^2$　(3) $E = K\phi^2 N$　(4) $E = K\phi N$。

28.(　)直流發電機電樞兩端之標示爲(1) A, B　(2) A, H　(3) J, K　(4) E, F。

29.(　)積複激發電機於負載增加時，其有效的總磁通量(1)增加　(2)不變　(3)減少　(4)不一定。

30.(　)直流複激式發電機，其磁極之極性係由下列何者決定(1)分激磁通　(2)串激磁通　(3)複激磁通　(4)電樞磁通。

31.(　)直流發電機的無載特性曲線與下列何者無關(1)轉子轉速　(2)激磁電流　(3)主磁極數　(4)電樞電阻。

32.(　)假設直流電動機的速率調整率爲 2%，若該電動機之滿載時轉速爲 1200rpm，則無載時轉速應爲(1) 1224rpm (2) 1176rpm (3) 1280rpm (4) 1180rpm。

33. ( ) 下列直流電動機中，何者可使用於支流電源(1)分激式 (2)串激式 (3)他激式 (4)複激式。

34. ( ) 電樞效應於發電機中，具有何種效果(1)提高轉速 (2)提高端電壓 (3)降低轉速 (4)降低端電壓。

35. ( ) 電樞效應於電動機中，具有何種效果(1)提高轉速 (2)提高端電壓 (3)降低轉速 (4)降低端電壓。

36. ( ) 下列何種實驗可測出直流發電機的磁飽和曲線(1)無載實驗 (2)負載實驗 (3)效率測量實驗 (4)轉速控制實驗。

37. ( ) 具有補償繞組的直流機，其電刷(1)不必移位 (2)配合負載電流的大小，移動適當角度 (3)須移位一固定角度 (4)視情況而定。

38. ( ) 直流機串激磁場端子之標示爲(1) A, H (2) E, F (3) J, K (4) A, B。

39. ( ) 下列各類直流發電機中，電壓調整率最小的爲(1)分激式 (2)平複激式 (3)過複激式 (4)他激式。

40. ( ) 串激式電動機，欲改變其旋轉方向，應(1)改變電源極性 (2)改變串激繞組接線方向 (3)改變補償繞組接線方向 (4)改變中間極繞組接線方向。

II. 計算題

1. 一部串激電動機10HP，240V，若串激繞組及電樞繞組之電阻分別爲 0.07Ω 與0.42Ω，若滿載電流爲 38A，轉速爲 1200rpm，試求

   (1)滿載時之效率爲若干?

   (2)滿載時之轉矩爲若干?

(3)電動機之啓動電流爲多少？欲降低啓動電流爲額定值的2倍時，則外加電阻應爲多少？

2.他激直流發電機3HP，120V，若電樞電阻爲0.7Ω，於額定電壓下，滿載電樞電流爲20A，轉速爲1000rpm，試求

(1)滿載轉矩爲若干？

(2)若端電壓不變，調整激磁電流使磁通降爲原來的80%，電樞電流增大爲22A，則電動機的轉速變爲若干？

3.兩部分激發電機在並聯發電，若兩電機電樞電阻均爲0.02Ω，發電機 A 的感應電勢爲506伏，發電機 B 的感應電勢爲510伏，負載電流共5000安，試求

(1)發電機端電壓。

(2)兩部發電機輸出功率。

Ⅲ. 說明題

1.試說明消除直流機電樞效應的方法。

2.說明直流電動機的啓動方法。

3.說明分激發電機電壓無法建立的原因，其解決之辦法爲何？

4.說明各類直流電動機的用途。

5.直流機無載特性曲線測量時，原動機轉速應保持一定，其原因爲何？

第六單元

特殊電機實驗

實驗一　感應電壓調整器特性實驗
Characteristics test of induction voltage regulators

I. 實驗目的

1.瞭解感應電壓調整器之工作原理。

2.測量感應電壓調整器電壓變化與旋轉角度的關係。

II. 原理說明

如圖 6–1 所示為單相感應電壓調整器之結構圖，定子上有類似於感應電動機之繞組，是為二次繞組 (S)，轉子則包括一次繞組 (P) 及三次繞組 (T)，一次繞組是匝數多導線細，經滑環連接於電源側，二次繞組是匝數少導線粗，一端連接於一次繞組，另一端則與負載串聯，三次繞組則為匝數少導線粗的短路繞組，此繞組與一次繞組於空間上相差 90°，其功用為一次繞組與二次繞組轉至90° 位置時，

圖 6–1　單相感應電壓調整器結構圖

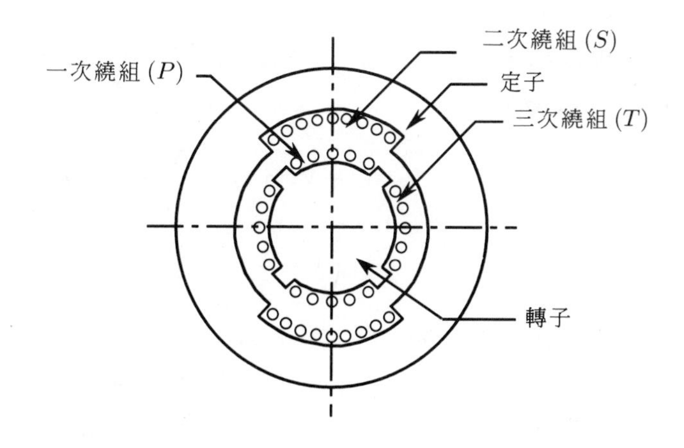

使二次繞組不致形成抗流線圈。

圖 6–2(a)爲單相感應電壓調整器之接線圖，設一次側繞組匝數爲 N_p，二次側繞組爲 N_s，當二繞組平行，一次側輸入電壓 V_1，則利用電磁感應原理，輸出端電壓 V_2 爲

$$V_2 = V_1 + V_s = V_1 + \frac{N_s}{N_p} V_1 = V_1 \left(1 + \frac{1}{a}\right) \quad (6-1)$$

圖 6–2　單相感應電壓調整器接線與相量圖

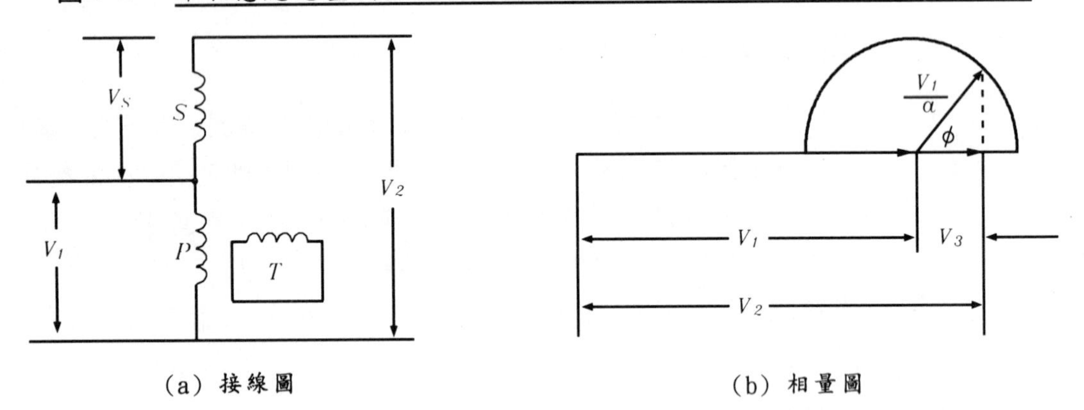

(a) 接線圖　(b) 相量圖

式中 $a = N_p/N_s$，是爲一、二次繞組之匝數比。若兩繞組中心線之夾角爲 ϕ 時，則二次繞組電壓，將降爲 $\frac{N_s}{N_p} V_1 \cos\phi$，換言之，輸出端電壓 V_2 變爲

$$V_2 = V_1 + V_s = V_1 + \frac{N_s}{N_p} V_1 \cos\phi = V_1 \left(1 + \frac{1}{a} \cos\phi\right) \quad (6-2)$$

當 ϕ 介於 0 至 90° 間，因 $0 < \cos\phi < 1$，故輸出電壓大於輸入電壓，反之，ϕ 介於 90° 至 180° 時，因 $0 > \cos\phi > -1$，輸出電壓將小於輸入電壓。當 $\phi = 90°$，$\cos\phi = 0$，二次繞組無電壓產生，但因負

載電流流過，二次繞組產生之磁通無法由一次繞組磁通抵消，故二次繞組將形成一高阻抗線圈，妨害功率傳輸，此時三次繞組因平行於二次繞組，故三次繞組短路時產生之磁通恰抵消 S 之磁通，使二繞組不致形成抗流線圈。

圖6–2(b)爲三繞組之電壓相量圖，二次繞組電壓 V_s 在 $-V_1/a$ 與 V_1/a 間變化，故輸出電壓的變化範圍爲 $V_1\left(1-\dfrac{1}{a}\right)$ 至 $V_1\left(1+\dfrac{1}{a}\right)$ 間。

圖 6–3(a), (b)分別爲三相電壓調整器之接線與相量圖，一次側兩繞組位於轉子且各相差 120°，以 Y 接線連接後直接輸入電源，二

圖 6–3　三相感應電壓調整器接線與相量圖

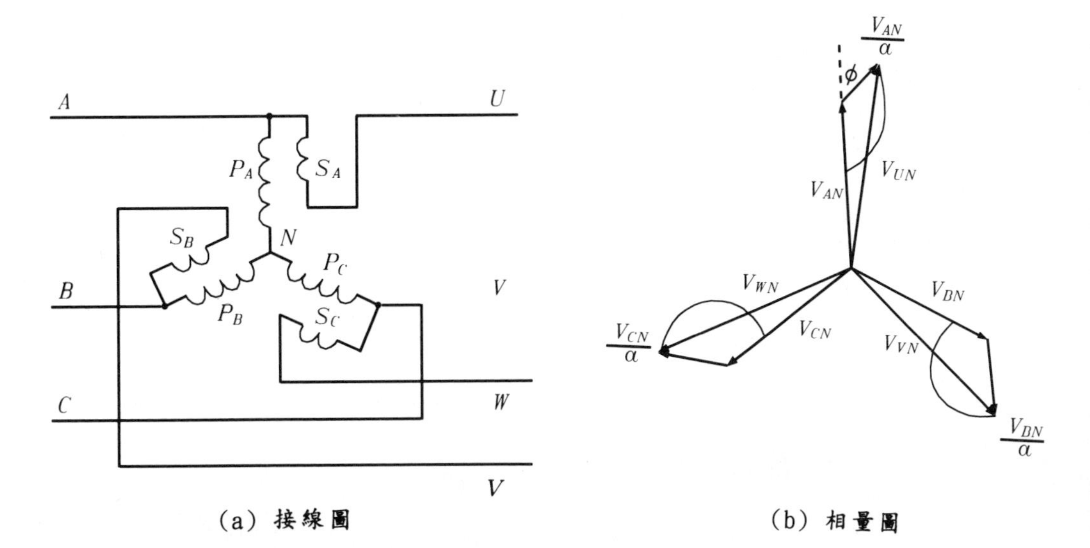

(a) 接線圖　　(b) 相量圖

次繞組則位於定子亦相差 120°，一端接於電源側，另一端爲輸出，當一次側輸入三相電源時，一次側將產生大小一定的旋轉磁場，靜止的二次繞組將切割此磁場後，產生大小固定的感壓電壓，此電壓之大小與一次繞組位置無關，但相角則隨一次繞組之位置而變，若以輸出相電壓爲例，相電壓 V_{UN} 與 V_{AN} 之關係爲

$$V_{UN}=V_{AN}+V_{AN}\frac{N_s}{N_p}\angle\phi$$

$$=V_{AN}+\frac{V_{AN}}{a}\angle\phi \qquad (6\text{–}3)$$

其 a 表示一、二繞組的匝數比，ϕ 則爲一、二次繞組中心線之夾角。當 ϕ 在 0 至180° 間變化時，V_{UN} 則在 $V_{AN}+\frac{V_{AN}}{a}$ 至 $V_{AN}-\frac{V_{AN}}{a}$ 間變化。

此外當負載電流通過二次時，一次側電流產生的磁通，將可抵消二次磁通，故不需要三次短路繞組。

III. 儀器設備

名　　稱	規　　格	數　量	備　　註
感應電壓調整器	單相 1KVA 0 – 260V	1	
感應電壓調整器	三相 3KVA 0 – 260V	1	
單相瓦特表	120V/240V 0/5/10A	4	
交流電壓表	0 – 300V	2	
交流電流表	0 – 10A	2	
閘刀開關	2P 20A	2	
三相電阻箱	2KW 220V	1	
三相電容箱	2KVA 220V	1	
三相電感箱	2KVA 220V	1	

IV. 實驗步驟

1.於單相感應電壓調整器特性試驗時，依圖 6–4 接線並將開關 S_1、S_2 開路。

2.投入開關 S_1 並加入額定電壓後，於實驗過程中維持此電壓不變。

3.轉動感應電壓調整器之轉子，依一、二次繞組之夾角由零逐次增加至 180°，每隔 30° 記錄角度位置及一、二次電壓，是爲無載特性的資料。

4.於無載狀態下，調整轉子角度，使二次輸出電壓爲額定值。

5.投入開關S_2，並逐漸增加負載到額定，當負載增加時，端電壓變化，此時應調整轉子角度爲V_2爲額定值，並記錄轉子角度與各電表之讀值。

6.更改負載箱之功率因數，使功因分別爲超前、1、及落後，並重複第5步驟，是爲負載特性資料。

7.於三相感應電壓調整器特性實驗時，則依圖6–5接線後，重複第2～第6步驟。

8.計算感應電壓調整器於不同角度時，二次繞組之電壓及效率等。

圖6–4　單相感應電壓調整器特性實驗接線圖

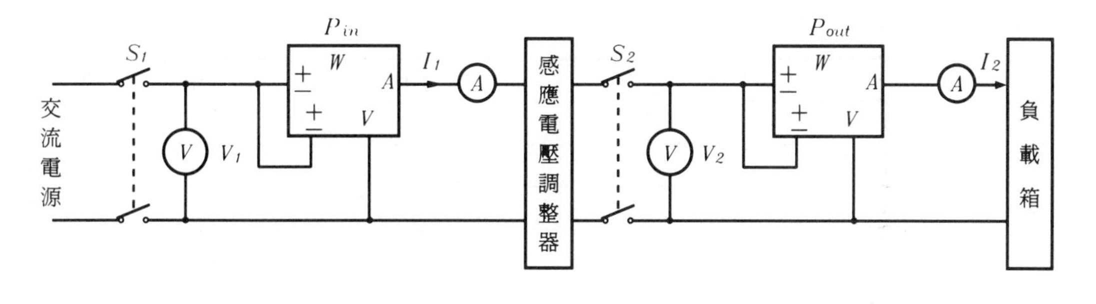

圖 6–5 三相感應電壓調整器特性實驗接線圖

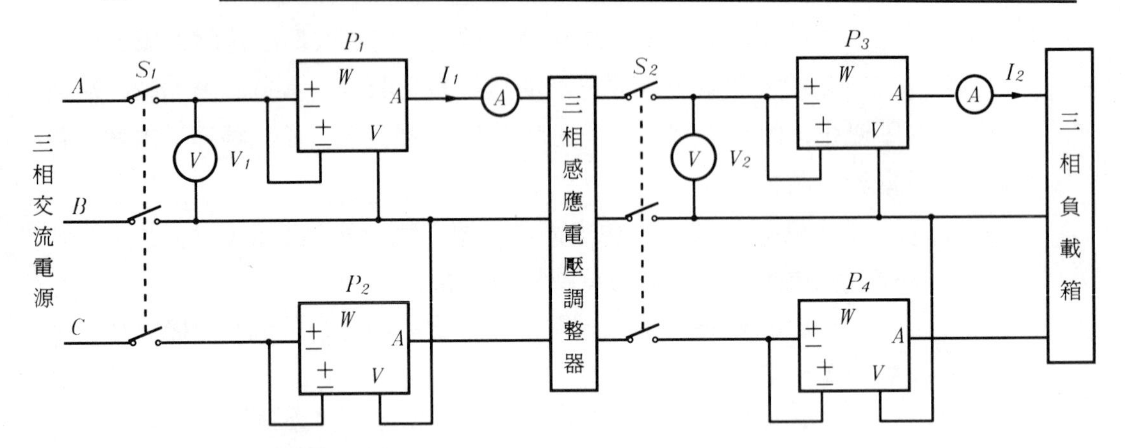

V. 實驗結果

1.單相感應電壓調整器

無載特性

角　度	0°	30°	60°	90°	120°	150°	180°
V_1							
V_2							
V_s							

負載特性

次　數		1	2	3	4	5	6	7	8
$V_1 =$ __V $V_2 =$ __V	I_1								
	I_2								
	P_{in}								
	P_{out}								
	$\cos\theta_1$								
	$\cos\theta_2$								
	η								

註: $\eta = P_{in}/P_{out}$

2.三相感應電壓調整器

無載特性

角　度	0°	30°	60°	90°	120°	150°	180°
V_1							
V_2							
V_s							

負載特性

次　數		1	2	3	4	5	6	7	8
	I_1								
	I_2								
	P_1								
	P_2								
$V_1 =$ __V	P_3								
	P_4								
$V_2 =$ __V	P_{in}								
	P_{out}								
	$\cos\theta_1$								
	$\cos\theta_2$								
	η								

註：$P_{in} = P_1 + P_2$　$P_{out} = P_3 + P_4$　$\eta = P_{in}/P_{out}$

VI. 問題與討論

1.根據實驗數據，驗證式 (6–2)，(6–3) 成立。

2.根據實驗數據，繪出輸出功率 P_{out} 與效率 η 之關係曲線圖。

3.說明感應電壓調整器的用途。

4.解釋爲何三相感應電壓調整器不需要短路繞組。

5.說明感應電壓調整器與繞線式感應電動機的異同處。

6.感應電壓調整器與變壓器之差異爲何？試說明之。

7.感應電壓調整器與自耦變壓器之功能有何差異?

8.感應電壓調整器第三繞組為何能消除二次繞組變為抗流線圈?

實驗二　步進電動機特性實驗
Characteristics test of stepping motors

I. 實驗目的

1.瞭解步進電動機的構造及動作之原理。

2.瞭解步進電動機的驅動方式，並由實作控制其轉速、轉向及位置等。

II. 原理說明

步進電動機(Stepping Motor) 是一種以脈波式電流驅動轉軸旋轉的電機設備，步進電動機於應用上具有下列特性:

1.外部以脈波訊號輸入驅動轉軸，轉軸旋轉之角度與輸入之脈波數成正比。

2.轉軸旋轉速度與脈波頻率成正比。

3.由脈波輸入的順序可控制電動機的正反轉。

由以上之特性可知，欲控制步進電動機的轉向、轉速及旋轉角度時，改變輸入脈波的頻率、數目及順序即可，在實際應用上，以數位電路或微處理器控制相當方便，故該電動機常用於工具機或電腦週邊設備上。

1.基本結構

步進電動機依結構之差異，可區分為可變磁阻型、永磁型及混合型等三類，可變磁阻型亦稱為VR 步進馬達，是利用轉子及定子間磁阻的變化而產生轉矩，圖 6–6 為其結構圖，此電動機之特點為轉子與定子之極數不同，定子有四繞組，其中 A、A' 兩線圈串聯構成一繞組，當電流通過此繞組時，A、A' 之磁極極性分別為 S 與

N；同理，B 及 B'，C 及 C'，D 及 D' 亦分別串聯，電流通過後亦分別產生 S 及 N 磁極。轉子部份類似凸極式交流同步機之結構，惟鐵心上並無繞組存在。

圖 6–6　可變磁阻型步進電動機結構圖

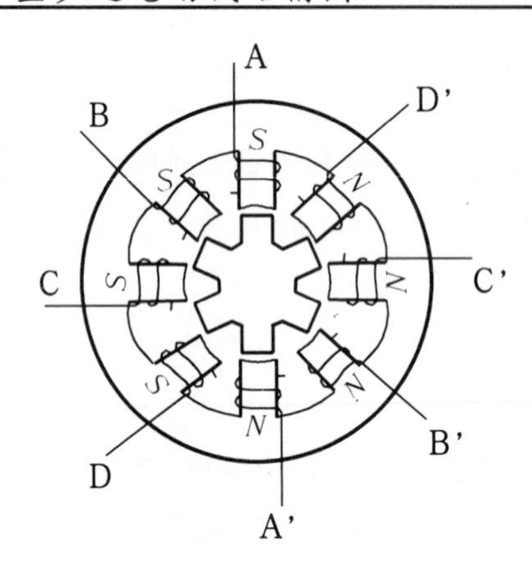

永磁型步進電動機亦稱爲 PM 步進馬達，其定子結構與磁阻型相同，轉子則採用圓極永久磁鐵，當定子繞組通入電流時，定、轉子間利用磁鐵同極相斥，異極相吸的原理產生轉矩，混合型步進電動機則混合兩者之特點而構成，具有高轉矩特性，是最常用的步進電動機。

2.動作原理

步進電動機依結構可分成三型，其動作原理卻類似，茲以磁阻型爲例說明之。如圖 6–7 所示，爲全步激磁動作方式，該電動機定子具有八極，轉子則有六極，當外加電流於 A 相繞組時，A、A' 磁極之極性分別爲 S、N，轉子位置如圖 6–7(a)所示，標示 X 處位於 A 磁極的正下方；當 A 相停止激磁改由 B 相激磁時，則轉子會旋轉某一角度，使 B 磁極的磁阻爲最小；換言之，此時轉子位置將如圖 6–7(b)所示。同理，當 C 相及 D 相再分別激磁時，轉子位置將改變爲圖 6–7(c)、(d)，而每一步之角度爲 15°。因此，若外加訊號使步進

圖 6-7　步進電動機全步激磁動作圖（一相激磁）

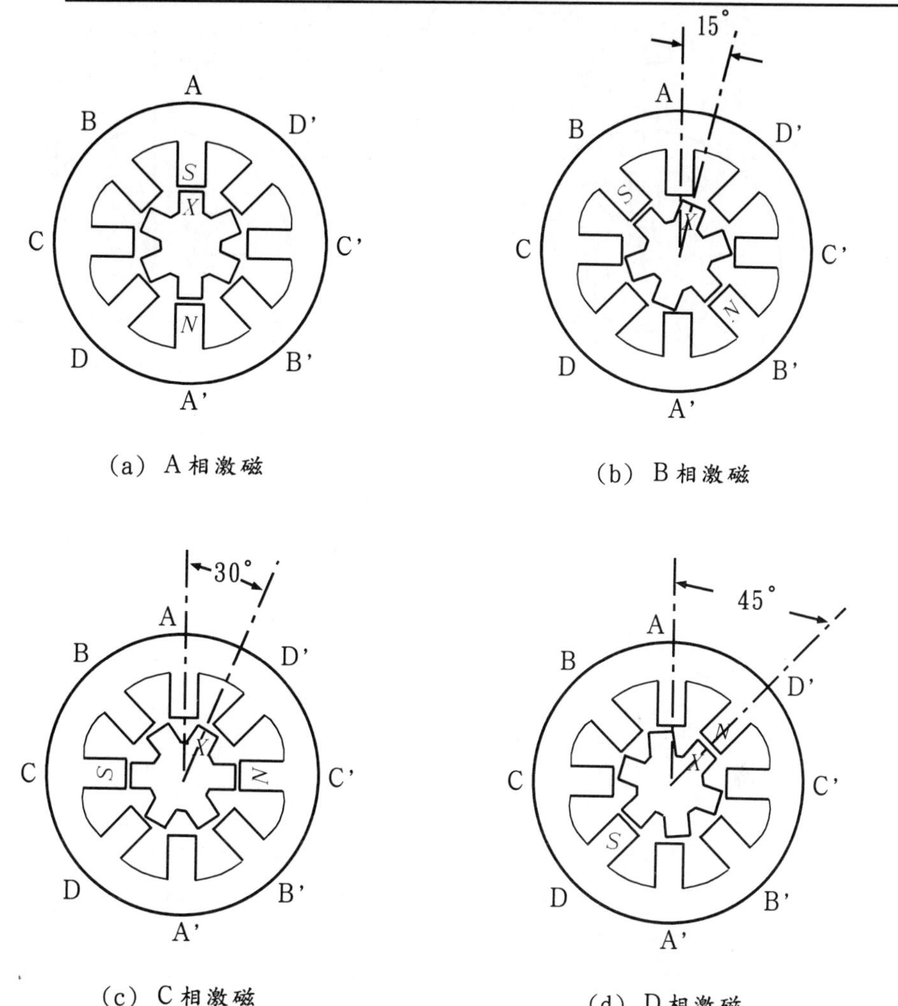

(a) A 相激磁　(b) B 相激磁　(c) C 相激磁　(d) D 相激磁

電動機依 $A-B-C-D-A-B$ ……等順序激磁，則轉子將以順時鐘方向旋轉；若激磁順序爲 $A-D-C-B-A-D$ ……，則轉子爲反時鐘方向轉動。此外，欲控制轉子轉角之角度時，限制輸入的激磁脈波數即可，例如要使步進電動機旋轉 180°，則輸入 12 次激磁脈波即可。一般而言，步進角 θ 可由下式計算

圖6-8　步進電動機全步激磁動作圖（二相激磁）

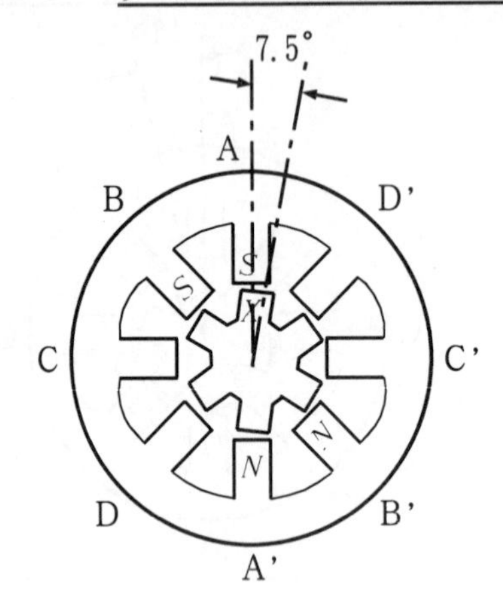

(a) A B 相激磁

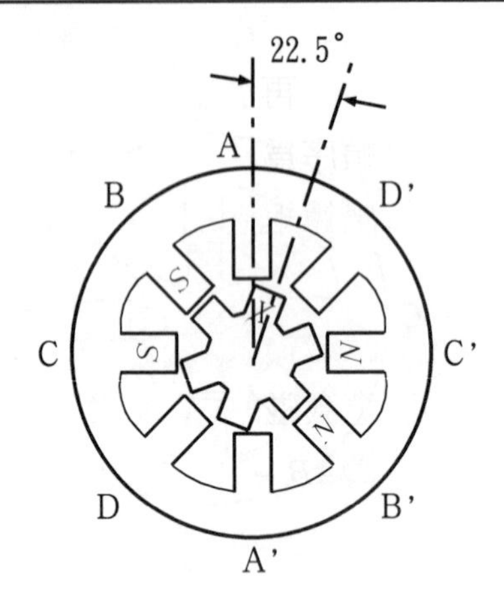

(b) B C 相激磁

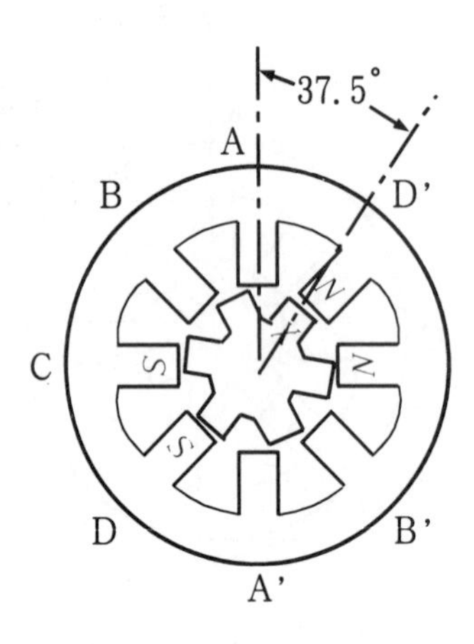

(c) C D 相激磁

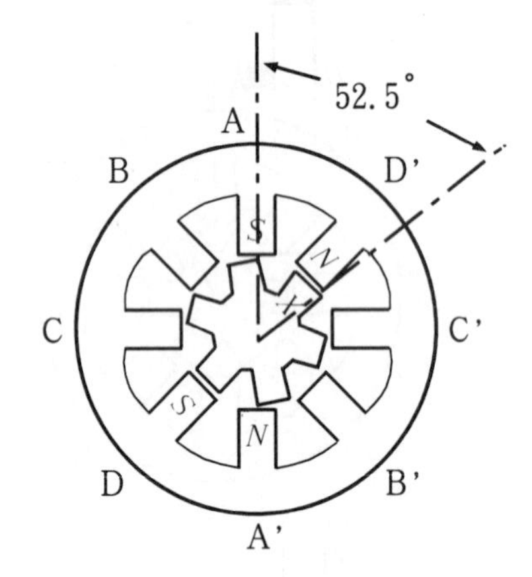

(d) D A 相激磁

$$\theta = \frac{360°}{PT} \tag{6-4}$$

其中 P 爲激磁相數，T 爲轉子的齒數，磁碟機使用的步進電動機 $P=4$，$T=50$，故其步進角爲 1.8°。

圖 6-7 所示，步進電動機全步激磁方式係每次激磁一相線圈，

此種方式的優點爲線圈之消耗功率小，角度精確，其缺點爲轉矩小，若負載過大，或激磁脈波頻率太高，易造成失步。

再者，電動機亦可每一次激磁兩相線圈，如圖 6–8 所示，激磁順序爲 $AB-BC-CD-CA-DA-AB\cdots\cdots$等，此方式的優點爲輸出轉矩大，較不易失步，缺點爲消耗功率較大。

圖 6–9，6–10 則分別表示步進電動機於全步激磁時，一或二相激磁，順時鐘或逆時鐘旋轉的時序圖。黑色條紋表示於不同階段時應激磁的相別。由圖 6–10 可知，二相激磁順時鐘旋轉時，激磁順序爲$AB-BC-CD-DA-AB\ \cdots\cdots$等，逆時鐘旋轉則爲 $AD-DC-$

圖 6–9　一相激磁順序表

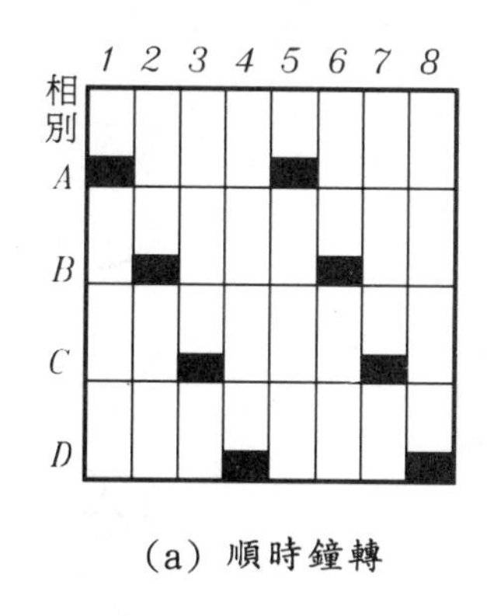

(a) 順時鐘轉

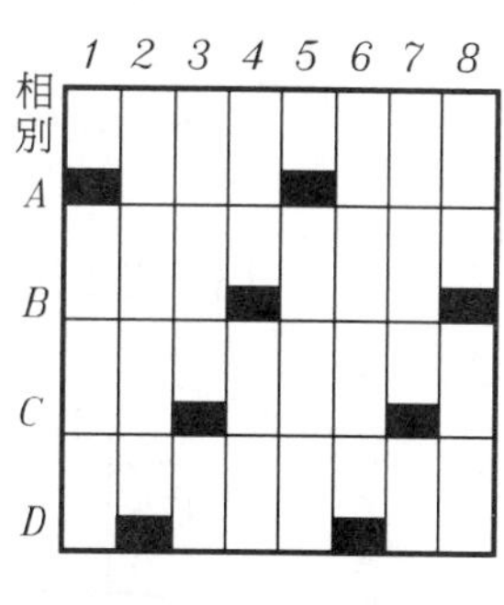

(b) 逆時鐘轉

圖 6–10　二相激磁順序表

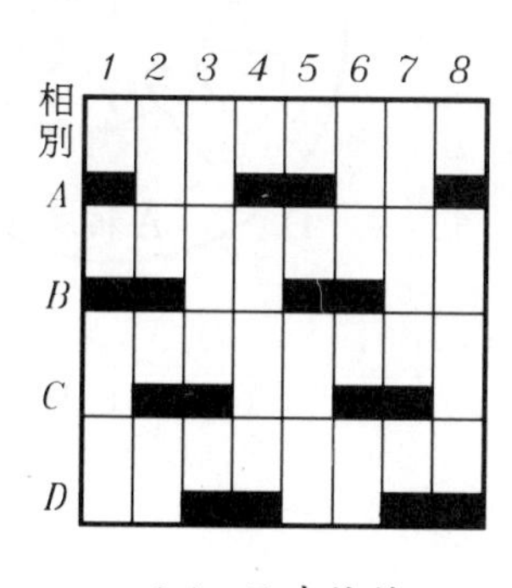

(a) 順時鐘轉

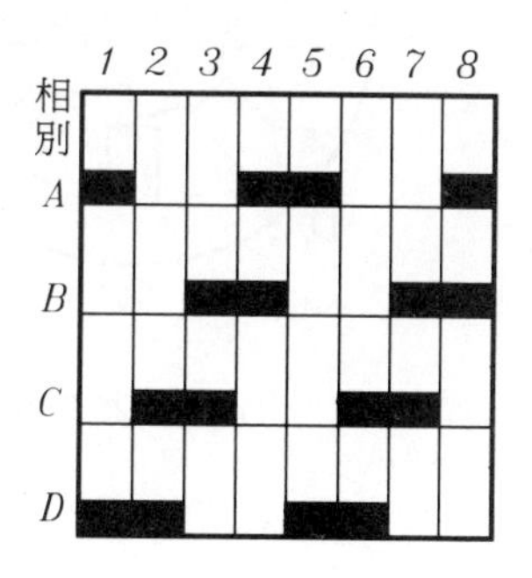

(b) 逆時鐘轉

$CB - BA - AD$ ……等。

除一相或二相激磁外，步進電動機亦可輪流激磁一相及激磁二

圖 6–11 步進電動機半步激磁動作圖

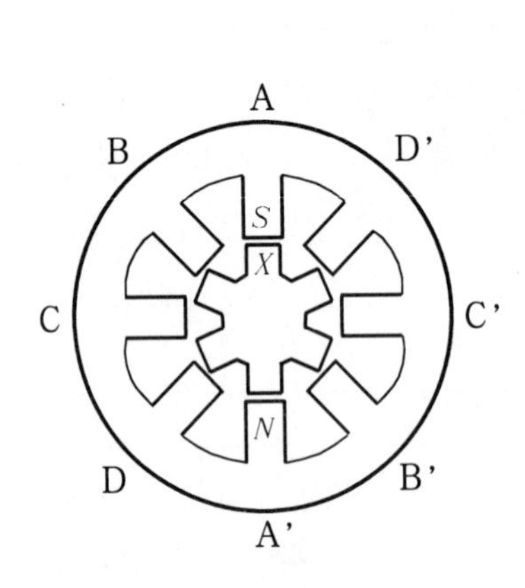

(a) A 相激磁

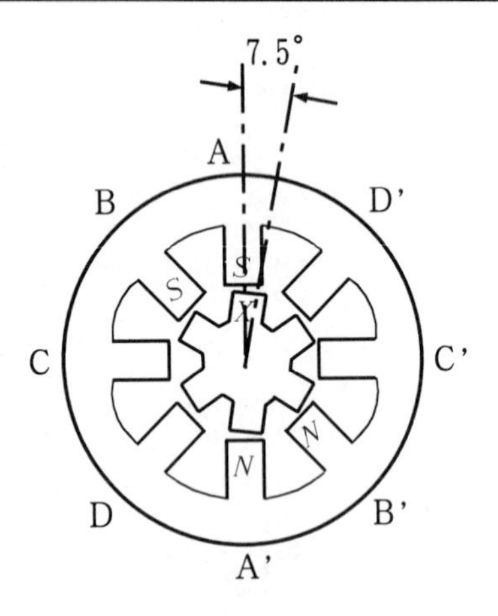

(b) A B 相激磁

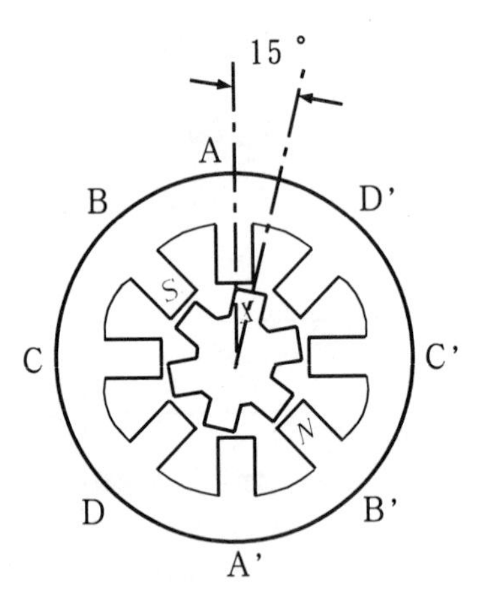

(c) B 相激磁

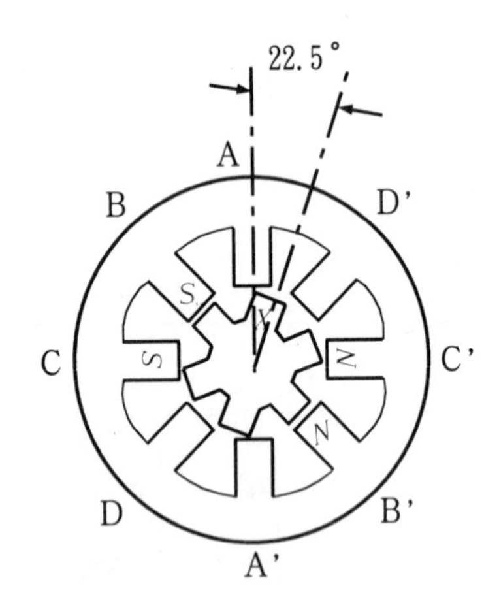

(d) B C 相激磁

相，即激磁順序爲 $A-AB-B-BC-C-CD-D-DA-A-\cdots\cdots$等，圖 6–11 表示電動機分別於 A、AB、B、BC 相激磁的狀態，由此圖可知，步進角減爲全步激磁的一半，即 7.5°，故此種激磁方式稱爲半步激磁或 1–2 相激磁，圖 6–12 則表示順時鐘與逆時鐘旋轉的激磁順序表。

圖 6–12　1–2 相激磁順序表

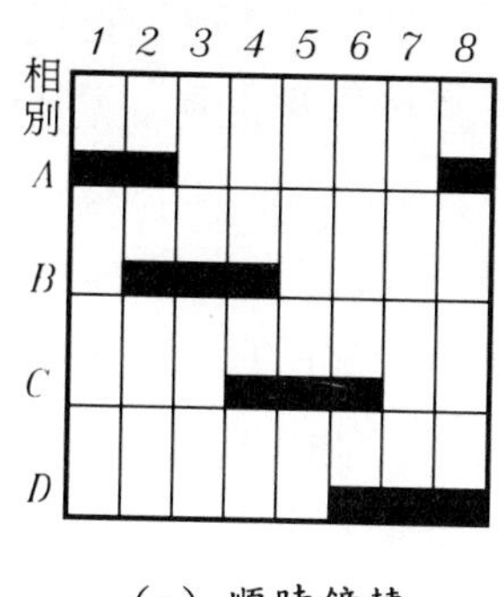

(a) 順時鐘轉

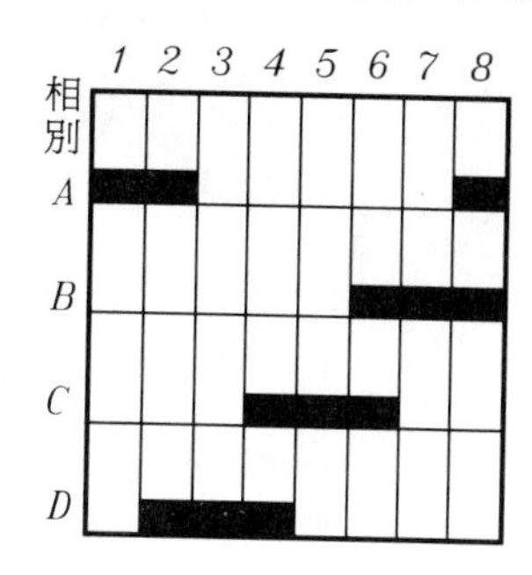

(b) 逆時鐘轉

III. 儀器設備

名　　稱	規　　格	數 量	備　　註
個人電腦	IBM PC 相容型	1	
步進電動機	12VDC 1.8度	1	
直流電源供應器	30V 3A	1	
25 Pins 公接頭		1	列表機輸出用
電晶體	2N3569	4	
IC	LM555 4011 4027 4049 4070 40104 40192	1 1 1 1 1 1 3	
電阻	1KΩ 1/2W 2.2KΩ 1/2W 10Ω 1/2W	6 12 1	

可變電阻	100KΩ	1	
電容器	0.1μF 16V	0.2	
二極體	1N4009	4	
指撥開關	4P	4	
示波器	20MHZ 雙軌跡	1	

IV. 實驗步驟

1.步進電動機相序測定時，如圖 6–13 接線，將開關 S_1 至 S_2 以各種不同順序的組合，逐次將其投入再開啓，直至電動機得以順時鐘轉動爲止，則四線依序爲 A、B、C、 D 相。

2.以一相激磁驅動步進電動機時，如圖 6–14 接線，此線路由 LM555 組成不穩態振盪電路，而 100KΩ 可變電阻調整第 3 腳輸出波的頻率，進而控制電動機轉速。40104 爲移位記錄器，其功用是將 LM555 的輸出脈波分別由 Q_0 至 Q_3 送出，2N3569 爲電流放大，用以驅動電動機，四只二極體在吸收電晶體開閉時線圈產生的反電勢。

3.接線完成後，將開關 S 開路並加入直流電源，記錄電動機轉向。

4.以示波器觀察電動機 A、B、C、D 相電壓波形並記錄。

5.調整 100KΩ 可變電阻，觀察轉速變化。

6.逐漸調高輸出脈波頻率至電動機無法轉動爲止，記錄此時 A、B、C、D 相的波形。

7.將開關 S 閉路，並重複第3 ～第 6 步驟。

8.以二相激磁驅動步進電動機時，如圖6–15 接線，此線路由 LM555 輸出控制脈波，並由 4027 的 $J-K$ 正反器與邏輯閘組成的線路，產生二相控制信號以驅動電動機。

9.接線完成後，重複第 3 至第 7 步驟。

10.控制電動機的旋轉角度時，如圖 6–16 接線，此線路係由圖

6–15 修改而成，40192 與指撥開關構成角度設定回路，LM555 之輸出信號分別輸至 $U5$ 的下數 (CD) 端及 NAND 的一端，當計數完成後 $U7$ 的 $Q4$ 爲低電位，使脈波信號停止輸出，故電動機停止。

11.接線完成後，將開關 S 開路，SW1 至 SW3 亦開路後加入直流電源，記錄電動機轉向及旋轉角度。

12.逐次更改 SW1 至 SW3 的開閉狀態後，重複第 11 步驟。

13.將開關 S 短路後重複第 11 ～第12 步驟。

14.利用個人電腦控制電動機旋轉速度、角度及轉向時，如圖 6–17 接線，該線路是經由列表機的輸出埠控制，列表機埠具有 25 支接腳，其位址、功能及接腳如表 6–1 所示，本實驗僅利用控制埠中的第 1、14、17 接腳，若以 BASIC 爲例，下列程式可控制電動機旋轉一週。

```
10  REM  — POSITION CONTROL —
20  PORT = &H3BE
30  FOR N = 1 TO 200
40  OUT PORT,9
50  FOR T1 = 1 TO 10:NEXT
60  OUT PORT,1
70  FOR T2 = 1 TO 10:NEXT
80  NEXT
90  END
```

列20 爲設定列表機的位址，若列表機使用獨立界面時，應更改爲PORT = &H37A，列 30 則設定激磁200 次，若步進角爲 1.8° 時，電動將旋轉 360°。列 40，60 是輸入高、低電位至 40104，再由 40104 移位記錄器將控制訊信輸出，列 50，70 爲脈波寬度的設定，用以調整電動機轉速。

15.接線完成後，設計一程式，能由鍵盤上控制旋轉角度，方向及速度等。

圖 6–13 步進電動機相序測定接線圖

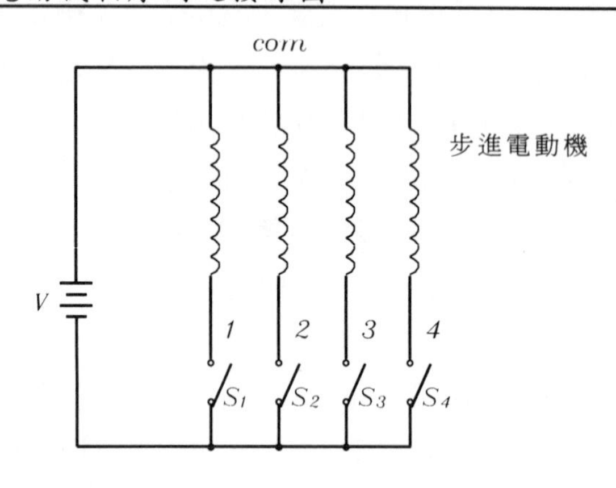

表 6–1 列表機輸出埠特性表

功　能	單色顯示器及列表機界面卡	獨立列表機界面卡	位元	連接方式	輸出接腳
資料埠	3BCH	378H	bit0 – bit7		2 – 9
狀態埠	3BDH	379H	bit3 bit4 bit5 bit6 bit7		15 13 12 10 11
控制埠	3BEH	37AH	bit0 bit1 bit2 bit3		1 14 16 17
接　地	—	—	—	—	18 – 25

圖 6–14　步進電動機一相激磁控制接線圖

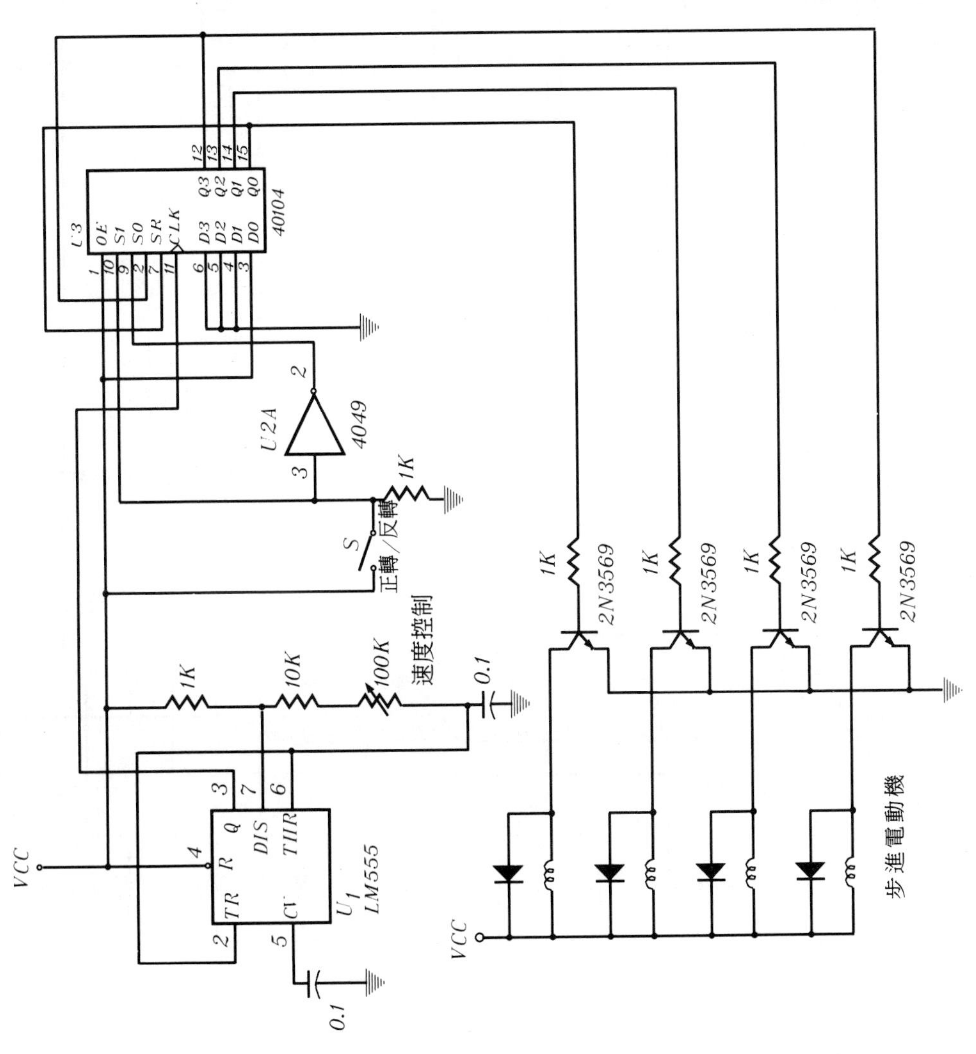

Pin No.	VCC	GND
LM555	8	1
4049	1	8
40104	16	8

VCC = 5–12 Volts

圖 6-15 步進電動機二相激磁控制接線圖

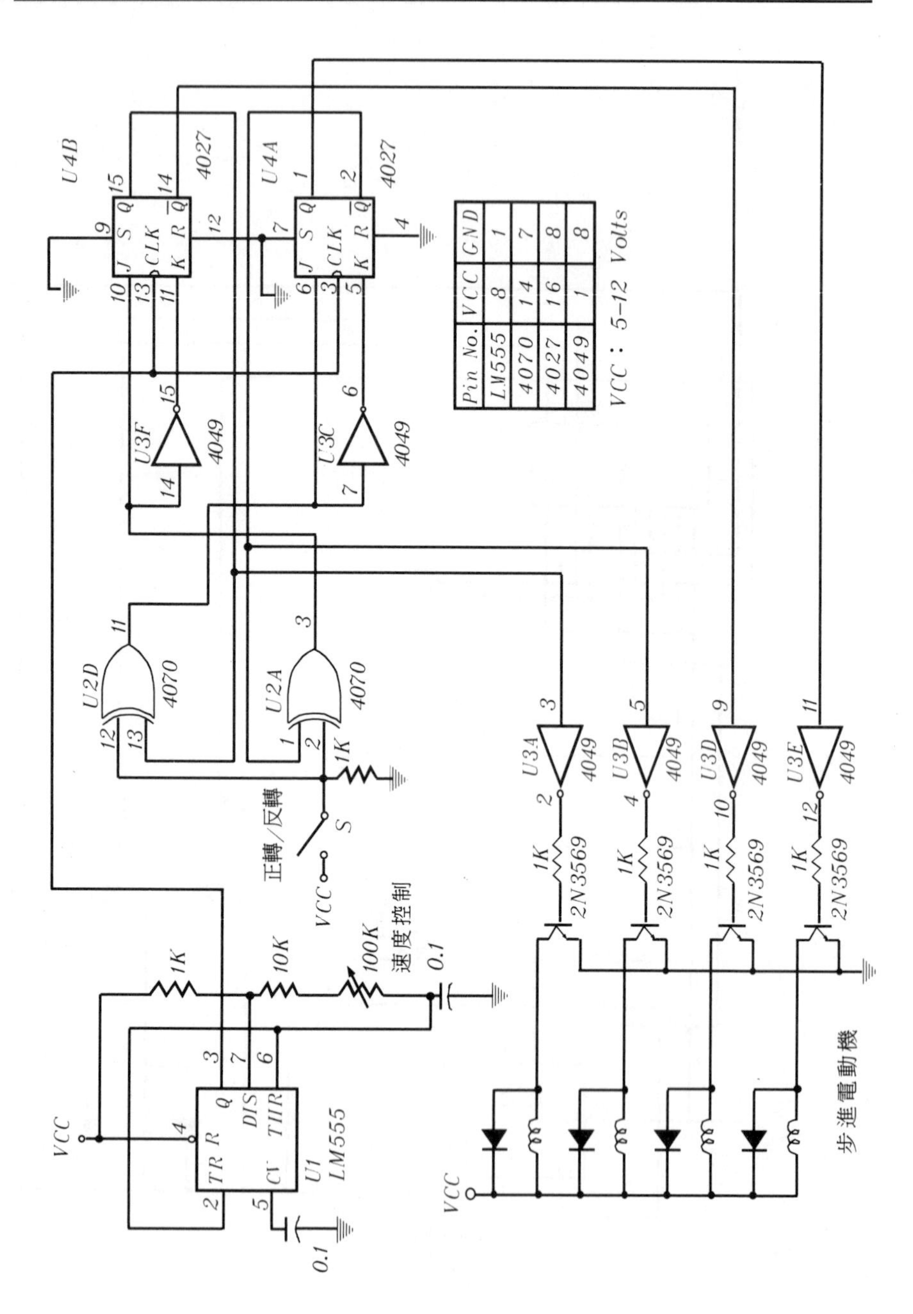

圖6-16　步進電動機旋轉角度控制接線圖

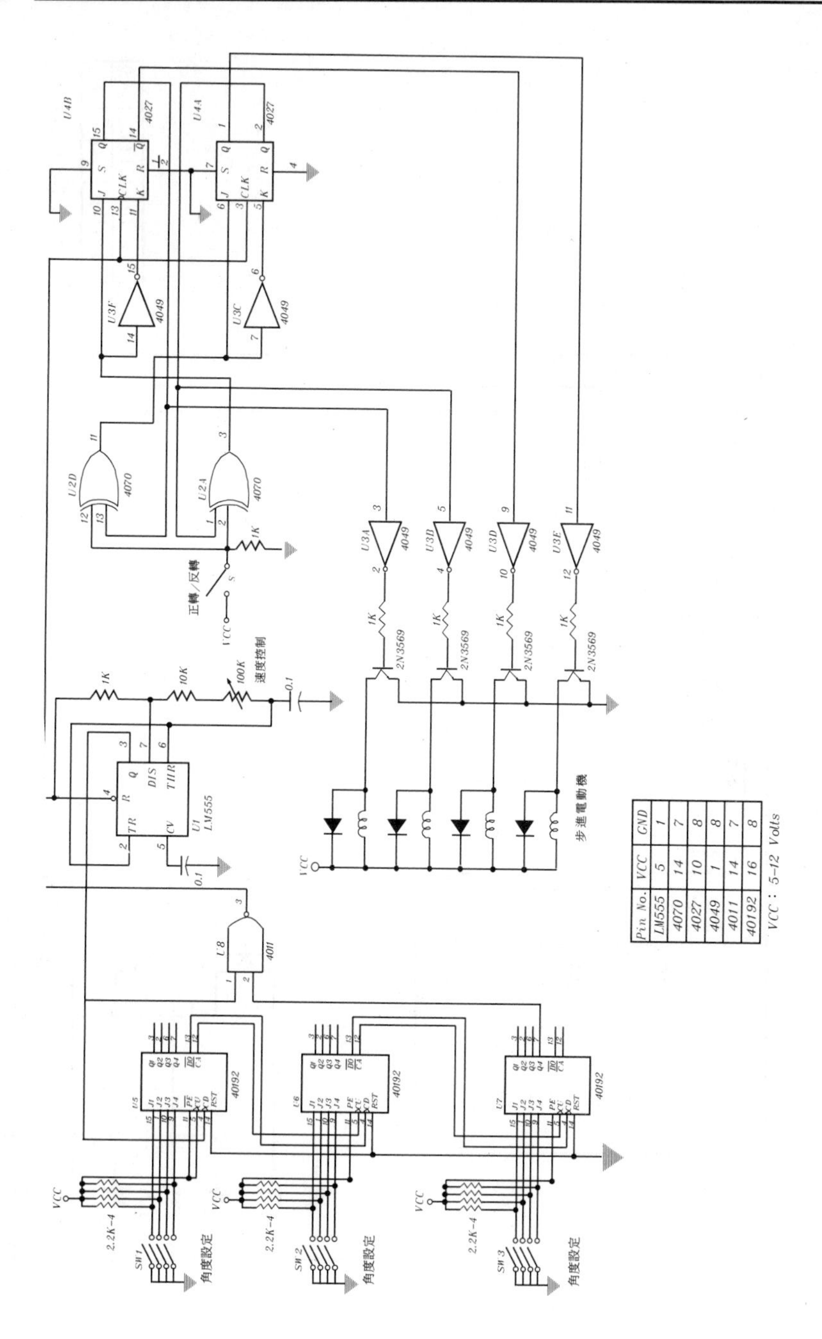

圖 6–17　個人電腦控制步進電動機接線圖

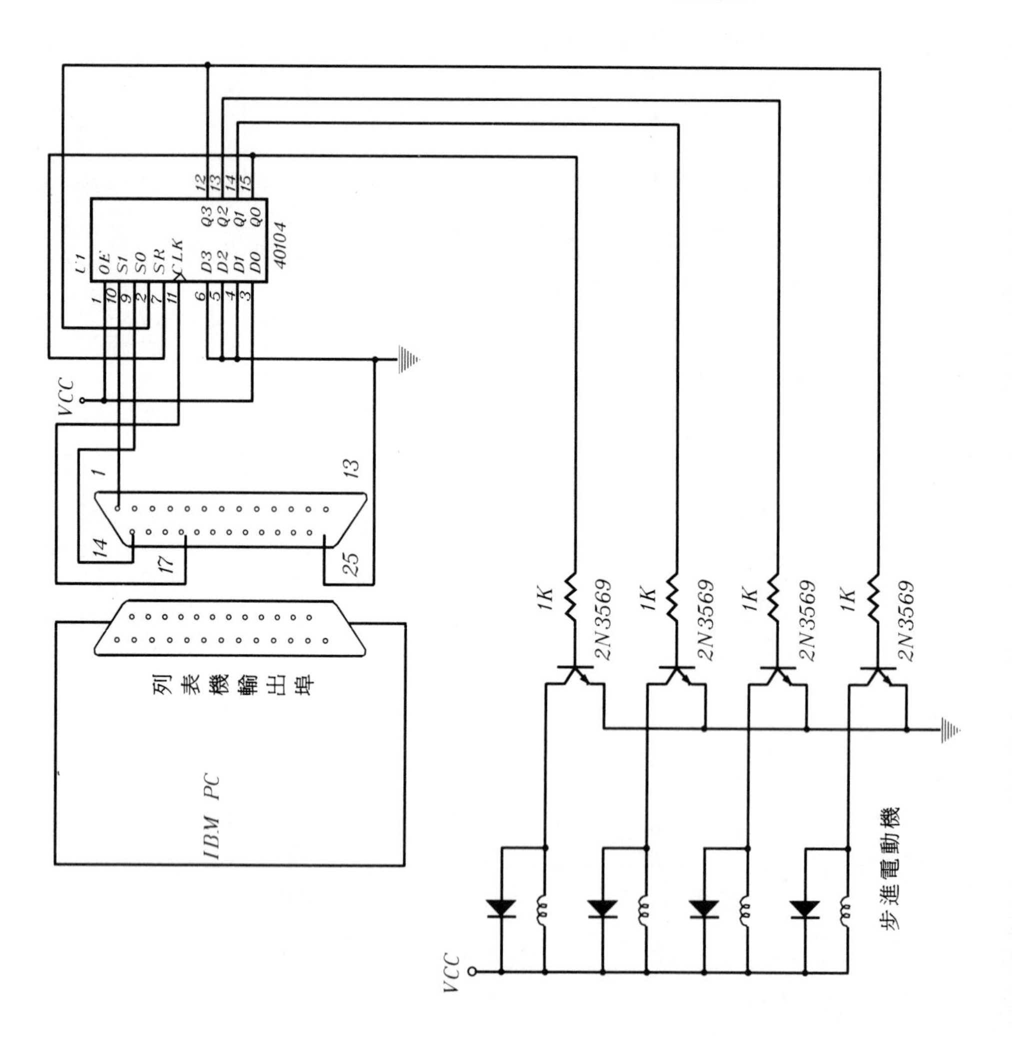

V. 實驗結果

1.相序測定

接　　線	1	2	3	4
相　　序				

2.一相激磁控制

(1)S開路　　轉向:

(2)S短路　　轉向:

3.一相激磁控制

⑴S開路　　轉向:

⑵S短路　　轉向:

4.旋轉角度控制

S 開路 SW1−SW3 狀態							
旋轉角度							

S 短路 SW1−SW3 狀態							
旋轉角度							

VI. 問題與討論

1.步進電動機可區分爲幾類？其優缺點如何？試說明之。

2.若輸入脈波頻率太高時，步進電動機易造成失步，其原因爲何？

3.以微電腦控制步進電動機，除利用列表機輸出埠外，尙可使用何種界面控制？其控制語言又如何撰寫？

4.說明步進電動機全步激磁與半步激磁的差異及優缺點。

5.說明步進電動機一相激磁、二相激磁、1－2 相激磁的差異及優缺點。

6.舉例說明步進電動機的用途。

7.步進電動機與伺服電動機的動作原理及用途，有何不同？試說明之。

實驗三 伺服電動機特性實驗 Characteristics test of servomotors

I. 實驗目的

1.瞭解伺服電動機的構造及動作原理。

2.瞭解伺服電動機的驅動方式，並由實作控制其轉速、轉向及位置等。

II. 原理說明

伺服電動機 (Servo Motor) 與本單元實驗二的步進電動機，兩者均爲自動化設備的驅動裝置。依其電源供應方式，可區分爲直流與交流伺服電動機兩類，其構造、特性及驅動方式分述如下:

1.直流伺服電動機構造

直流伺服電動機之構造與永磁式或他激式直流電動機類似，如圖 6–18 所示，除電樞外，磁場可使用永久磁鐵或他激繞組。一般而言，直流伺服電動機具有下列特性:

⑴可由外加信號控制轉子的正、反轉。爲達成此目的，將磁場或電樞電流反向即可。

⑵由外加信號控制轉子的速度。爲達成此目的，可改變磁場或電樞電流的大小，當磁場電流較小時，轉子轉速將提高，此方式之優點爲使用較小的控制信號，缺點爲電動機的轉矩變低，不適合高轉矩的負載。再者，若降低電樞輸入電流，亦可調低轉速，此方法之優點爲起動轉矩較大，控制特性的線性度亦佳，缺點則是需要較大的控制信號。

⑶具有快速加速及減速的特性。此特性吾人可利用較細長的轉子結構，以減少其慣性作用來完成。

(4)在低速時應能圓滑運轉。一般皆以斜槽或無槽鐵心製作電樞，以防止電樞於磁通量較大處，產生較大的靜摩擦，如此即可降低電動機轉動所需的電壓。

圖 6-18 直流伺服電動機

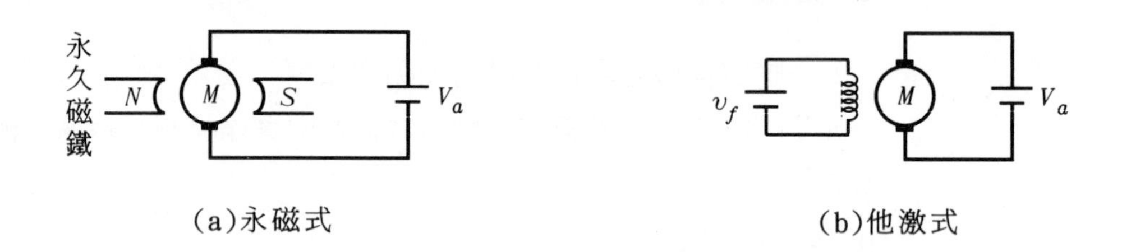

(a)永磁式　　(b)他激式

2.直流伺服電動機驅動方式

直流伺服電動機的驅動方式，可區分為開迴路與閉迴路方式，其目的皆在控制其轉速及轉向，開迴路的控制方式較簡單，適用於對轉速要求不高的場所，圖 6-19 表示其控制系統方塊圖，設定轉速的控制電壓加至控制器，控制器則依實際需要，將電壓放大或產生截波信號，由於控制器的輸出功率很小，無法直接驅動電動機，故經由功率放大器將信號放大才加至電動機，功率放大器可使用功率電晶體或閘流體完成，茲分述如下:

圖 6-19 開迴路控制系統方塊圖

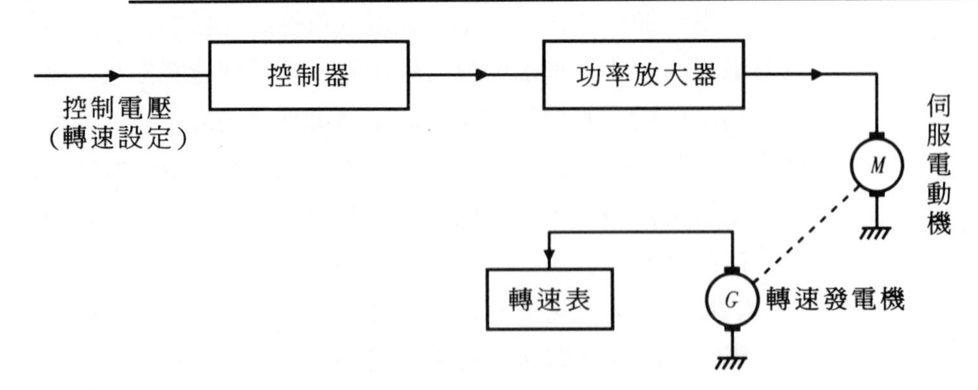

圖6–20 的功率放大器包含兩只互補性的電晶體，電源亦包含正、負兩組，當控制信號v_c 爲正時，NPN 的電晶體Q_1 導通，而PNP 的電晶體Q_2 截止，若此時電動機正轉，當控制信號 v_c 爲負時，電晶體Q_1 將截止，Q_2 則導通，故電動機變成反轉。再者，由第五單元實驗八可知，直流電動機的轉速N 可表示爲

$$N = \frac{E_b}{K\phi} = \frac{V_t - I_a r_a}{K\phi} \tag{6–4}$$

圖 6–20　兩電晶體式功率放大器

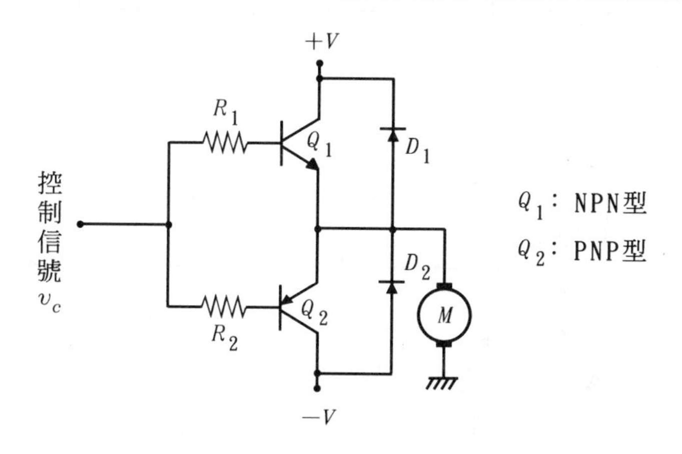

由於在額定負載內，一般$I_a r_a$ 較V_t 小許多（約5%以內），欲改變電動機轉速，則改變輸入至伺服電動機的電壓即可。若調整控制信號的大小使電晶體Q_1 或Q_2 在順向區而非飽和區，則電動機的電樞電壓將降低，轉速亦將變慢，惟此控制方式，電動機及電晶體皆持續動作而未間斷，電晶體的消耗功率甚大，高馬力的伺服電動機並不適用。

爲提高效率、降低電晶體的功率消耗，截流式的控制信號爲最常用的方法，如圖 6–21 所示，若加至電晶體的控制信號v_c 改爲脈波方式，設脈波的週期T 固定而改變電晶體Q_1 導體時間T_{ON} 的比

例，則加至伺服電動機的平均電壓亦隨之改變，該電壓可表示爲

$$V_{av}=\frac{V}{T}\times T_{ON}=\frac{V}{T_{ON}+T_{OFF}}\times T_{ON} \qquad (6\text{–}5)$$

圖 6–21　截流式控制信號波形圖

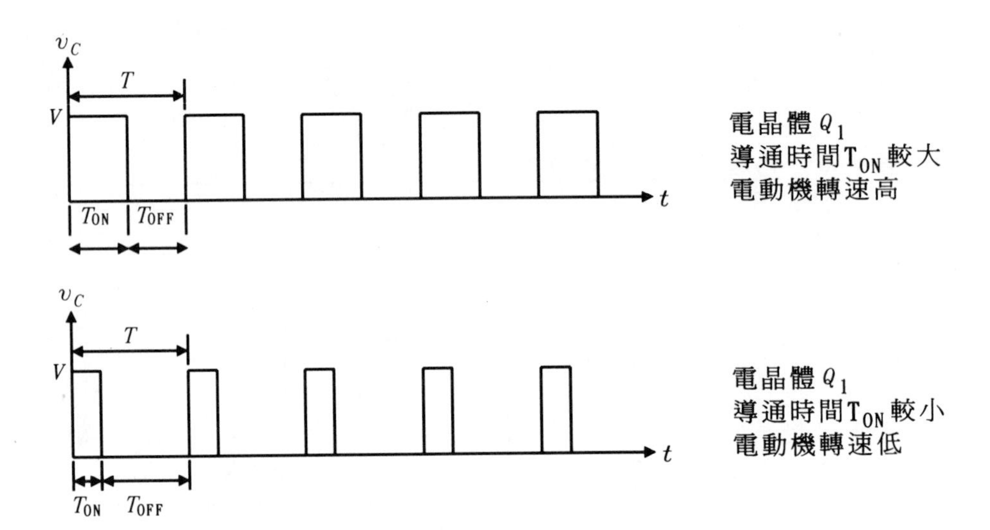

此控制方法的優點爲電動機電樞兩端的電壓雖爲脈波式，由於慣性原理，電晶體截止期仍可繼續旋轉，而電晶體的消耗功率則大幅降低，此現象對高馬力的電動機更爲顯著。

再者，欲使電動機的轉速與轉向，則將控制信號如圖 6–22 所示即可，此時電晶體 Q_1 截止，電晶體 Q_2 隨控制信號導通或截止，則電動機將反轉且轉速亦可加以控制。

圖 6–23 爲另一類型的功率放大器，該電路使用四只 NPN 的功率電晶體，而電源僅需一組，電動機則浮接於電晶體中央，當控制

圖 6–22　電動機反轉控制信號波形圖

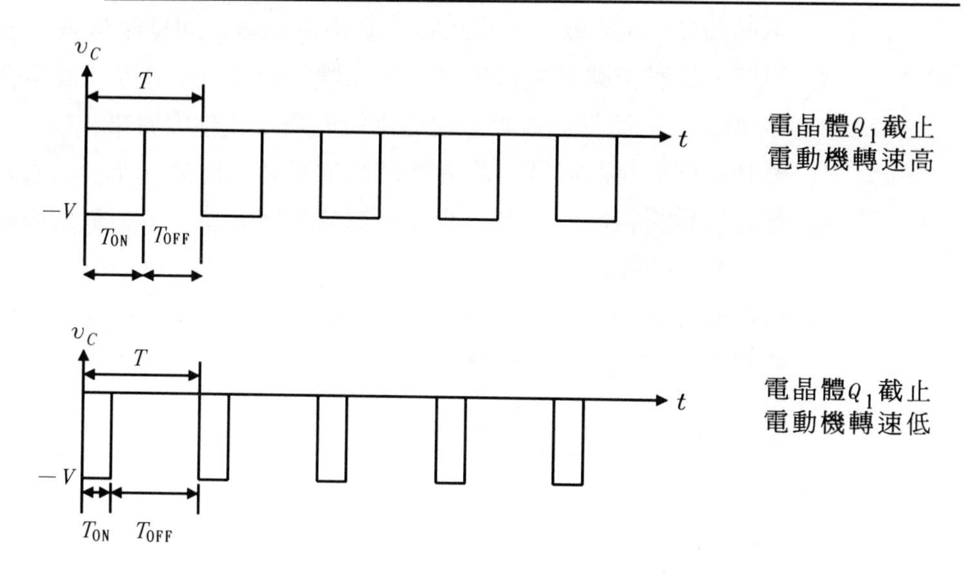

圖 6–23　四電晶體式功率放大器

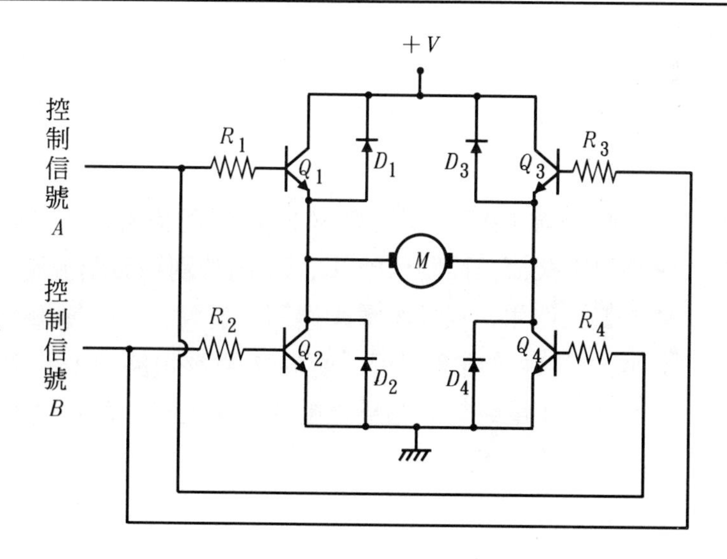

信號 A 爲高電位且控制信號 B 爲低電位時，電晶體 Q_1、Q_4 導通，電晶體 Q_2、Q_3 截止，若此時電動機爲正轉，則控制信號 A 改爲低電位且控制信號 B 爲高電位，電晶體將 Q_2、Q_3 導體且電晶體 Q_1、Q_4 截止，此時加於電動機電樞兩端的電壓極性與原來相反，故電動機將反向旋轉。同理，若調整控制信號 A、B 的大小，則電動機的轉速可獲得控制。再者，若控制信號改爲截流式，則電動機轉速亦可改變，如圖 6–24 所示，控制信號 A 爲脈波式，控制信號 B 爲零，則電動機正轉；反之，如圖 6–25 所示，控制信號 A 爲零，控制信號 B 爲脈波式，則電動機將反轉。

圖 6–24　電動機正轉控制信號波形圖

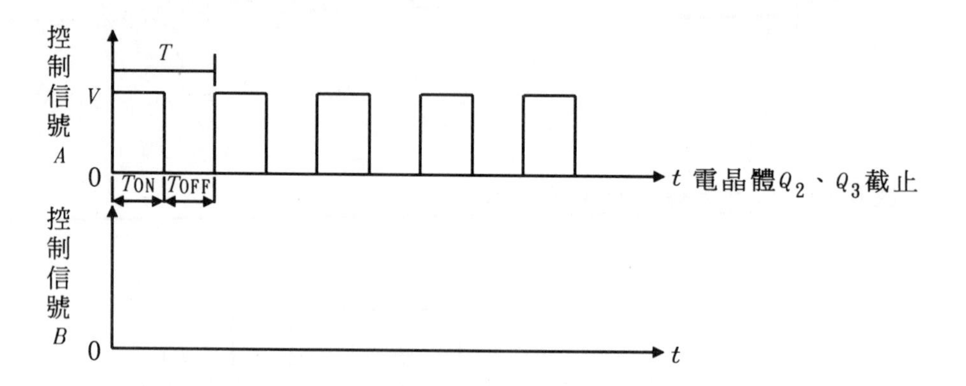

圖 6–26 則使用閘流體 SCR 及二極體構成功率放大器，此時電源應使用交流，控制信號 A 、B 則分別觸發閘流體 Q_1、Q_2 使電路產生整流作用，故伺服電動機即可旋轉，欲改變電動機轉速，則調整 SCR 的導通角度即可，圖 6–27 爲該電路典型的電樞電流與觸發波形圖，此電路的缺點爲電動機無法反轉，故在伺服電動機的控制上，較少被使用。

圖 6–25　電動機反轉控制信號波形圖

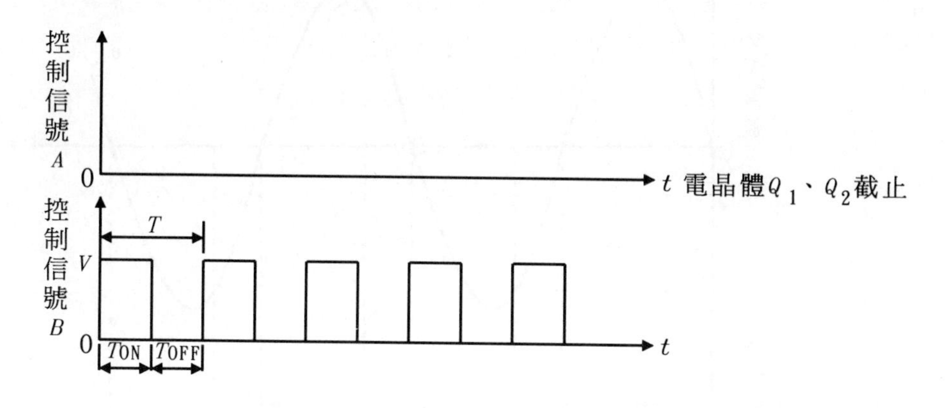

圖 6–26　閘流體功率放大器

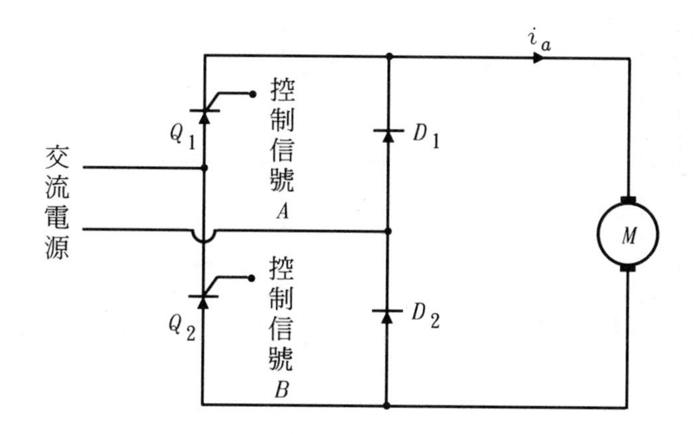

圖 6–27 電樞電流與控制信號波形圖

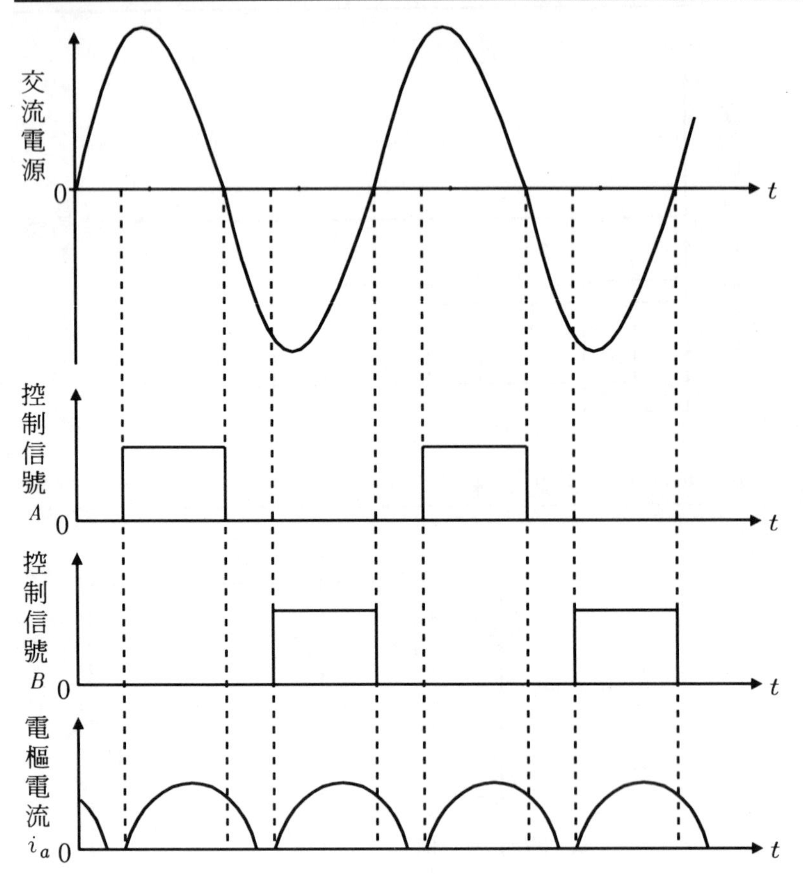

若系統對電動機的轉速要求較高時，閉迴路控制系統則較合適，圖 6–28 爲其方塊圖，圖中的功率放大器與開迴路系統相同，轉速發電機將電動機的轉速轉換爲電壓信號，將此回授電壓 v_f 與控制電壓 v_c 比較，兩電壓之差異產生一誤差電壓 v_e ，該電壓經控制器放大後，再經功率放大器去供應電動機所需的功率。當電動機因負載降低使其轉速增加，則回授電壓 v_f 增加而誤差電壓降低，故功率放大器輸出降低，使電動機減速；反之，當負載增加，電動機

速度降低時，回授電壓 v_f 減少使誤差電壓 v_e 增加，故電動機將被加速，電動機因此可維持一定轉速。

圖 6–28　閉迴路控制系統方塊圖

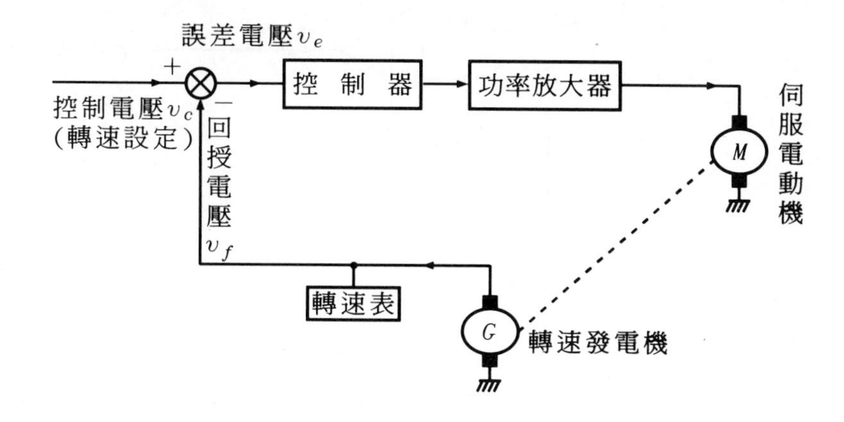

圖 6–29 為典型的閉迴路控制器結構圖，控制電壓 v_c 由電位器取得，回授電壓 v_f 來自轉速發電機，兩信號分別加至運算放大器的反相端與非反相端，此處運算放大器的增益設定為 1，輸出電壓則再輸入至功率放大器。

3.直流伺服電動機位置控制

直流伺服電動機的位置控制廣泛地使用於各類工作機械，一般皆使用回授的方式完成，至於位置檢出的方式極多，常用者有類比的電位計及數位的編碼器，本節僅於類比方式說明之，如圖 6–30 所示，伺服電動機直接耦合或以齒輪減速再耦合至電位計，當電動機轉動時，電位計的回授電壓與原位置控制電壓比較，經控制器、功率放大器驅動電動機至適當位置。在此系統中，控制器的增益應調整適當，因增益太小，則系統之靈敏度低，位置誤差較大，若增益較高，易產生超越量 (overshoot)，電動機在目標位置附近擺動，使穩定時間加長。

圖 6–29 閉迴路控制器結構圖

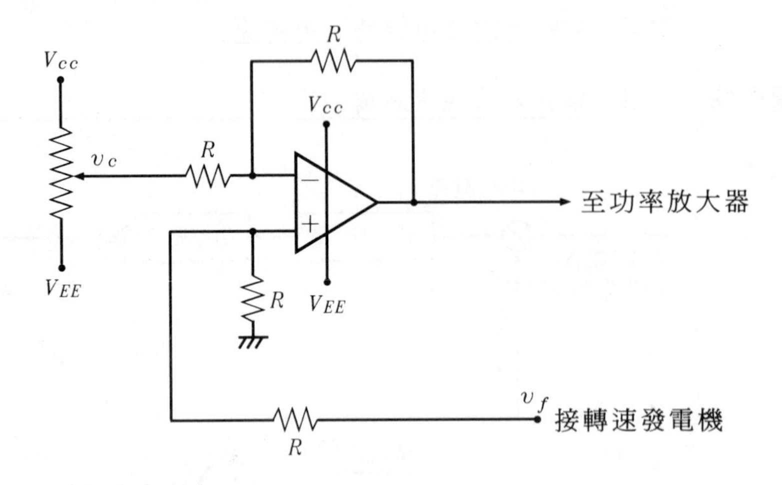

圖 6–30 位置控制系統方塊圖

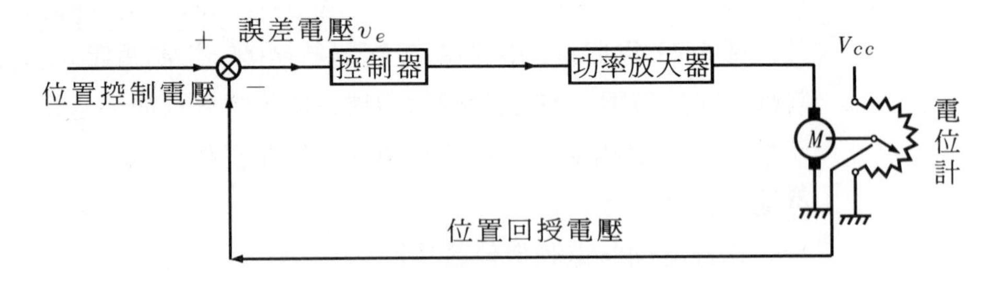

4.交流伺服電動機構造

交流伺服電動機最常用者為二相伺服電動機，如圖 6–31 所示，該電動機之結構與單相分相繞組式電動機類似，其定子具有二組繞組，分別稱為主繞組 (Main winding) 和控制繞組 (Control winding)，控制繞組以放大器將輸入電壓 v_c 放大後作為激磁電流，主繞組則加入電壓源 V_m，兩電壓相位相差 $+90°$ 或 $-90°$，當放大器有電流流入控制繞組時，電動機就能正轉或逆轉，此時若改變控制電壓而主繞組電壓不變，其轉矩將產生變化，轉速亦隨之改變。

圖 6–31 二相伺服電動機結構圖

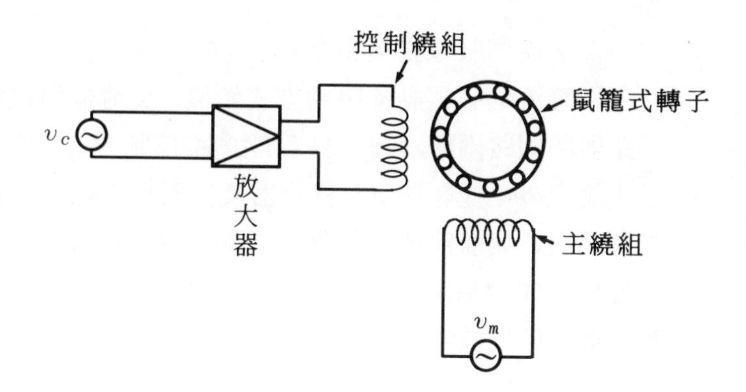

爲達到低慣性的需求，交流伺服電動機之鼠籠轉子導體較細，如此可增加導體電阻，提高起動轉矩；再者，使用深槽式的鼠籠式結構，更可改進電動機的轉矩－速率特性，圖6–32 爲一般分相繞組式電動機與交流伺服電動機轉矩－速率特性圖，由該曲線可知伺服電動機具高起動轉矩及易於變速的特性，比一般交流電動機更適用於控制系統上。

圖 6–32 轉矩－速率特性圖

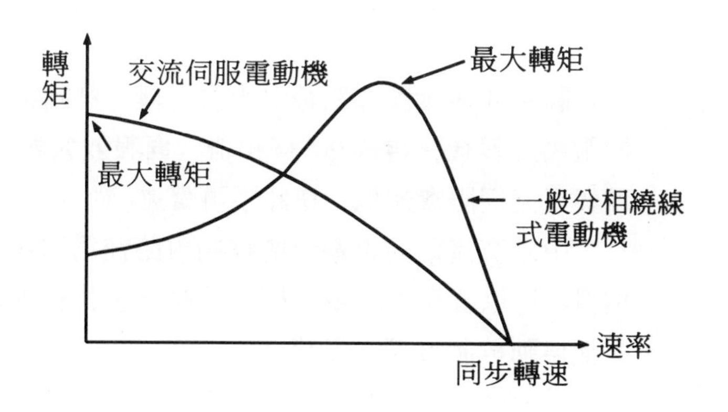

與直流伺服電動機相較，交流伺服電動機因無電刷、換向片等

摩擦部份，故保養維護較易；但效率較低、控制電路較複雜是其缺點。

5.交流伺服電動機驅動

與直流伺服電動機驅動方式類似，交流伺服電動機亦可使用開迴路與閉迴路兩類，圖 6–33 爲開迴路控制方式，交流電源除直接加於主繞組外，並經由 90° 移相器及伺服放大器後，將控制電源加至控制繞組，如前節所述，改變控制繞組的電流，電動機的轉速亦隨之變化，90° 移相器其目的在產生與電源電壓相差 +90° 或 −90° 之電壓信號，用以控制電動機之轉速。

圖 6–33　開迴路控制系統方塊圖

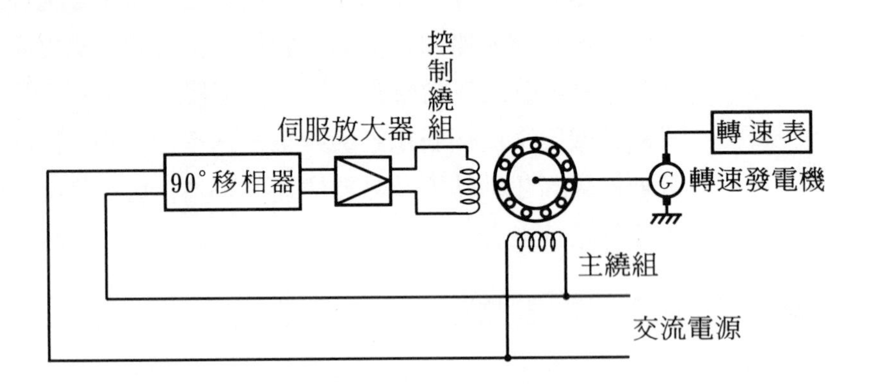

圖6–34 表示閉迴路控制方式，轉速控制電壓與轉速發電機之回授電壓比較後，再經 90° 移相器、伺服放大器使電動機轉動，其原理與直流伺服機類似，在此不再贅述。

由於交流伺服電動機的控制電路較爲複雜，爲簡單計，本實驗項目，均以直流伺服電動機之控制爲主，必要時，讀者請自行參考其他自動控制實習之書籍。

圖 6–34　閉迴路控制系統方塊圖

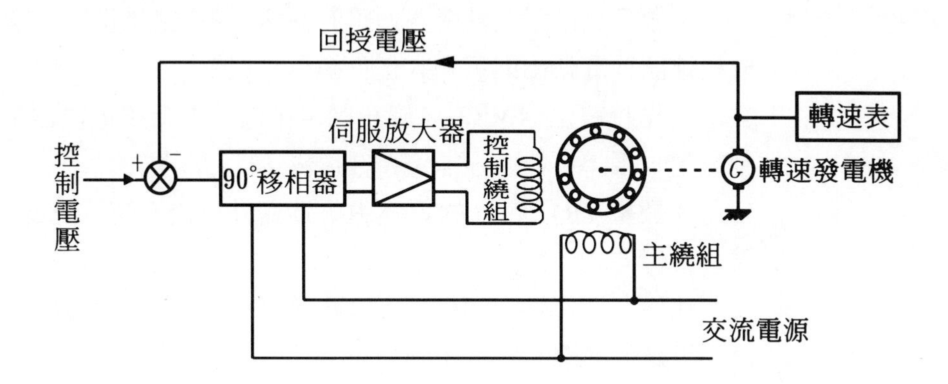

III. 儀器設備

名　　稱	規　　格	數　　量	備　　註
直流伺服電動機	12V, 0.5A 轉軸附電位器	1	
轉速發電機	10000 rpm	1	
轉速表	1000 rpm	1	
數位式三位電表		2	
示波器	20MHz 雙軌跡	1	
電晶體	2N3055 2N2955	4 4	
IC	LM348 LM555	4 1	
電阻	1kΩ $\frac{1}{2}$W 3.3kΩ $\frac{1}{2}$W 10kΩ $\frac{1}{2}$W 20kΩ $\frac{1}{2}$W	7 8 10 15	
電位器	100kΩ 10kΩ	5 3	
電容器	0.1μ 16V	4	
二極體	1N4001	8	
直流電源供應器	雙電源式，30V，3A	1	

IV. 實驗步驟

1.做直流伺服電動機開迴路的轉速及轉向控制時，依圖 6–35 完成接線圖，電動機則不加入任何負載。

2.先將電位器 VR2 之旋鈕調至中間，再調整電位器 VR1 使控制電壓 v_c 爲零，觀察並記錄電動機的轉速及轉向。

3.調整 VR1 使 v_c 的電壓由零逐漸升至最高值，記錄電動機的轉速與轉向。

4.使 v_c 歸零後，再將 v_c 的電壓由零調向負值並逐次降至最低值，記錄電動機的轉速與轉向。

5.將電位器VR2 之電阻值調至最高值，重複步驟 3、4 並觀察電動機的響應是否加快?

6.將電位器VR2 之電阻值調至最低值，重複步驟 3、4 並觀察電動機的響應是否變慢?

7.繪出控制電壓 v_c 與電動機轉速之關係圖，並將各點描繪成一曲線。

8.將電位器VR2 置於中間位置，調整電位器 VR1 使控制電壓 v_c 爲 +5V，然後在電動機轉軸上加上負載，逐次增加負載並記錄電動機之端電壓，電流值及轉速值。

9.計算電動機輸入功率，繪出輸入功率與轉速之曲線圖。

10.做直流伺服電動閉迴路特性實驗時，如圖 6–36 完成接線圖，電動暫不加入任何負載。

11.將電位器VR3 調至中間，再重複步驟 3～9 並記錄各相關數據。

12.將電位器VR3 調至最高值，再重複步驟 3～9 並記錄各相關數據。

13.將電位器VR3 調至最低值，再重複步驟 3～9 並記錄各相關數據。

14.做截流式直流伺服電動機轉速控制時，如圖 6–37 完成接線圖，電動機則不加入負載。

15.調整電位器 VR，並以示波器觀察控制電壓 v_c 的波形，當 $T_{\mathrm{ON}} = T_{\mathrm{OFF}}$ 時，記錄電動機是否轉動。

16.調整 VR 位置以改變 T_{ON}、T_{OFF} 時間，並記錄伺服電動機之轉速。

17.利用式 (6–5) 計算控制電壓 v_c 的平均值後，繪出該電壓與電動機轉速的關係曲線圖。

18.做電動機位置控制時，如圖6–38 完成接線圖，電動機則不加負載。

19.先將電位器 VR2 旋鈕調至中間，再調整電位器VR1 使控制電壓 v_c 爲零，觀察並記錄伺服電動機轉軸的位置。

20.調整 VR1 使 v_c 的電壓由零逐漸升至最高值，記錄電動機轉軸位置。

21.使 v_c 歸零後，再將 v_c 的電壓由零調向負值並逐漸降至最低值，記錄電動機轉軸位置。

22.將電位器 VR2 之電阻值調至最高，重複步驟 20、21 並觀察電動機的響應是否改變?

23.將電位器VR2 之電阻值調至最低，重複步驟 20、21 並觀察電動機的響應是否改變?

24.繪出電動機位置與控制電壓 v_c 之關係曲線圖。

圖 6-35 開迴路轉速及轉向接線圖

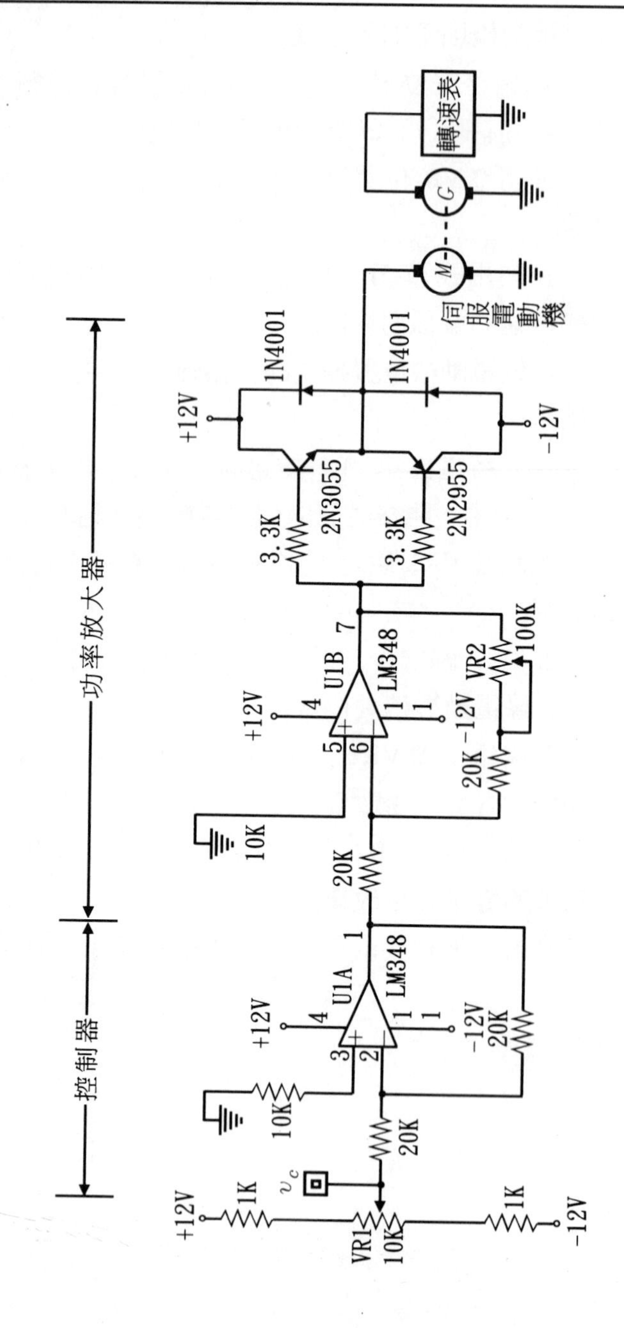

圖 6–36　閉迴路特性實驗接線圖

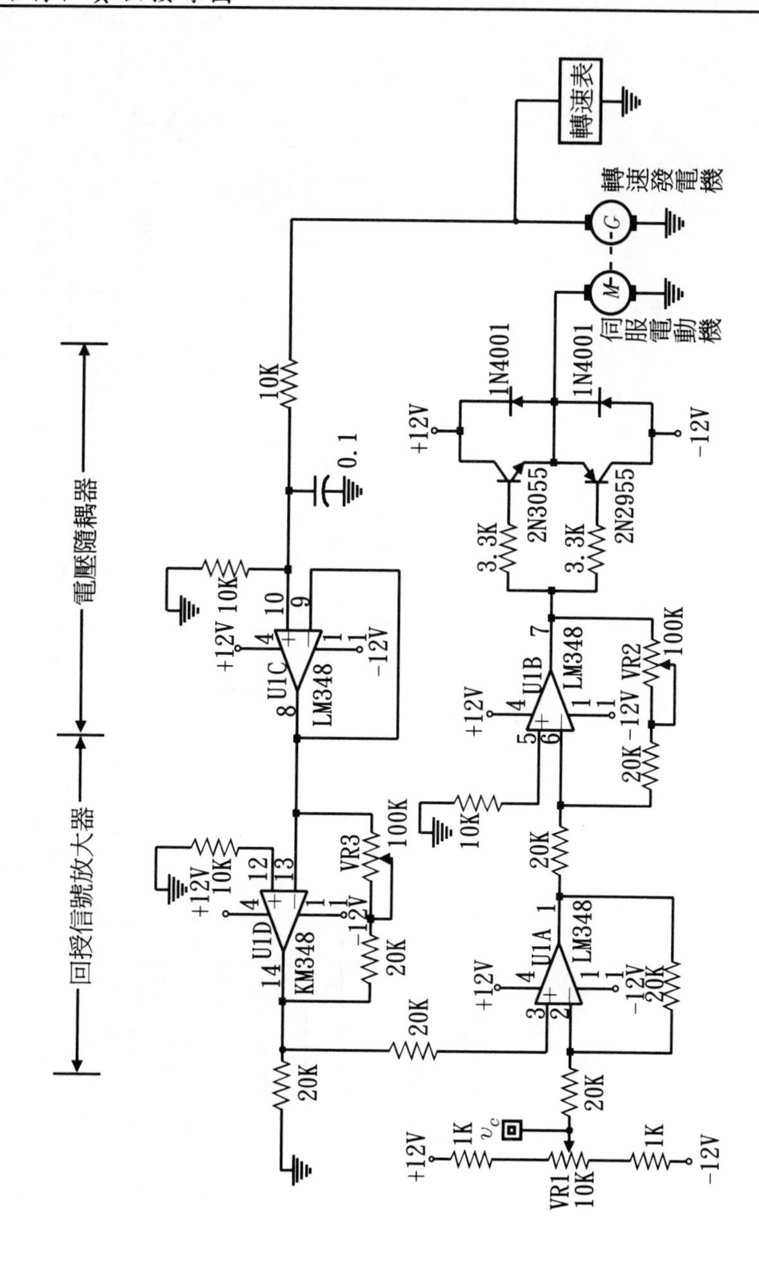

圖 6–37　截流式轉速轉向接線圖

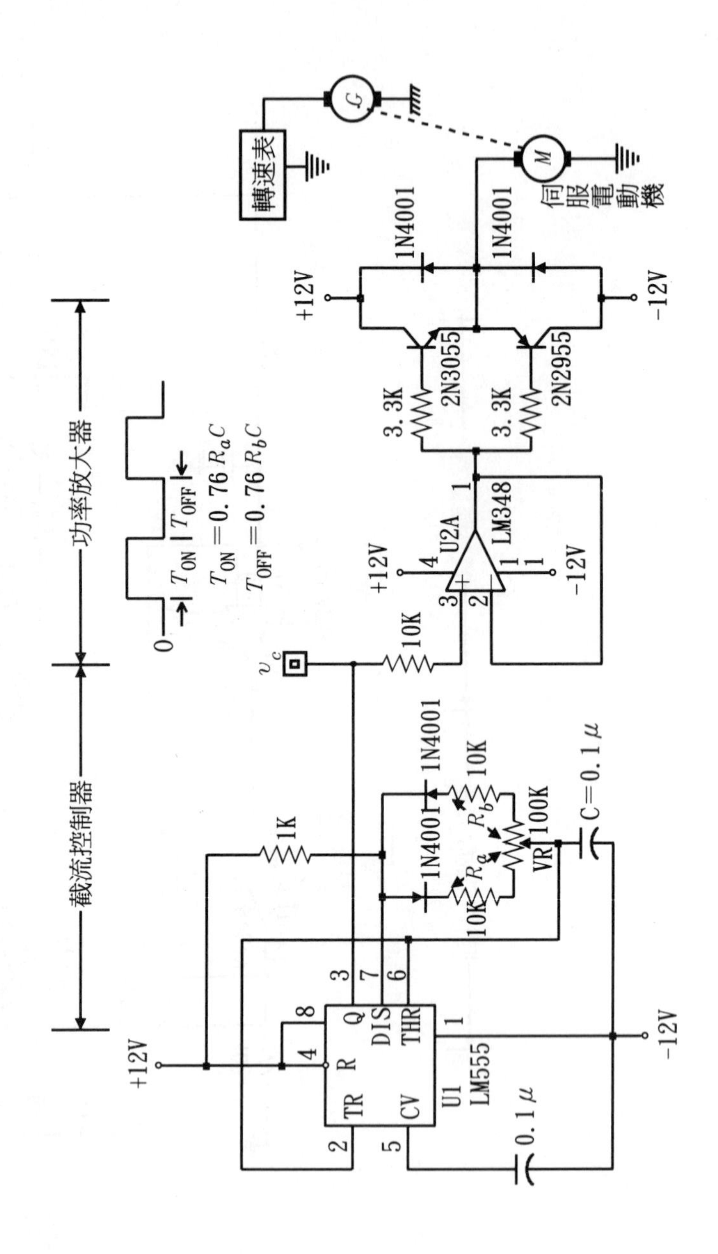

圖 6–38　閉迴路位置控制接線圖

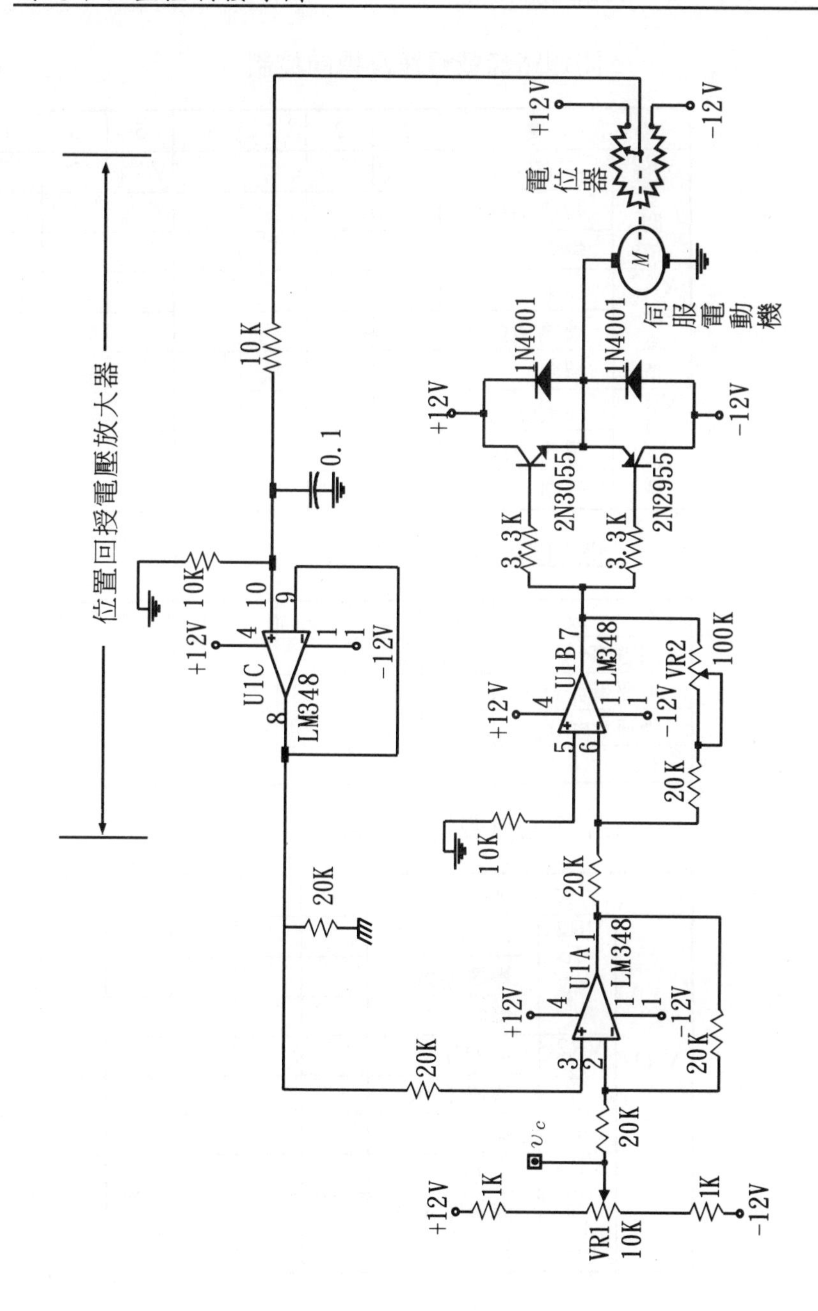

V. 實驗結果

1.開迴路無載轉速及轉向控制

次數		1	2	3	4	5	6	7	8	9
VR2 中間值	v_c (V)									
	轉速 (rpm)									
	轉向									
VR2 最高值	v_c (V)									
	轉速 (rpm)									
	轉向									
VR2 最低值	v_c (V)									
	轉速 (rpm)									
	轉向									

2.開迴路負載及轉速特性

次數	1	2	3	4	5	6	7	8	9
端電壓 (V)									
電樞電流 (A)									
轉速 (rpm)									
輸入功率									

3.閉迴路無載轉速及轉向控制

次數			1	2	3	4	5	6	7	8
VR3 位置：	VR2 中間值	v_c (V)								
		轉速 (rpm)								
		轉向								
	VR2 最高值	v_c (V)								
		轉速 (rpm)								
		轉向								
	VR3 最低值	v_c (V)								
		轉速 (rpm)								
		轉向								

4.閉迴路負載及轉速特性

次　數		1	2	3	4	5	6	7	8
VR3 位置：	端電壓 (V)								
	電樞電流 (A)								
	轉速 (rpm)								
	輸入功率								

5.截流式無載轉速及轉向控制

次　數	1	2	3	4	5	6	7	8
T_{ON}								
T_{OFF}								
v_c 平均值 (V)								
轉速 (rpm)								
轉向								

6.閉迴路位置控制

次　數		1	2	3	4	5	6	7	8	9
VR2 中間值	控制電壓 v_c									
	電動機位置									
VR2 最高值	控制電壓 v_c									
	電動機位置									
VR2 最低值	控制電壓 v_c									
	電動機位置									

VI. 問題與討論

1.根據實驗數據，試比較直流伺服電動機於無載狀況下，當控制電壓 v_c 相等，開迴路與閉迴路系統中電動機轉速的差異。

2.同上題，比較於有負載下，兩系統轉速之差異。

3.說明截流式控制方式的優缺點。

4.說明伺服電動機與步進電動機的優缺點。

5.說明直流伺服電動機與直流電動機的差異。

6.如圖 6–38 所示，討論 VR2 於不同電阻時，伺服電動機的響應有何差異?

第六單元　綜合評量

I. 選擇題

1. (　) 感應電壓調整器三次繞組應與一次繞組呈(1)平行狀態 (2)垂直狀態 (3) 45° 狀態 (4)兩者無關。
2. (　) 感應電壓調整器三次繞組應(1)直接短路 (2)與二次繞組串聯 (3)串聯電阻後短路 (4)串聯電感後短路。
3. (　) 感應電壓調整器加裝三次繞組的目的爲(1)降低諧波 (2)使二次繞組不致形成抗流線圈 (3)增加效率 (4)改善功率因數。
4. (　) 感應電壓調整器的功用爲(1)維持二次電壓的穩定 (2)改善系統的功率因數 (3)增加設備的使用效率 (4)以上皆非。
5. (　) 一步進電動機若相數爲 4，轉子齒數爲 6 時，則其步進角度爲(1) 24° (2) 15° (3) 12° (4) 7.5°。
6. (　) 欲增加步進電動機的轉速，則可改變(1)輸入脈波之順序 (2)輸入脈波之頻率 (3)輸入脈波振幅之大小 (4)以上皆非。
7. (　) 欲改變步進電動機的旋轉方向，則可改變(1)輸入脈波之順序 (2)輸入脈波之頻率 (3)輸入脈波振幅之大小 (4)以上皆非。
8. (　) 步進電動機於下列何種激磁下，轉矩最大(1)一相激磁 (2) 1－2 相激磁 (3)二相激磁 (4)以上皆相同。
9. (　) 步進電動機於一相激磁時，若每步的角度爲 1.8°，則使用 1-2 相激磁時，旋轉角度爲每步(1) 1.8° (2)3.6° (3) 0.9° (4) 0.45°。

10.(　) 同上題，若步進電動機使用二相激磁時，則旋轉角度爲每步(1) 1.8° (2) 3.6° (3) 0.9° (4) 0.45°。

II. 計算題

1. 一單相220V 電源供應負載時，假設該電源之變動率爲 ± 8%，試求:
   (1)該電源之最高電壓與最低電壓。
   (2)使用單相感應電壓調整器改進電源電壓的變動時，若一次側繞組爲 520 匝，則二次側繞組爲若干?
   (3)繪出該系統之接線圖。
2. 已知一台相數爲4，齒數爲 50 的步進電動機，當輸入激磁脈波數爲 100 時，試求於下列不同型式激磁下，步進電動機旋轉的角度: (1)一相激磁 (2) 1 – 2 相激磁 (3)二相激磁。

附錄A EMT – 6A 萬能機組之認識 Introduction to universal sets

EMT–6A 萬能機組係基於電機機械實驗，常具有許多共用設備之特性，組合成的一套實驗裝置，其目的在測試多種電機機械的特性，該裝置可分爲旋轉電機組、控制盤、負載箱三部份，茲分述如下:

I. 旋轉電機組

旋轉電機組依其組成又可分爲直流機、同步交流機與感應機三台。

1.直流機

本機可作爲直流電動機、直流發電機使用。

⑴額定值

	電動機	發電機
輸出	3HP, 2.2KW	2.0KW
極數	4	4
轉速	1800rpm	1800rpm
電樞電壓	160VDC	160VDC
電樞電流	12.5A	12.5A
他激繞組電壓	130VDC	138VDC
他激繞組電流	0.85A	0.9A

⑵繞組符號及說明

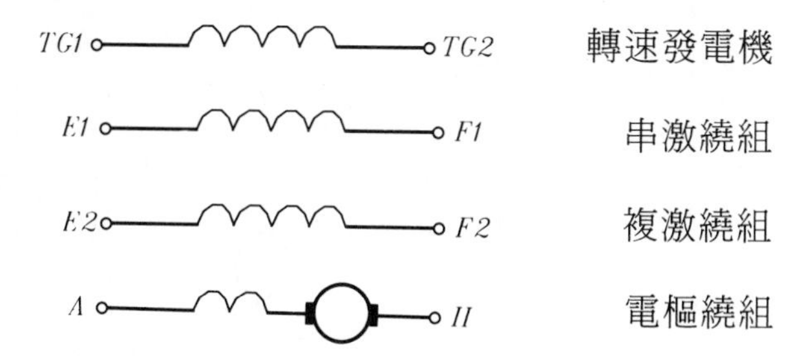

J K 他、分激繞組

(3)他激接線

反轉時將磁場或電樞之電源任一組正負向即可。

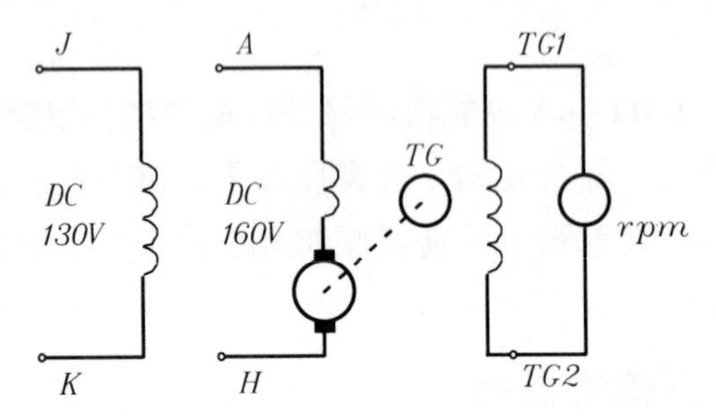

(4)串激接線

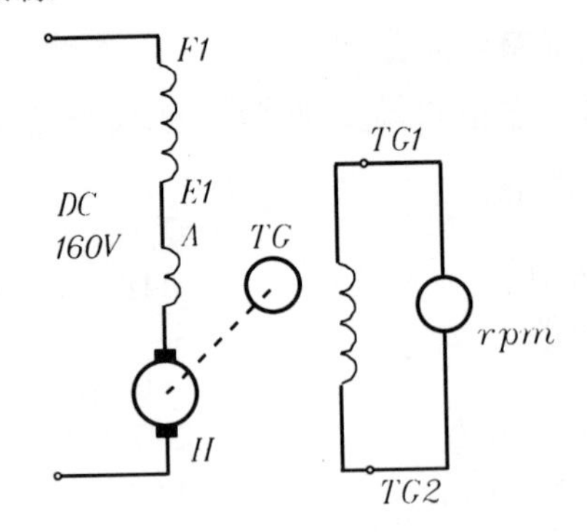

(5)積複激接線

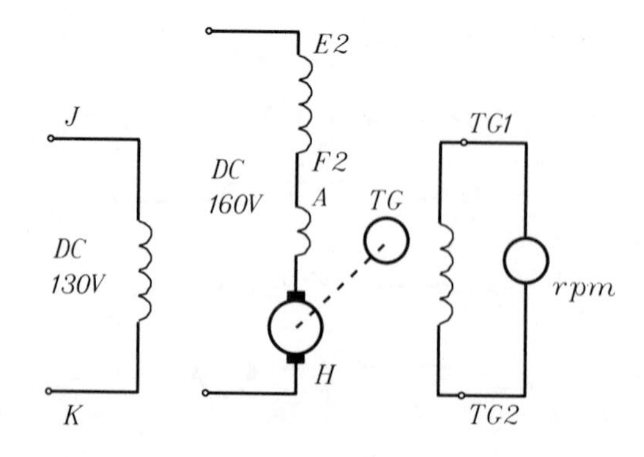

⑹差複激接線

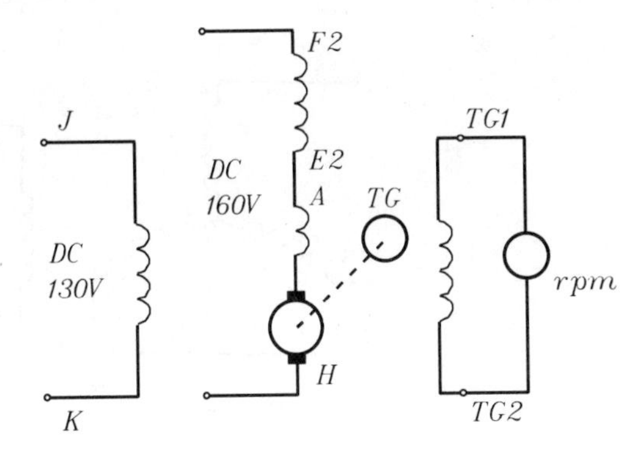

2.交流同步機

本交流機爲三相凸極式同機，凸極上附有啓動繞組（即鼠籠式）可作爲同步電動機、同步發電機使用。

⑴額定值

	同步電動機	同步發電機
輸出	3HP, 2.2KW	2.0KW
相數	3	3
極數	4	4
頻率	60HZ	60HZ
轉速	1800RPM	1800rpm
額定電壓	220 VAC	220 VAC
額定電流	6.8A	5.25A
磁場電壓	94VDC	108VDC
磁場電流	0.9A	1.0A
	($f = 100\%$)	($f = 100\%$)

⑵接線法

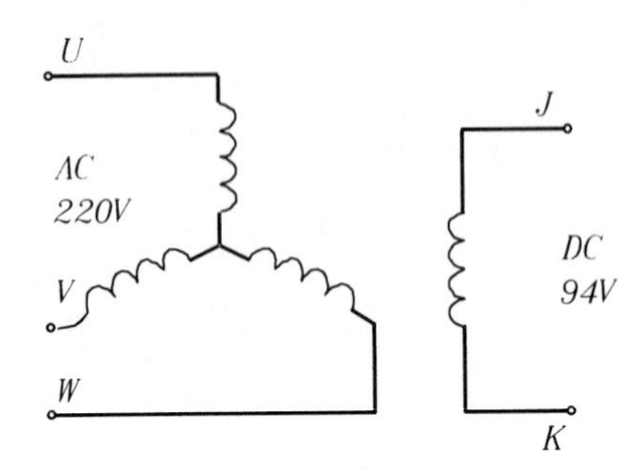

3.感應機

本機爲交流繞線式感應機，可作爲多種不同之感應電機使用。

⑴額定值

	電動機
輸出	3HP, 2.2KW
相數	3
極數	4
頻率	60Hz
轉速	1800rpm
額定電壓	220VAC
額定電流	6.8A
轉子電壓	360VAC
轉子電流	3.5A

⑵交流繞線式感應電動機

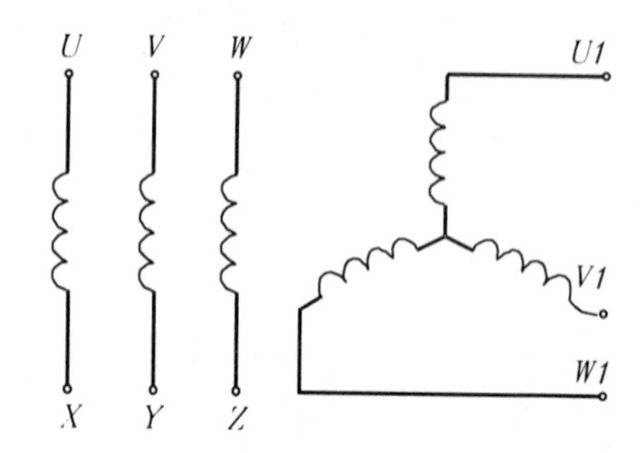

(3)交流鼠籠式感應電動機

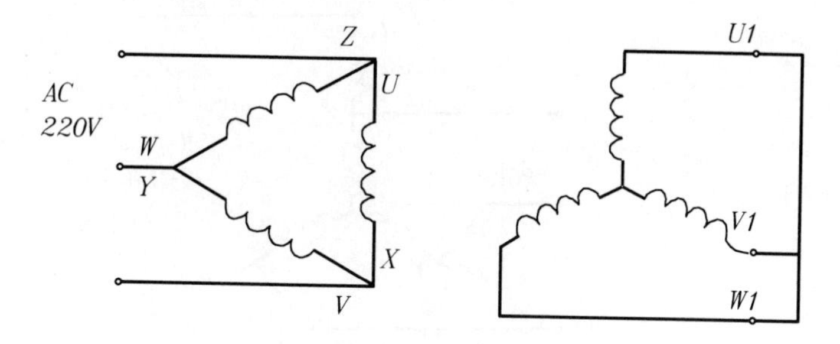

(4)單相電容啓動

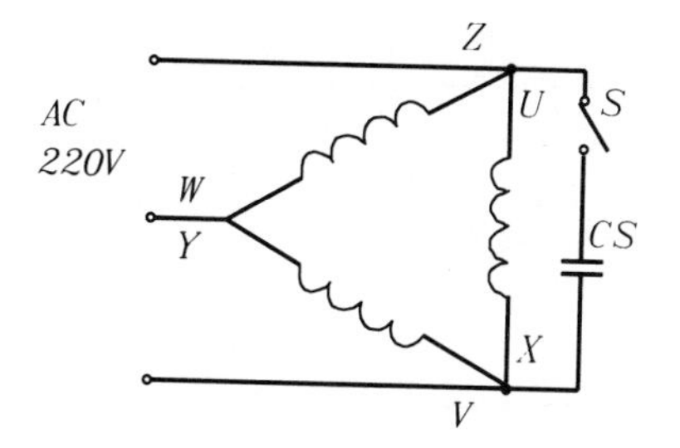

(5)單相電容啓動及運轉

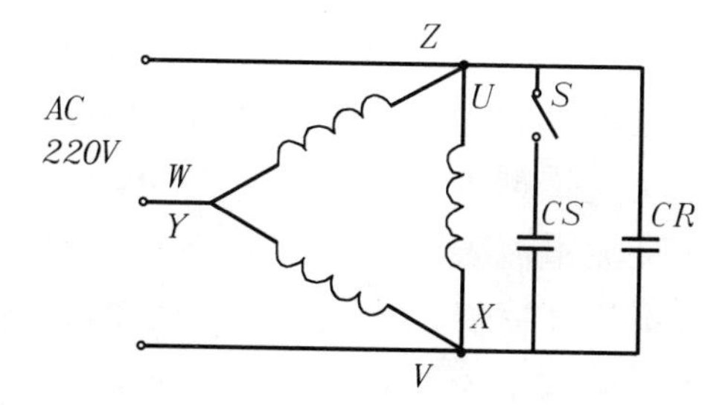

(6)感應式電壓調整器

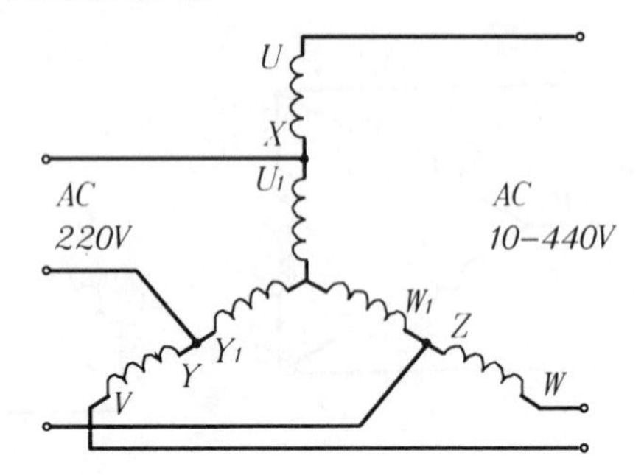

(7)感應式同步機

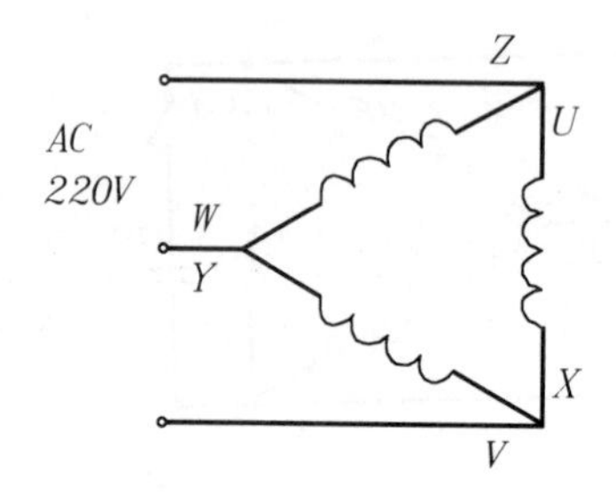

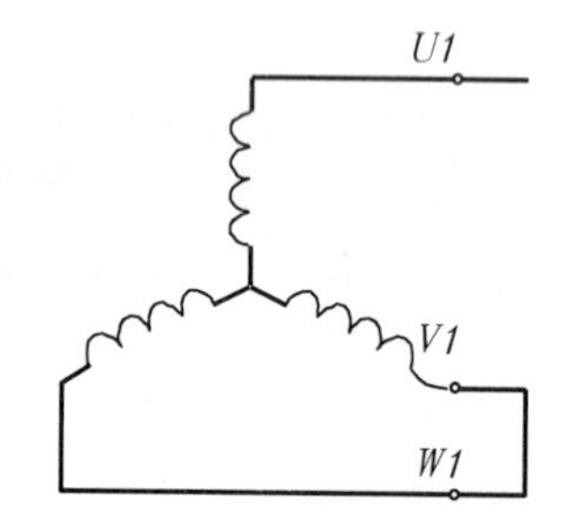

II. 控制盤

1.三相交流電源組	0–260V 10A	一組
2.直流電源組	0–300V 5A	一組
3.交流電壓表	300V	二只
4.交流電流表	5A	一只
5.單相瓦特表	AC 240V 5A	二只
6.交流頻率表	300V	一只
7.轉速表	0–9999 rpm	一只
8.直流電壓表	300V	二只
9.直流電流表	25A	一只
10.直流電流表	5A	一只

III. 負載箱

1.三相電阻箱	AC220V2KW	一只
2.三相電容箱	AC220V2KVA	一只
3.三相電感箱	AC220V2KVA	一只

IV. 外形圖

1.旋轉電機組

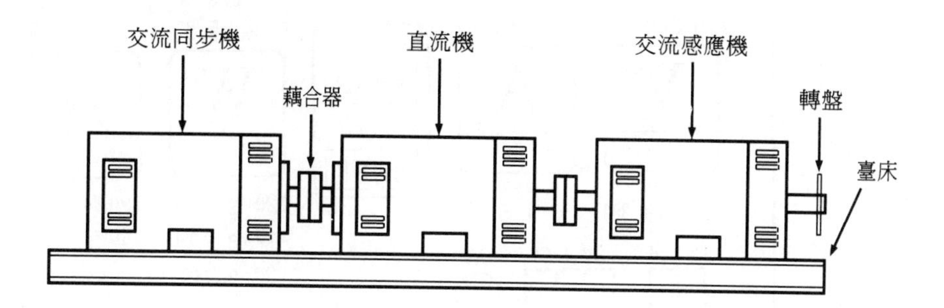

2.控制盤

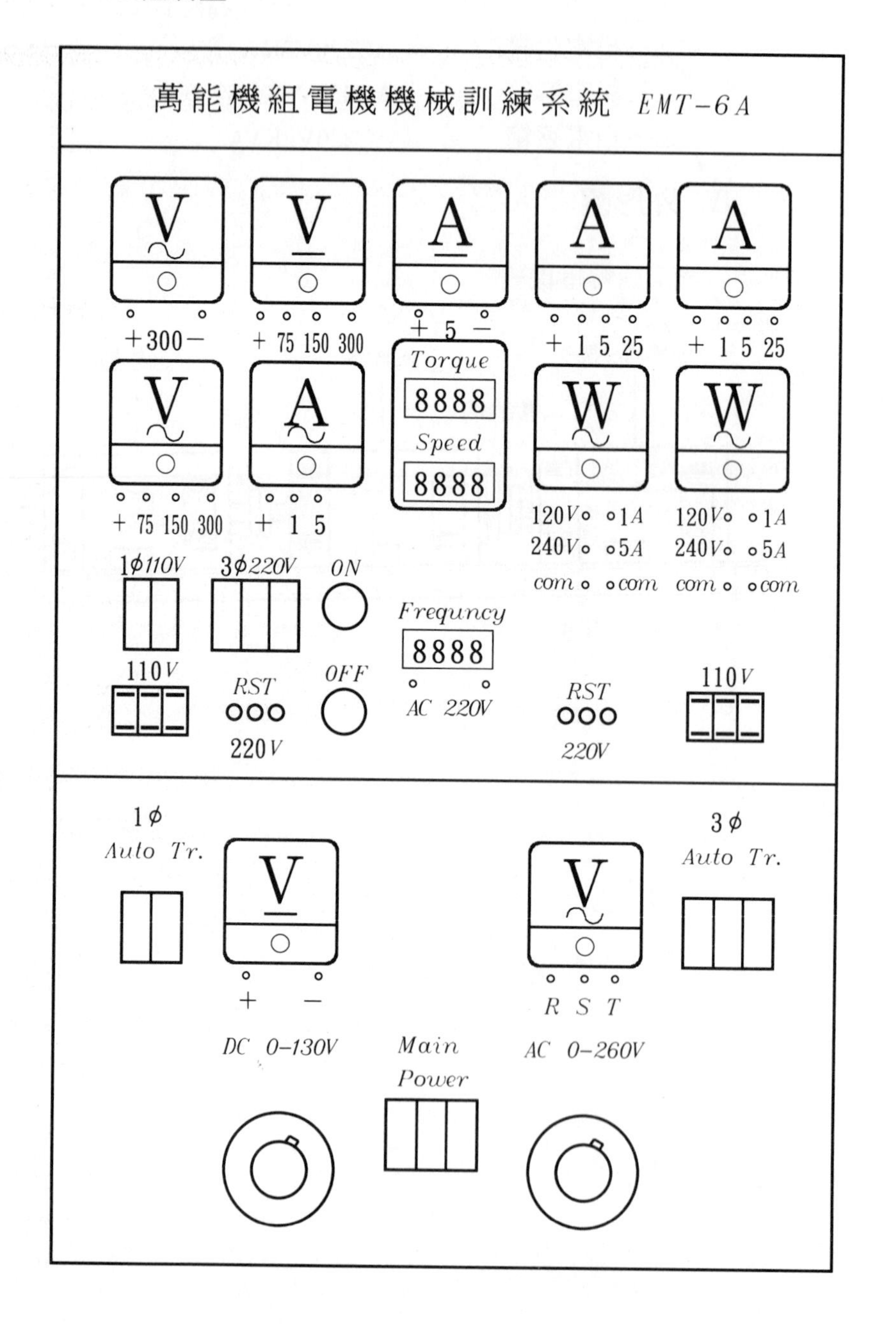

萬能機組電機機械訓練系統 EMT-6A
V
V
A
A
A
+300−
+ 75 150 300
+ 5 −
+ 1 5 25
+ 1 5 25
Torque
8888
Speed
8888
V
A
W
W
+ 75 150 300
+ 1 5
120V 1A
240V 5A
com com
120V 1A
240V 5A
com com
1φ110V
3φ220V
ON
Frequncy
8888
AC 220V
110V
RST
220V
OFF
RST
220V
110V
1φ
Auto Tr.
V
+ −
DC 0−130V
Main
Power
V
R S T
AC 0−260V
3φ
Auto Tr.

3.負載箱

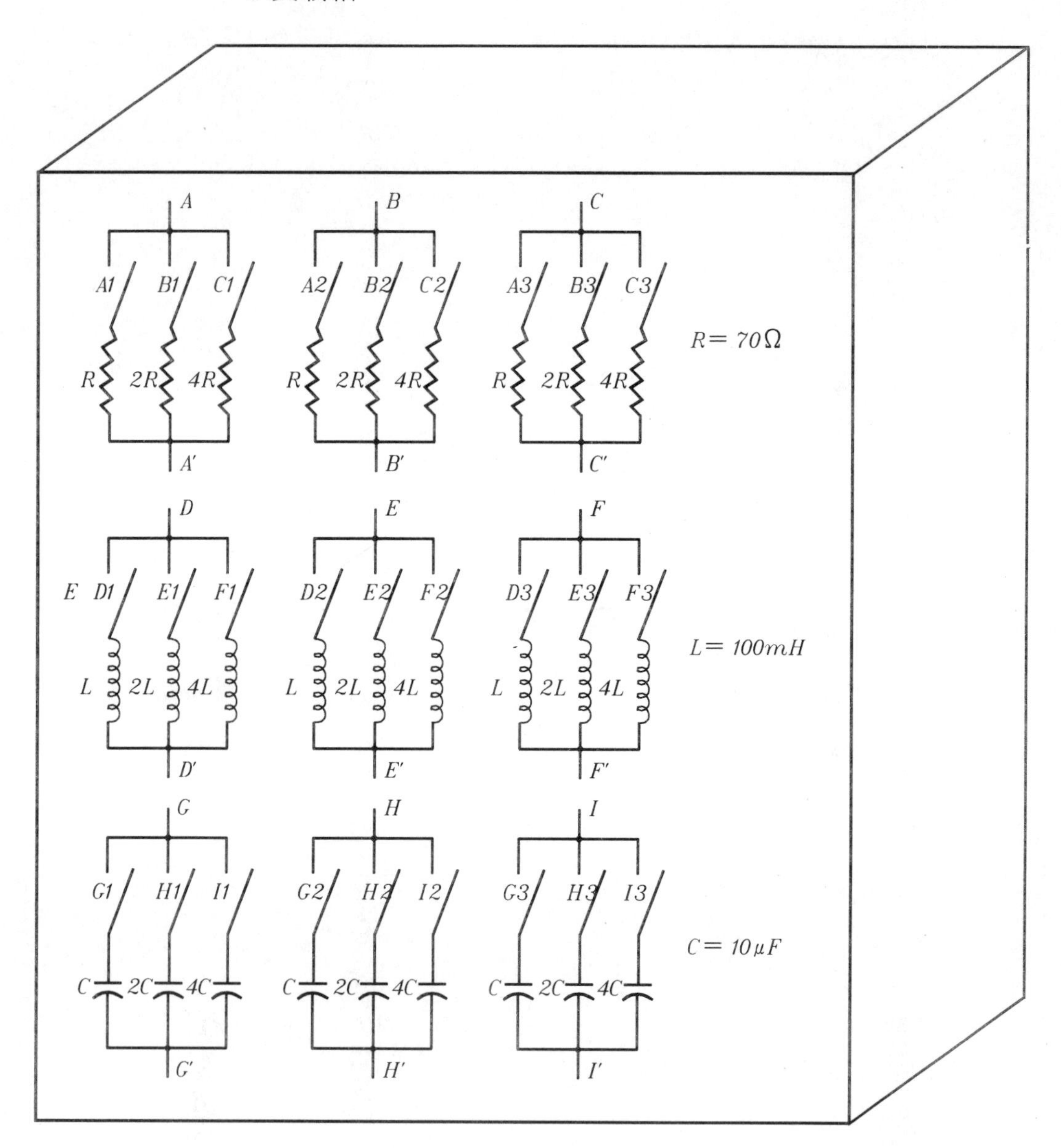
A
B
C
A1
B1
C1
A2
B2
C2
A3
B3
C3
R
2R
4R
R = 70Ω
A'
B'
C'
D
E
F
D1
E1
F1
D2
E2
F2
D3
E3
F3
L
2L
4L
L = 100mH
D'
E'
F'
G
H
I
G1
H1
I1
G2
H2
I2
G3
H3
I3
C
2C
4C
C = 10μF
G'
H'
I'

附錄B 實驗儀器設備中英文對照表

直流電壓表	DC voltage meters
直流電流表	DC ammeters
交流電壓表	AC voltage meters
交流電流表	AC ammeters
單相瓦特表	Single-phase watt meters
三相瓦特表	Three-phase watt meters
三相功率因表	Three-phase power factor meters
頻率表	Frequency meters
高阻計	Maggers
溫度計	Thermometers
微電阻計	Micro-ohm meters
數字型電阻計	Digital resistance meters
惠斯登電橋	Wheatstone bridges
凱爾文電橋	Kelvin bridges
電阻箱	Resistor boxes
電容箱	Capacitors boxes
電感箱	Inductor boxes
三相電阻箱	Three-phase resistor boxes
三相電容箱	Three-phase capacitors boxes
三相電感箱	Three-phase inductor boxes
可變電阻器	Rheostats
電壓調整器	Voltage regulator
三相電壓調整器	Three-phase voltage regulators
閘刀開關	Knife switches
無熔絲開關	Molded case circuit breakers
四點式啓動器	Four-point starts

單相變壓器	Single-phase transformers
三相變壓器	Three-phase transformers
單相感應電動機	Single-phase induction motors
三相感應電動機	Three-phase induction motors
三相同步電動機	Three-phase synchronous motors
三相同步發電機	Three-phase synchronous generators
他激式直流電動機	Separately excited DC motors
分激式直流電動機	Shunt DC motors
串激式直流電動機	Series DC motors
積複激式直流電動機	Cumulative compound DC motors
差複激式直流電動機	Differential compound DC motors
他激式直流發電機	Separately excited DC generators
分激式直流發電機	Shunt DC generators
串激式直流發電機	Series DC generators
積複激式直流發電機	Cumulative compound DC generators
差複激式直流發電機	Differential compound DC generators
轉速計	Tachometers
轉速發電機	Tacho generators
轉軸堵住設備	Rotor blocking devices
步進電動機	Stepping motors
直流伺服電動機	DC servomotors
直流動力計	DC dynamic meters
直尺	Rulers
圓規	Compasses
全波整流器	Full-wave rectifiers
個人電腦	Personal computers
直流電源供應器	DC power supplies
三用表	Multitesters
數位式三用表	Digital multitesters
25Pins 公接頭	25-pins male connectors

IC	Integrated circuits
電阻	Resistors
電位器	Potentiometers
電容器	Capacitors
電晶體	Transistors
示波器	Oscilloscopes

附錄C 重要電機機械名詞中英文對照表

AC machine	交流電機
AC synchronous generator	交流同步發電機
AC synchronous motor	交流同步電動機
Additive polarity	加極性
Air-gap inductance	氣隙電抗
Air-gap line	氣隙直線
All day efficiency	全日效率
Amortiseur winding	阻尼繞組
Ampere's law	安培定律
Angular frequency	角頻率
Armature	電樞
Armature characteristic curve	電樞特性曲線
Armature current	電樞電流
Armature reaction	電樞反應
Armature winding	電樞繞組
Autotransformer	自耦變壓器
Auxiliary winding	輔助繞組
Bearing	軸承
Block-rotor test	堵住轉子實驗
Breakdown torque	崩潰轉矩
Brush	電刷
Brush-contact loss	電刷接觸損失
Brush holder	電刷座
Carbon brush	碳刷
Capacitive load	電容性負載
Capacitor start, capacitor-run motor	電容啓動，電容運轉電動機

Capacitor-start motor	電容啓動電動機
Centrifugal switch	離心開關
Choke coil	抗流圈
Circle diagram	圓線圖
Circulating current	循環電流
Commutating circuit	換相電路
Commutating pole	換相極
Commutation	換相作用
Commutator	換相片
Compensating winding	補償繞組
Compound DC generator	複激直流發電機
Compound DC motor	複激直流電動機
Compounding curve	複合曲線
Concentrated winding	集中繞組
Constant-horsepower drive	定馬力驅動
Constant-torque drive	定轉矩驅動
Conventional efficiency	規約效率
Copper loss	銅損
Copper loss current	銅損電流
Core loss	鐵損
Core loss current	鐵損電流
Critical field resistance	臨界磁場電阻
Critical speed	臨界轉速
Cross-magnetizing armature reaction	正交磁化電樞反應
Cumulative compound DC generator	積複激式直流發電機
Cumulative compound DC motor	積複激式直流電動機
Current transformer	比流器
Cylindrical rotor	圓柱型轉子
Damper winding	阻尼繞組
Damping factor	阻尼因數

DC compound generator	直流複激式發電機
DC compound motor	直流複激式電動機
DC dynamatic meter	直流動力計
DC generator	直流發電機
DC motor	直流電動機
DC separately excited generator	直流他激式激發電機
DC separately excited motor	直流他激式激電動機
DC series generator	直流串激式發電機
DC series motor	直流串激式電動機
DC shunt generator	直流分激式發電機
DC shunt motor	直流分激式電動機
Deep-slot rotor	深槽式轉子
Deep-slot squirrel cage rotor	深槽鼠籠式轉子
Delta connection	Δ 接線
Delta-delta connection	Δ－Δ 接線
Delta-wye connection	Δ−Y 接線
Differential compound excitation	差複激磁
Differential compound motor	差複激電動機
Direct axis	直軸
Direct axis synchronous reactance	直軸同步電抗
Distribution factor	分佈因數
Distribution winding	分佈繞組
Double-squirrel-cage rotor	雙鼠籠式轉子
Eddy current	渦流
Eddy current loss	渦流損
Efficiency	效率
Electrical loss	電氣損失
Equvalient circuit	等效電路
Exciter	激磁機
Exciting coil	激磁線圈

Exciting current	激磁電流
External characteristic curve	外部特性曲線
Faraday's law	法拉第定律
Field-resistance line	磁場電阻線
Field winding	磁場繞組
Flat-compound	平複激
Flat-compound generator	平複激發電機
Flux linkage	磁交連
Four-point starter	四點式啓動器
Fractional-horsepower motor	分數馬力電動機
Fractional pitch winding	部份節距繞組
Frame	框架
Friction and windage loss	摩擦及風損
Full-pitch winding	全節距繞組
High-slip motor	高轉差率電動機
High-tension side	高壓側
Hunting	追逐
Hysteresis	磁滯
Hysteresis loop	磁滯曲線
Hysteresis loss	磁滯損
Ideal transformer	理想變壓器
Impedance voltage	阻抗電壓
Induction motor	感應電動機
Induction voltage regulator	感應電壓調整器
Induction synchronous motor	感應同步電動機
Inductive load	電感性負載
Inrush current	突入電流
Internal characteristic curve	內部特性曲線
Interpole	中間極
Interpole winding	中間極繞組

Insulation resistance	絕緣電阻
Lamination	疊片
Leakage flux	漏磁通
Leakage impedance	漏磁阻抗
Leakage transformer	漏磁變壓器
Line current	線電流
Line voltage	線電壓
Long-shunt	長並聯
Low-tension side	低壓側
Magnetic flux	磁通
Magnetic flux density	磁通密度
Magnetization curve	磁化曲線
Magnetizing current	磁化電流
Magnetizing reactance	磁化電抗
Magnetomotive force	磁動勢
Main exciter	主激磁機
Main winding	主繞組
Maximum torque	最大轉矩
Moment of inertia	轉動慣量
Multiplex lap windings	複分疊繞組
Multiplex wave winding	複分波繞組
Multiplex windings	複分繞組
Negative sequence	負相序
No-load characteristic curve	無載特性曲線
No-load rotational loss	無載旋轉損失
No-load saturation curve	無載飽和曲線
Nonsalient pole	圓極式轉子
Nonsaturated synchronous reactance	非飽和同步電抗
Normal excitation	正常激磁
Number of poles	極數

One-phase excitation	一相激磁
Open-circuit characteristic	開路特性曲線
Open-circuit test	開路試驗
Open-delta connection	開Δ接線
Out of step	失步
Over-compound	過複激
Over-compound generator	過複激發電機
Over excitation	過激磁
Over load	過載
Parallel operation	並聯運轉
Permanent-capacitor motor	永久電容式電動機
Per unit value	標么值
Phase characteristic	相位特性
Phase control	相位控制
Phase current	相電壓
Phase voltage	相電流
Phase sequence	相序
Pitch factor	節距因數
Polarity	極性
Pole-changing motor	變極電動機
Polyphase generator	多相發電機
Polyphase induction motor	多相感應電動機
Positive sequence	正相序
Potential transformer	比壓器
Potentiometer	電位器
Power angle	功率角
Power factor	功率因數
Power factor angle	功率因數角
Power loss	功率損失
Primary winding	一次繞組

Prime mover	原動機
Pull-out torque	拉出轉矩
Quadrature axis	交軸
Quadrature axis synchronous reactance	交軸同步電抗
Rated line voltage	額定線電壓
Reactance of armature reaction	電樞反應電抗
Reluctance	磁阻
Reluctance motor	磁阻電動機
Reluctance torque	磁阻轉矩
Repulsion motor	推斥式電動機
Residual flux	剩磁
Resistive load	電阻性負載
Revolving-field	旋轉磁場
Right-hand rule	右手定則
Rotational loss	旋轉損失
Rotating machine	旋轉電動機
Rotor	轉子
Salient-pole rotor	凸極式轉子
Saturated synchronous reactance	飽和同步電抗
Saturation curve	飽和曲線
Saturation factor	飽和因數
Scott connection	史考特接線
Secondary winding	二次繞組
Self-excited	自激
Separately excited DC machine	他激電機
Series machine	串激電機
Servomotor	伺服電動機
Shaded-pole	蔽極
Shaded-pole motor	蔽極式電動機
Shading coil	蔽極線圈

Shell type	外鐵式
Short circuit ratio	短路比
Short circuit test	短路試驗
Short pitch	短節距
Short-shunt	短並聯
Simplex lap winding	單式疊形繞組
Simplex wave winding	單式波形繞組
Single-phase generator	單相發電機
Single-phase induction motor	單相感應電動機
Single-phase system	單相系統
Skin effect	集膚效應
Slip	轉差率
Slip frequency	轉差頻率
Slip ring	滑環
Split-phase motor	分相繞組式電動機
Squirrel-cage induction motor	鼠籠式感應電動機
Squirrel-cage rotor	鼠籠式轉子
Starting class	啓動階級
Starting code	啓動碼
Starting compensator	啓動補償器
Starting current	啓動電流
Starting torque	啓動轉矩
Stator	定子
Stator leakage flux	定子漏磁通
Stator winding	定子繞組
Steam turbine	蒸氣渦輪機
Steinmet'z exponent	史坦麥茲常數
Step down transformer	降壓變壓器
Stepping motors	步進電動機
Step up transformer	升壓變壓器

Stray-load loss	雜散負載損失
Subtractive polarity	減極性
Synchronous condenser	同步調相機
Synchronous generator	同步發電機
Synchronous machine	同步機
Synchronous motor	同步電動機
Synchronous reactance	同步電抗
Synchronscope	同步儀
Tacho generator	轉速發電機
Tachometer	轉速計
Temperature rise test	溫升試驗
Tertiary winding	三次繞組
Thevenin's theorem	戴維寧定理
Three-phase induction motor	三相感應電動機
Three-phase system	三相系統
Three-point starter	三點式啓動器
Three-winding transformer	三繞組變壓器
Torque	轉矩
Torque-slip characteristic curve	轉矩—轉差率特性曲線
Transformer	變壓器
T–T connection	T–T接線
Tubine generator	渦輪發電機
Turn ratio	匝數比
Two-phase excitation	二相激磁
Two-phase servomotor	二相伺服電動機
Two-phase system	二相系統
Under excitation	欠激磁
Under compound	欠複激
Under-compound generator	欠複激發電機
Universal motor	萬用電動機

V curve	V曲線
Voltage ratio	變壓比
Voltage regulation	感應電壓調整率
Voltage regulator	感應電壓調整器
Volt-ampere curve	伏安特性曲線
V–V connection	V–V接線
Ward Leonard system	華德一里歐德系統
Water turbine generator	水輪發電機
Wave winding	波形繞組
Winding factor	繞組因數
Winding resistance	繞組電阻
Wound-rotor	繞線式轉子
Wound-rotor induction motor	繞線式感應電動機
Wye connection	Y接線
Wye-delta connection	Y-Δ接線
Wye-wye connection	Y-Y接線
Yoke	軛
Zero power factor characteristic curve	零功率因數特性曲線
Zero sequence	零相序

別讓地球再挨撞

■作者：李傑信 ■定價：180元

這本書所涉及的範圍與題材包羅萬象，從科技實驗研究的管理制度、航太科技發展與政治的複雜關係到人類最尖端的科學探索，幾乎無所不包。然而，因為作者深入其境的專業實踐和體會，讓自然科學保留了人的體溫，使宇宙成為精采可期的美麗新世界。

生活無處不科學

■作者：潘震澤 ■定價：170元

本書作者如是說：科學應該是受過教育者的一般素養，而不是某些人專屬的學問。

且看作者如何以其所學，介紹並解釋一般人耳熟能詳的呼吸、進食、生物時鐘、體重控制、糖尿病、藥物濫用等名詞，以及科學家的愛恨情仇，你會發現——生活無處不科學！

說　數

■作者：張海潮 ■定價：170元

說到數學，你有什麼反應？你真的了解數學嗎？無論你的反應如何，你該明白一件事情：我們天天都在和數學打交道！本書作者長期致力於數學教育，他深切體會許多人學習數學時的挫敗感，也深知許多人在離開中學後，對數學的認知只剩下加減乘除。因此，他期望以大眾所熟悉的語言和題材來介紹數學的本質和相關問題，讓人能夠看見數學的真實面貌。

文明叢書——

把歷史還給大眾，讓大眾進入文明！

文明叢書 06

公主之死——你所不知道的中國法律史

李貞德／著

丈夫不忠、家庭暴力、流產傷逝——一個女人的婚姻悲劇，牽扯出一場兩性地位的法律論戰。女性如何能夠訴諸法律保護自己？一心要為小姑討回公道的太后，面對服膺儒家「男尊女卑」觀念的臣子，她是否可以力挽狂瀾，為女性爭一口氣？

文明叢書 07

流浪的君子——孔子的最後二十年

王健文／著

周遊列國的旅行其實是一種流浪，流浪者唯一的居所是他心中的夢想。這一場「逐夢之旅」，面對現實世界的進逼、理想和現實的極大落差，注定了真誠的夢想家必須永遠和時代對抗；顛沛流離，是流浪者命定的生命情調。

文明叢書 08

海客述奇——中國人眼中的維多利亞科學

吳以義／著

毓阿羅奇格爾家定司、羅亞爾阿伯色爾法多里……，這些文字究竟代表的是什麼意思——是人名？是地名？還是中國古老的咒語？本書以清末讀書人的觀點，為您剖析維多利亞科學這隻洪水猛獸，對當時沉睡的中國巨龍所帶來的衝擊與震撼！

文明叢書 09

女性密碼——女書田野調查日記

姜　葳／著

你能想像世界上有一個地方，男人和女人竟然使用不同的文字嗎？湖南江永就是這樣的地方。與漢字迥然不同的文字符號，在婦女間流傳，女人的喜怒哀樂在字裡行間娓娓道來，建立一個男人無從進入的世界。歡迎來到女性私密的文字花園。

文明叢書 10

說　地——中國人認識大地形狀的故事

祝平一／著

幾千年來一直堅信自己處在世界的中央，要如何相信「蠻夷之人」帶來的「地『球』」觀念？在那個東西初會的時代，傳教士盡力宣揚，一群中國人努力抨擊，卻又有一群中國人全力思考。地球究竟是方是圓的爭論，突顯了東西文化交流的糾葛，也呈現了傳統中國步入現代化的過程。

文明叢書 11

奢侈的女人——明清時期江南婦女的消費文化

巫仁恕／著

「女人的錢最好賺。」這句話雖然有貶損的意味，但也代表女人消費能力之強。明清時期的江南婦女，經濟能力大為提升，生活不再只是柴米油鹽，開始追求起時尚品味。要穿最流行華麗的服裝，要吃最精緻可口的美食，要遊山玩水。本書帶您瞧瞧她們究竟過著怎樣的生活？

文明叢書 12

文明世界的魔法師——宋代的巫覡與巫術

王章偉／著

《哈利波特》、《魔戒》熱潮席捲全球，充滿奇幻色彩的巫術，打破過去對女巫黑袍掃帚、勾鼻老太婆的陰森印象。在宋代，中國也有一群從事巫術的男覡女巫，他們是什麼人？他們做什麼？「消災解厄」還是「殺人祭鬼」？他們是文明世界的魔法師！

羅馬人的故事XI
—— 結局的開始

告別了賢君的世紀，帝國的光環褪色了嗎？
羅馬陷入長期的軍事危機，
嚴守邊境的軍事領袖成為皇位角逐者。
羅馬帝國將走上不同的道路，
結局似乎已在道路的盡頭。

羅馬人的故事XII
—— 迷途帝國

這是一個不需要「全人」的時代，
只要有軍隊，人人都可能成為羅馬的主人。
面對社會動亂、人心不安，基督教成為一盞明燈。
它將是一劑強心針？或是加速羅馬的瓦解？

羅馬人的故事XIII
—— 最後一搏

從「雙頭政治」到「四頭政治」，
為帝國維持了短暫的和平。
羅馬帝國該如何面對日漸壯大的基督教，
消滅它？忽略它？或是接受它？

羅馬人的故事XIV
—— 基督的勝利

君士坦丁大帝身後的羅馬帝國，
蠻族入侵已不是惡夢，而是即在眼前。
基督教的光芒成為羅馬人唯一的希望，
帝國的末日，是基督教的大獲全勝！

生活法律漫談系列
是您最方便實惠的法律顧問

網路生活與法律　吳尚昆　著

在漫遊網路時，您是不是常對法律問題感到困惑？例如網路上隱私、個人資料的保護、散播網路病毒、網路援交的刑事規範、網路上著作權如何規定、網路交易與電子商務等等諸多可能的問題，本書以一則則案例故事引導出各個爭點，並用淺顯易懂的文字作解析，破解這些法律難題。除了提供網路生活中的法律資訊，作為保護相關權益的指南外，希望能進一步啟發讀者對於網路生活與法律的相關思考。

智慧財產權生活錦囊　沈明欣　著

作者以通俗易懂的文筆，化解生澀的法律敘述，讓您輕鬆解決生活常見的法律問題。看完本書後，就能輕易一窺智慧財產權法之奧秘。本書另檢附商業交易中常見的各式智慧財產權契約範例，包含智慧財產權的讓與契約、授權契約及和解契約書，讓讀者有實際範例可供參考運用。更以專文討論在面臨智慧財產權官司時，原告或被告應注意之事項，如此將有利當事人於具體案例中作出最明智之抉擇。

和國家打官司——教戰手冊　王泓鑫　著

如果國家的作為侵害了人民，該怎麼辦？當代的憲政國家設有法院，讓人民的權利在受到國家侵害時，也可以和「國家」打官司，以便獲得補償、救濟、平反的機會。但您知道怎麼和國家打官司嗎？本書作者以深入淺出的方式，教您如何保障自己的權益，打一場漂亮的官司。

數學的發現趣談

■ 作者：蔡聰明
■ 定價：250元

一個定理的誕生，基本上跟一粒種子在適當的土壤、陽光、氣候……之下，發芽長成一棵樹，再開花結果的情形沒有兩樣——而本書嘗試儘可能呈現這整個的生長過程。讀完後，請不要忘記欣賞和品味花果的美麗！

你知道離散數學學些什麼嗎？你有聽過鴿籠(鴿子與籠子)原理嗎？你曾經玩過河內塔遊戲嗎？本書透過生活上輕鬆簡單的主題帶領你認識離散數學的世界，讓你學會以基本的概念出奇地解決生活上的問題！

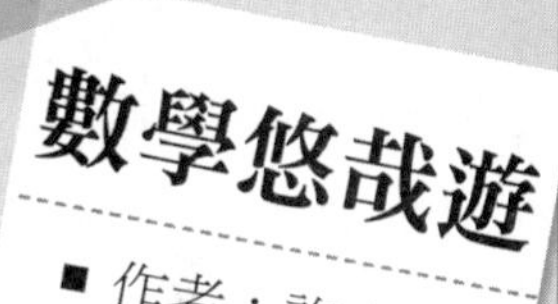

數學悠哉遊

■ 作者：許介彥
■ 定價：225元

數學拾貝

■ 作者：蔡聰明
■ 定價：270元

數學的求知活動有兩個階段：發現與證明。並且是先有發現，然後才有證明。在本書中，作者強調發現的思考過程，這是作者心目中的「建構式的數學」，會涉及數學史、科學哲學、文化思想等背景，而這些題材使數學更有趣！